国家科学思想库

中国学科发展战略

天文学

中国科学院

科学出版社
北京

图书在版编目(CIP)数据

中国学科发展战略·天文学/中国科学院编.—北京：科学出版社，2013.2
（中国学科发展战略）
ISBN 978-7-03-036453-1

Ⅰ.①天… Ⅱ.①中… Ⅲ.①天文学-学科发展-发展战略-中国
Ⅳ.①P1-12

中国版本图书馆 CIP 数据核字（2013）第 008157 号

丛书策划：侯俊琳　牛　玲
责任编辑：郭勇斌／责任校对：宋玲玲
责任印制：赵德静／封面设计：黄华斌
编辑部电话：010-64035853
E-mail：houjunlin@mail.sciencep.com

科 学 出 版 社 出版
北京东黄城根北街 16 号
邮政编码：100717
http://www.sciencep.com

中国科学院印刷厂 印刷

科学出版社发行　各地新华书店经销
*
2013 年 2 月第 一 版　开本：B5（720×1000）
2013 年 2 月第一次印刷　印张：19 3/4
字数：340 000
定价：89.00 元
（如有印装质量问题，我社负责调换）

中国学科发展战略

指 导 组

组　长：白春礼

副组长：李静海　秦大河

成　员：詹文龙　朱道本　陈　颙

　　　　陈宜瑜　李　未　顾秉林

工 作 组

组　长：周德进

副组长：王敬泽　刘春杰

成　员：林宏侠　马新勇　张　恒

　　　　申倚敏　薛　淮　张家元

　　　　钱莹洁　傅　敏　刘伟伟

中国学科发展战略·天文学

研 究 组

组　长：方　成

副组长：张家铝

成　员：李惕碚　崔向群　武向平
　　　　景益鹏　王建成　甘为群
　　　　林宏侠　董国轩

秘 书 组

组　长：景益鹏

副组长：赵　刚

成　员：朱永田　卢矩甫　丁明德
　　　　张双南　李向东　刘晓为
　　　　袁业飞　常　进

总　序

九层之台，起于累土[①]

白春礼

　　近代科学诞生以来，科学的光辉引领和促进了人类文明的进步，在人类不断深化对自然和社会认识的过程中，形成了以学科为重要标志的、丰富的科学知识体系。学科不但是科学知识的基本的单元，同时也是科学活动的基本单元：每一学科都有其特定的问题域、研究方法、学术传统乃至学术共同体，都有其独特的历史发展轨迹；学科内和学科间的思想互动，为科学创新提供了原动力。因此，发展科技，必须研究并把握学科内部运作及其与社会相互作用的机制及规律。

　　中国科学院学部作为我国自然科学的最高学术机构和国家在科学技术方面的最高咨询机构，历来十分重视研究学科发展战略。2009 年 4 月与国家自然科学基金委员会联合启动了"2011～2020 年我国学科发展战略研究" 19 个专题咨询研究，并组建了总体报告研究组。在此工作基础上，为持续深入开展有关研究，学部于 2010 年底，在一些特定的领域和方向上重点部署了学科发展战略研究项目，研究成果现以"中国学科发展战略"丛书形式系列出版，供大家交流讨论，希望起到引导之效。

　　根据学科发展战略研究总体研究工作成果，我们特别注意到学

_____

　　① 题注：李耳《老子》第 64 章："合抱之木，生于毫末；九层之台，起于累土；千里之行，始于足下。"

科发展的以下几方面的特征和趋势。

一是学科发展已越出单一学科的范围，呈现出集群化发展的态势，呈现出多学科互动共同导致学科分化整合的机制。学科间交叉和融合、重点突破和"整体统一"，成为许多相关学科得以实现集群式发展的重要方式，一些学科的边界更加模糊。

二是学科发展体现了一定的周期性，一般要经历源头创新期、创新密集区、完善与扩散期。并在科学革命性突破的基础上螺旋上升式发展，进入新一轮发展周期。根据不同阶段的学科发展特点，实现学科均衡与协调发展成为了学科整体发展的必然要求。

三是学科发展的驱动因素、研究方式和表征方式发生了相应的变化。学科的发展以好奇心牵引下的问题驱动为主，逐渐向社会需求牵引下的问题驱动转变；计算成为了理论、实验之外的第三种研究方式；基于动态模拟和图像显示等信息技术，为各学科纯粹的抽象数学语言提供了更加生动、直观的辅助表征手段。

四是科学方法和工具的突破与学科发展互相促进作用更加显著。技术科学的进步为激发新现象并揭示物质多尺度、极端条件下的本质和规律提供了积极有效手段。同时，学科的进步也为技术科学的发展和催生战略新兴产业奠定了重要基础。

五是文化、制度成为了促进学科发展的重要前提。崇尚科学精神的文化环境、避免过多行政干预和利益博弈的制度建设、追求可持续发展的目标和思想，将不仅极大促进传统学科和当代新兴学科的快速发展，而且也为人才成长并进而促进学科创新提供了必要条件。

我国学科体系由西方移植而来，学科制度的跨文化移植及其在中国文化中的本土化进程，延续已达百年之久，至今仍未结束。

鸦片战争之后，代数学、微积分、三角学、概率论、解析几何、力学、声学、光学、电学、化学、生物学和工程科学等的近代科学知识被介绍到中国，其中有些知识成为一些学堂和书院的教学内容。1904年清政府颁布"癸卯学制"，该学制将科学技术分为格致科（自然科学）、农业科、工艺科和医术科，各科又分为诸多学科。1905 年清朝废除科举，此后中国传统学科体系逐步被来自西方的新学科体系取代。

民国时期现代教育发展较快，科学社团与科研机构纷纷创建，现代学科体系的框架基础成型，一些重要学科实现了制度化。大学引进欧美的通才教育模式，培育各学科的人才。1912 年詹天佑发起成立中华工程师会，该会后来与类似团体合为中国工程师学会。1914 年留学美国的学者创办中国科学社。1922 年中国地质学会成立，此后，生理、地理、气象、天文、植物、动物、物理、化学、机械、水利、统计、航空、药学、医学、农学、数学等学科的学会相继创建。这些学会及其创办的《科学》、《工程》等期刊加速了现代学科体系在中国的构建和本土化。1928 年国民政府创建中央研究院，这标志着现代科学技术研究在中国的制度化。中央研究院主要开展数学、天文学与气象学、物理学、化学、地质与地理学、生物科学、人类学与考古学、社会科学、工程科学、农林学、医学等学科的研究，将现代学科在中国的建设提升到了研究层次。

中华人民共和国建立之后，学科建设进入了一个新阶段，逐步形成了比较完整的体系。1949 年 11 月新中国组建了中国科学院，建设以学科为基础的各类研究所。1952 年，教育部对全国高等学校进行院系调整，推行苏联式的专业教育模式，学科体系不断细化。1956 年，国家制定出《十二年科学技术发展远景规划纲要》，该规划包括 57 项任务和 12 个重点项目。规划制定过程中形成的"以任务带学科"的理念主导了以后全国科技发展的模式。1978 年召开全国科学大会之后，科学技术事业从国防动力向经济动力的转变，推进了科学技术转化为生产力的进程。

科技规划和"任务带学科"模式都加速了我国科研的尖端研究，有力带动了核技术、航天技术、电子学、半导体、计算技术、自动化等前沿学科建设与新方向的开辟，填补了学科和领域的空白，不断奠定工业化建设与国防建设的科学技术基础。不过，这种模式在某些时期或多或少地弱化了学科的基础建设、前瞻发展与创新活力。比如，发展尖端技术的任务直接带动了计算机技术的兴起与计算机的研制，但科研力量长期跟着任务走，而对学科建设着力不够，已成为制约我国计算机科学技术发展的"短板"。面对建设创新型国家的历史使命，我国亟待夯实学科基础，为科学技术的持续发展与创新能力的提升而开辟知识源泉。

反思现代科学学科制度在我国移植与本土化的进程，应该看到，20世纪上半叶，由于西方列强和日本入侵，再加上频繁的内战，科学与救亡结下了不解之缘，新中国建立以来，更是长期面临着经济建设和国家安全的紧迫任务。中国科学家、政治家、思想家乃至一般民众均不得不以实用的心态考虑科学及学科发展问题，我国科学体制缺乏应有的学科独立发展空间和学术自主意识。改革开放以来，中国取得了卓越的经济建设成就，今天我们可以也应该静下心来思考"任务"与学科的相互关系，重审学科发展战略。

现代科学不仅表现为其最终成果的科学知识，还包括这些知识背后的科学方法、科学思想和科学精神，以及让科学得以运行的科学体制，科学家的行为规范和科学价值观。相对于我国的传统文化，现代科学是一个"陌生的"、"移植的"东西。尽管西方科学传入我国已有一百多年的历史，但我们更多地还是关注器物层面，强调科学之实用价值，而较少触及科学的文化层面，未能有效而普遍地触及到整个科学文化的移植和本土化问题。中国传统文化以及当今的社会文化仍在深刻地影响着中国科学的灵魂。可以说，迄20世纪结束，我国移植了现代科学及其学科体制，却在很大程度上拒斥与之相关的科学文化及相应制度安排。

科学是一项探索真理的事业，学科发展也有其内在的目标，探求真理的目标。在科技政策制定过程中，以外在的目标替代学科发展的内在目标，或是只看到外在目标而未能看到内在目标，均是不适当的。现代科学制度化进程的含义就在于：探索真理对于人类发展来说是必要的和有至上价值的，因而现代社会和国家须为探索真理的事业和人们提供制度性的支持和保护，须为之提供稳定的经费支持，更须为之提供基本的学术自由。

20世纪以来，科学与国家的目的不可分割地联系在一起，科学事业的发展不可避免地要接受来自政府的直接或间接的支持、监督或干预，但这并不意味着，从此便不再谈科学自主和自由。事实上，在现当代条件下，在制定国家科技政策时充分考虑"任务"和学科的平衡，不但是最大限度实现学术自由、提升科学创造活力的有效路径，同时也是让科学服务于国家和社会需要的最有效的做法。这里存在着这样一种辩证法：科学技术系统只有在具有高度创造活力的情形下，才能在创新型国家建设过程中发挥最大作用。

在全社会范围内创造一种允许失败、自由探讨的科研氛围；尊重学科发展的内在规律，让科研人员充分发挥自己的创造潜能；充分尊重科学家的个人自由，不以"任务"作为学科发展的目标，让科学共同体自主地来决定学科的发展方向。这样做的结果往往比事先规划要更加激动人心。比如，19世纪末德国化学学科的发展史就充分说明了这一点。从内部条件上讲，首先是由于洪堡兄弟所创办的新型大学模式，主张教与学的自由、教学与研究相结合，使得自由创新成为德国的主流学术生态。从外部环境来看，德国是一个后发国家，不像英、法等国拥有大量的海外殖民地，只有依赖技术创新弥补资源的稀缺。在强大爱国热情的感召下，德国化学家的创新激情迸发，与市场开发相结合，在染料工业、化学制药工业方面进步神速，十余年间便领先于世界。

中国科学院作为国家科技事业"火车头"，有责任提升我国原始创新能力，有责任解决关系国家全局和长远发展的基础性、前瞻性、战略性重大科技问题，有责任引领中国科学走自主创新之路。中国科学院学部汇聚了我国优秀科学家的代表，更要责无旁贷地承担起引领中国科技进步和创新的重任，系统、深入地对自然科学各学科进行前瞻性战略研究。这一研究工作，旨在系统梳理世界自然科学各学科的发展历程，总结各学科的发展规律和内在逻辑，前瞻各学科中长期发展趋势，从而提炼出学科前沿的重大科学问题，提出学科发展的新概念和新思路。开展学科发展战略研究，也要面向我国现代化建设的长远战略需求，系统分析科技创新对人类社会发展和我国现代化进程的影响，注重新技术、新方法和新手段研究，提炼出符合中国发展需求的新问题和重大战略方向。开展学科发展战略研究，还要从支撑学科发展的软、硬件环境和建设国家创新体系的整体要求出发，重点关注学科政策、重点领域、人才培养、经费投入、基础平台、管理体制等核心要素，为学科的均衡、持续、健康发展出谋划策。

2010 年，在中国科学院各学部常委会的领导下，各学部依托国内高水平科研教育等单位，积极酝酿和组建了以院士为主体、众多专家参与的学科发展战略研究组。经过各研究组的深入调查和广泛研讨，形成了"中国学科发展战略"丛书，纳入"国家科学思想库—学术引领系列"陆续出版。学部诚挚感谢为学科发展战略研究付出心血的院士、专家们！

按照学部"十二五"工作规划部署，学科发展战略研究将持续开展，希望学科发展战略系列研究报告持续关注前沿，不断推陈出新，引导广大科学家与中国科学院学部一起，把握世界科学发展动态，夯实中国科学发展的基础，共同推动中国科学早日实现创新跨越！

前　言

　　2009 年初，国家自然科学基金委员会与中国科学院学部决定合作开展 2011～2020 年我国学科发展战略研究和国家自然科学基金"十二五"发展规划制定工作。这次战略研究不仅对于全面提升国家自然科学基金"十二五"发展规划制定的科学性、战略性和前瞻性具有重要意义，而且也将对我国基础研究的长远发展产生深远的影响。

　　在国家自然科学基金委员会和中国科学院学部的领导下，2009 年 5 月 14 日成立了由 10 名院士组成的天文学科战略研究组及由 15 名在第一线从事天文研究和教育的中青年学术骨干组成的秘书组。经过两年多的工作，在广泛调研和征求天文界院士、各有关单位和广大第一线工作的教学科研人员意见的基础上，2011 年底完成了"2011～2020 年中国天文学科发展战略研究报告"。此报告的主体部分由国家自然科学基金委员会和中国科学院委托科学出版社于 2012 年 3 月出版，即《未来 10 年中国学科发展战略·天文学》。该书包括 7 章：战略地位；发展规律与发展态势；发展现状；学科发展布局；优先发展领域与重大交叉研究领域；国际合作与交流；保障措施。

　　"2011～2020 年中国天文学科发展战略研究报告"认为，近年来，我国对天文学经费的投入大幅增加，天文学研究和教育有了长足的发展，逐步形成了从人才培养、仪器设备研制、观测和理论研究到应用服务的较完整的体系，形成了一批在国内外有影响的学术带头人和优秀创新研究群体，研究队伍的年龄结构趋于合理。郭守敬望远镜［大天区面积多目标光纤光谱天文望远镜（large sky area multi-object fiber spectroscopy telescope，LAMOST)〕的建成，标志着我国天文仪器的研制水平显著提升。我国天文学研究已经取得一批在国际上有相当显示度的成果，总体水平在发展中国家中位居前茅，在国际上也成为一支不可忽视的力量。但是，也应该看到，目前我国天文设备、研究和教育的水平同发达国家相比，仍然存在着很大差距。基于这样的认识，报告提出了未来 10 年我国天文学的发展目标，并提出了 14 个优先发展领域和重要的研究方向。报告强调指出，最关键的还是人才队伍的建设。因此，必须花大力气培养年轻人才，大力支持科学院和高校的联合，加强天文教育，并继续增加天文教育和研究经费的投入。报告认为，我们必须大力推进国际合作，积极鼓励多种形式的人才交流，广泛吸引和组织海外学子和优秀科学家参与发展我国的天文学科等。

在准备这个报告时，许多专家参与撰写了我国天文学各分支学科战略研究的专题报告。但是，由于篇幅的限制，在《未来 10 年中国学科发展战略·天文学》一书中未能将它们包括进来。考虑到这些专题报告对国际、国内天文学各领域发展现状和态势的介绍更为详尽，对我国天文学各分支学科未来发展战略的分析更清晰，对国内教学科研人员特别是青年学生会有很大的帮助和参考意义，我们决定请原撰写人根据近年的最新进展作了修改和补充，交由科学出版社出版。为了保证全面、完整起见，我们对《未来 10 年中国学科发展战略·天文学》一书中的摘要部分略作修改，一并刊出。

本书按天文学的研究领域和研究内容分为六章。第一章星系与宇宙学，由景益鹏、袁为民执笔。第二章银河系、恒星与太阳系外行星系统，由杨戟、刘晓为、赵刚、李向东执笔。第三章太阳物理学，由丁明德、汪景琇执笔。第四章行星科学与深空探测，由廖新浩执笔。第五章基本天文学，由陈力、周济林、李孝辉执笔。第六章天文技术方法，包括光学与红外，由崔向群、朱永田、王亚男执笔；射电天文学，由杨戟、单文磊执笔；空间天文，由张双南、甘为群、颜毅华、卢方军执笔。此外，有几十位专家为撰写上述各章提供了很好的素材和协助。在此一并表示诚挚的感谢。

　　我们希望它能给各级领导和部门在决策时有所参考，能对从事天文教育和研究的人员有所启迪，能对研究生和大学生的入门和成长有所帮助。

　　我们真诚地感谢热心参与工作、提供材料和建议的所有院士和专家学者，感谢中国科学院学部和国家自然科学基金委员会领导的指导和关心。

中国科学院学部天体物理学科发展战略研究组
2012 年 12 月

摘　要

　　天文学研究宇宙中各种不同尺度的天体，包括太阳和太阳系内各种天体、恒星及其行星系统、星系和星系团，乃至整个宇宙的起源、结构和演化。太阳和地球环境密切相关，太阳活动对于地球环境和人类活动有着重要甚至决定性的影响。对其他行星的研究和地外生命的探索有助于理解生命的起源和演化，并可能回答人类在宇宙中是否孤独的问题。宇宙和生命的起源和演化是全人类共同关心的重大问题，不但具有重要的科学意义，而且对人类的世界观也具有深刻的影响。因此，天文学的成就是自然科学、人类文化和文明的重要组成部分。先进的天文探测技术、天文仪器发展带来的技术进步，以及天文学的研究成果，广泛应用于导航、定位、航天、深空探测等领域。因此，天文学研究对于国家经济建设和国家安全都有重要的作用。

　　20世纪人类在探索宇宙奥秘的漫长道路上取得了辉煌的成就。从学科发展的全局来看，这些成就突出地表现为：①建立了恒星的内部结构与演化和宇宙大爆炸标准模型两大理论框架。这两大理论框架令人信服地描述了作为天体最基本单元的恒星和作为自然界最大物质系统的宇宙的演化，并获得观测上的验证，从而也在宇观尺度上验证了广义相对论；②随着探测能力的进步，在人类永无止境地探索宇宙发展规律的进程中，新发现不断涌现。类星体、脉冲星、星际有机分子、暗物质、黑洞、宇宙γ射线暴、引力波、引力透镜、太阳系外（简称系外）行星、暗能量等的发现，有力地刺激并推动了天文学自身及相关学科的发展，使天文学再度成为新现象、新思想和新概念的源泉。天文学的这两方面的成就是相互补充的——理论框架的建立，不是认识的终结，相反，它为更深刻地理解新发现确立了新的高度；而新发现又反过来丰富、发展现有理论框架乃至催生新的理论体系。

天文学的发展是由观测和理论研究共同推动的。人类不断建造的新的天文仪器全面拓展了人类的视野，使人类能够在全电磁波波段，包括射电、红外、可见光、紫外、X射线和γ射线的所有波段，具有更高灵敏度、更高角分辨率、全天巡天和全时域观测的能力。最近几年，中微子和宇宙射线天文学更是打开了观测宇宙的新窗口，引力波望远镜也在建造之中，将使人类能够更加全面地观测宇宙。这些新的天文望远镜和观测仪器所带来的新的观测能力，使天文学家不断发现新类型的天体和新的天文现象。在天文观测的基础上，天文学家利用大规模数值模拟计算、数据分析和理论研究进一步理解所发现的天文现象，探索新的天体物理和基本物理规律；而新的理论又向天文观测提出更深层次的观测要求，由此推进新一代观测设备和方法的发展。因此，近代天文学的发展主要是由一系列新的天文发现和对这些发现的定量理解推动的。

当前，国际上天文观测的发展趋势是：①追求更高的空间、时间和光谱分辨率；②追求更大的集光本领和更大的视场，以进行更深更广的宇宙探测；③实现射电至γ射线全电磁波段的探测和研究；④开辟电磁波之外中微子和宇宙射线新的观测窗口；⑤大天区时变和运动天体的观测；⑥国际合作研制大型天文设备已成必要；⑦建立资料更完善、使用更方便的数据库，虚拟天文台的建设已提上日程。

在研究内容方面，当前天文学的主流是天体物理学，研究的重点是天体和天体系统的活动和演化，所要面对的基本问题是：①宇宙如何开始？如何演化到目前的状态？宇宙的归宿是什么？②星系如何形成和演化？③恒星如何形成和演化（特别是晚期演化）？④行星和行星系统如何形成和演化？⑤宇宙中地球之外还有无生命？⑥是什么物理过程导致天体的剧烈活动？围绕这些基本问题，未来10年的研究重点集中在：①在星系和宇宙层次上，研究星系中央大质量黑洞的形成、物质吸积、喷流、外流物理过程，研究各类星系和星系集团的空间分布、形态结构、物理性质、化学组成、活动特征和产能机制，研究宇宙中其他物质成分（如暗能量、暗物质、微波背景辐射、星系际介质等）的空间分布和物理本质，并进而研究星系以至整个可观测宇宙的起源和演化历史，探索制约宇宙和星系起源和演化的物理规律；②在恒星、行星结构层次，以及围绕银河系和本星系群研究的近场宇宙学领域，研究的重点为银河系的结构、子结构及其形成历史，大质量恒星的形成机制，超新星爆发、γ射线暴以及致密天体，极端贫金属星的搜寻和性质，系外行星系统的搜寻、性质、形成和演化，系外生命存在的可能性和探测；③在太阳物理方面，主要研究日震学和太阳发电机机制，太阳大气的磁场、结构和动力学，太阳耀斑和日冕物质抛射，以及这些物理过程对日地空间环境的影响；④在行星科学和深空探测方面，主要探测月球、火星、小行星和彗星等太阳系小天体，研究它们的性质、构造、运动过程及其起源和演化，对近地小行星进行危险评估；⑤在天体测量和天体力学方面，天体测量主要研究微角秒精度多波段参考架的建立和参考架连接，及天体测量精确资料在天文学（如银河系结构和动力学）研究中的应用；天体力学主要研究行星系统（太阳系小行星带、柯伊伯带天体、系外行星系统等）的动力学。

改革开放以来，我国天文学研究有了长足的发展，逐步形成了从人才培养、仪器设备研制、观测和理论研究到应用服务的较完整的体系。在国际核心学术杂志上发表的论文大大增加，国际上有较高显示度和影响的成果显著增加。我国天文学家还担任了国际天文学联合会副主席和专业委员会主席等重要职务。

截至 2009 年 8 月，我国有一支由 1467 名固定职位人员和 1309 名流动人员（博士后、博士生、硕士生）组成的天文研究队伍，主要分布在中国科学院国家天文台（包括总部、云南天文台、南京天文光学技术研究所、新疆天文台、长春人造卫星观测站）、紫金山天文台、上海天文台、高能物理研究所、国家授时中心和南京大学、北京大学、中国科学技术大学、北京师范大学、清华大学、厦门大学等单位。经过多年的科研实践、人才培养和国际合作研究，形成了一批在国内外有影响的学术带头人和优秀创新研究群体，我国天文学研究的总体水平在发展中国家中位居前茅，在国际上也成为一支不可忽视的力量。

我国"十一五"以来在天文学领域先后安排了一系列重要的研究项目和计划，有效地推动和促进了我国天文学的发展。2005～2009 年，共计获得经费约 18 亿元，其中课题研究经费共约 8 亿元，LAMOST、500 米口径球面射电望远镜（five-hundred-meter aperture spherical radio telescope，FAST）等设备经费投入约 10 亿元。

LAMOST 是国家重大科学工程项目，是我国天文学家创新地用主动光学产生常规方法不能实现的望远镜光学系统，突破了国际上大口径不能兼顾大视场的瓶颈。LAMOST 不仅是目前世界上最大的大口径兼大视场的望远镜，也是世界上第一架在一块大镜面上同时应用主动变形镜面和拼接镜面技术，并且有两块大拼接镜面的望远镜，可同时最多观测 4000 个天体的光谱，为目前世界上光谱获取率最高的望远镜。2009 年 6 月，LAMOST 通过国家验收，已在 2012 年底开始星系、类星体和恒星大样本巡天观测，在 5 年左右的巡天观测后，将获得数百万个恒星、星系和类星体的光谱。利用这些巡天样本，有望在银河系的集成历史、银河系的暗物质分布、银河系动力学演化和化学演化、矮星系的分布、星系团群的暗物质分布、宇宙暗能量的性质、活动星系核的统一模型、星系与中心黑洞的共同演化等方面取得重要的成果。

另一项国家重大科学工程项目 FAST 在"十一五"期间完成了关键技术预研并立项开工，预计在 2015 年建成。FAST 的一个主要的研究目标是巡视宇宙中的中性氢分布，为精确宇宙学研究和星系的形成和演化提供新的观测材料，其另一个科学目标是脉冲星的探测。已经立项并有望于 2014 年发射运行的我国自主研制的硬 X 射线调制望远镜（hard X-ray modulation telescope，HXMT）和中法合作的高能天文卫星"空间变源监视器"（SVOM），将在研究致密天体和黑洞强引力场中动力学和高能辐射过程发挥重要作用。

LAMOST 和这些中大型观测设备的建成，与我国已有的中小型天文设备结合，标志着我国即将形成较强的天文学研究的实测基础。

在课题研究方面，近 5 年来，我国天文学家积极申请国际大型观测设备时间，利用国际上释放的高质量观测数据，并发挥我国中小观测设备专用性强的优势，积极配合理论研究，在分子云与恒星形成、双星结构和演化理论、双星系统对星族合成理论的影响、超新星的致密型和弥漫型产物、γ射线暴余辉动力学、银河系的磁场分布、银河系的化学结构和演化、银河系的星团分布和动力学、暗能量和暗物质的物理本质、宇宙大尺度结构的观测统计分析、宇宙结构和星系形成的理论研究、近邻星系的观测性质、高红移星系探测和星系的演化、活动星系核的物理性质、银河系中心超大质量黑洞的观测证据、黑洞物理研究及黑洞参数的观测测定、喷流的理论和观测及黑洞吸积理论、太阳活动区磁场的结构、耀斑的多波段观测和研究、日冕物质抛射和日冕波动的研究、太阳系小天体探测、行星动力学模拟，以及高能数据处理方法等诸多研究方面都取得了重要进展，得到国际同行的重视和好评。

根据对国内外天文学研究现状和发展趋势的分析，建议至 2020 年我国天文学领域的发展目标是：突出重点，建成和运行若干个在国际上有重要影响的大型地面和空间天文观测设备，积极开展以我为主的重大设备建设并参加部分国外重大观测设备的建设和研究；加强投入，建成若干国家重点实验室和国家实验室；充分挖掘国内已建设备的潜力，利用国际开放的设备和数据；在重点大学中大力发展天文教育和研究，积极培养优秀人才；加强理论研究，提出创新思想、观点和理论，力争突破，使我国天文学在设备和研究队伍的整体水平上比肩欧洲发达国家，做出国际上有重大影响的工作。

观测设备的布局对于我国的天文学科建设至关重要。要尽一切力量建成已经立项的项目，使 LAMOST、FAST 等设备的观测能力达到最佳状态，调动各单位研究人员的积极性，优化课题研究计划，使这些设备的科学回报最大化。

积极培养人才，建设一支能够充分利用国际上现有最佳设备的科学研究队伍；加强相关设备和终端仪器的研制和关键技术的研究，加强对 2020 年前立项项目的预研。战略组和秘书组经过充分调研和讨论，建议大力推进地面望远镜项目和空间项目的预研和建设。"十二五"期间优先支持的地面望远镜项目依次是：南极天文台（一期）、南天 LAMOST、80 米全可动射电望远镜、30 米巨型光学/红外望远镜（thirty meter telescope，TMT）国际合作；空间项目依次是：暗物质探测卫星、深空太阳望远镜。建议"十三五"期间优先支持的地面望远镜项目依次是：南极天文台（二期）、大型地面太阳天文台和以我为主的 20～30 米级光学红外望远镜；空间项目依次是：X 射线时变与偏振探测卫星、先进空基太阳天文台。如有条件，这些项目也可争取在"十二五"期间就开展预研。

"十二五"期间建议立项和建设的地面望远镜项目如下。

● **南极天文台（一期）：**根据目前南极台址初步观测数据的推断，冰穹 A（Dome A）极可能是地球上最好的红外和亚毫米波段的观测台址，高纬度、低水汽和稀薄的大气都使得该波段的观测是地球上其他地方不能相比的。当前推进的项目有：2.5 米的光学/红外望远镜和 5 米级太赫兹频段望远镜。南极天文的主要科学目标是研究"2 暗 1 黑 3 起源"（暗能量和暗物质，黑洞，宇宙起源、天体起源、生命起源）。预计能在暗能量性质的观测研究、第一代星系（恒星）和类星体的搜寻、宇宙的再电离过程、星系形成与演化、恒星形成和演化、系外行星等方向发挥重大作用。

● **南天 LAMOST：**全天的光谱巡天对于解决天文学中的关键问题具有极为重要的作用。通过国际合作将南天 LAMOST 建在南半球的现有的天文台址，纬度均在南纬 20～30 度，有更好的视宁度（1 角秒以下），可以采用更细（1.5 角秒左右直径）的光纤，同时最多可以观测 8000 个天体。南天 LAMOST 位于南半球更好的台址，不仅将真正发挥出其巨大的科学威力，开展理想的光谱巡天和其他天文观测，还可与现有的 LAMOST 南北配合，共同完成全天的光谱巡天。

● **80 米全可动射电望远镜：**乌鲁木齐 80 米全可动射电望远镜

是亚洲最大、世界第三大口径的射电望远镜,作为独立单元,可以在天体物理前沿进行单天线天文观测研究工作;作为中国和国际VLBI网的一个重要成员,将显著提高观测网的高灵敏度观测能力。该设备建成以后将在天文学研究、航天、应用以及科学普及等领域发挥重要作用。

● **30 米望远镜（TMT）的国际合作**:30米巨型光学/红外望远镜是由美国和加拿大有关机构发起、多国合作研制的21世纪最重要的天文观测设备之一,2019年建成之后,将作为世界规模最大的地基光学/红外望远镜安装于夏威夷冒纳凯阿山顶。TMT 将以其巨大的聚光能力和达到衍射极限的分辨本领,给天文学和天体物理学的每一个领域带来前所未有的机会。根据我国的财力、人力和优势技术,如有条件,可争取以实物贡献的方式,按平等互利原则参加 TMT 的建设,这将带动我国相关技术的跨越式发展。

"十二五"期间建议立项和建设的空间项目如下。

● **暗物质探测卫星和空间站暗物质探测实验**:在中国未来的空间高能天文计划中,暗物质探测是一个重要组成部分。近期计划通过一个暗物质探测小卫星实验重点寻找电子（和正电子）能谱的高能"超"并精细测量"超"的结构。该实验有可能测量到暗物质湮灭的信号。目前中国科学院已经启动了该卫星项目的前期科学目标研究和关键技术攻关预研究,并将进一步获得科技部和国家自然科学基金的大力支持。中长期计划在中国的空间站上开展进一步的空间暗物质探测实验,重点探测暗物质湮灭的 γ 射线谱线,将有可能测量到暗物质湮灭的确凿无疑的信号。此外,中国参与研制的国际 α 磁谱仪（AMS02）于 2011 年发射升空,将在国际空间站运行 3 年,其强大的带电粒子谱仪的测量能力也将有可能在中国的暗物质探测小卫星发射运行之前探测到暗物质湮灭的电子和正电子信号,甚至探测到暗物质湮灭的 γ 射线信号。

● **深空太阳望远镜（DSO）**:该项目主要科学目标是实现高空间分辨率磁场和速度场观测,以 $0.1\sim0.15$ 角秒的空间分辨率获得高精度的磁场结构,从而在国际上首次实现对太阳磁元的精确观测，建立太阳低层大气磁场演化与日冕高层结构变化的关系，以及探讨小尺度磁场结构与太阳爆发之间的物理联系。目前经过概念性研究、国际合作评估、关键技术攻关，完成了从原理样机到工程样机的大部分工作，具备工程立项基础，力争早日发射上天，引领太阳物理前沿研究。

争取"十三五"期间立项和建设的地面望远镜项目如下。

● **南极天文台（二期）**：6～8米光学/红外望远镜和15米太赫兹望远镜及干涉阵。

● **大型地面太阳天文台**：太阳物理的观测愈来愈向高空间分辨率和高偏振测量精度发展。因此，建设大口径的地面光学/红外望远镜是发展太阳物理研究所必需的。目前国际上运行的或研制中的大型太阳望远镜都集中在美国和欧洲。因此，我国具有明显的地域优势。另外，我国在西部地区具有潜在的优质台址，为建设大型太阳望远镜提供了良好的先天条件。太阳天文台拟包括4米级的光学/红外望远镜、2米级日冕仪和射电频谱日象仪。

● **20～30米望远镜**：自主研制或以我为主的国际合作研制20～30米级巨型光学/红外望远镜。建成之后，其集光面积是当前主流大望远镜的10倍以上，其空间分辨率则是哈勃空间望远镜（Hubble space telescope，HST）的10余倍，根据观测目标和方法的不同，它的探测深度将是当前望远镜的10～100倍，将能够给天文学和天体物理学的每一个领域提供新的观测机会。

争取"十三五"期间立项和建设的空间项目如下。

● **X射线时变与偏振探测卫星（X-ray timing and polarization，XTP）**：XTP是继HXMT、SVOM、γ射线暴偏振仪（POLAR）之后，针对中国空间科学项目中长期发展规划中的大型空间卫星所提出的一个计划，计划于2018年发射。由于发达国家的下一代X射线天文卫星着眼于在对遥远天体的高灵敏度、高空间分辨率和高能量分辨观测，我国未来计划将重点放在对邻近的黑洞、中子星等致密天体的高时间分辨研究。通过大的探测面积收集足够多的光子，观测这些天体的短时标光变，研究靠近黑洞视界和中子星表面区域的物理规律和过程。XTP 是一台大探测面积（6.4 米²）、宽波段（1～30 keV）的 X 射线天文望远镜。其主要科学目标是研究 X 射线双星和亮的活动星系核的多波段快速光变，旨在研究极端条件下物质的行为和物理规律，包括在强引力场、强磁场下物质的运动规律和基本物理过程以及在高密度下物质的状态方程。XTP 将观测弥散 X 射线辐射，研究银河系内热气体和中性气体的分布以及低能宇宙线的密度，研究宇宙 X 射线背景。XTP 可以测量 γ 射线暴的偏振 X 射线辐射，研究 γ 射线的辐射机制。此外，XTP 将全面试验脉冲星导航技术。

● **先进空基太阳天文台**：最近，太阳物理界和航天八院正在合作开展一个太阳爆发—地球空间响应的编队卫星计划，旨在对太阳活动进行 X 射线、远紫外、光学、射电的多波段观测。空间探测方面的中长期目标是建立一个综合性的空基太阳天文台，对太阳进行多波段的探测，引领太阳物理前沿研究。

与这些大设备的建设相结合，加强对未来设备的科学目标的研究，支持相关终端设备和仪器的技术指标的研究，提出占领国际天文学前沿的优势课题。重点支持课题如下。

（1）暗物质与暗能量的本质以及宇宙早期的物理过程的研究：暗物质和暗能量的天文观测和理论研究；宇宙早期极端物理过程与原初扰动性质的研究；在星系和宇宙学尺度上的广义相对论检验。

（2）星系和宇宙大尺度结构的形成与演化的研究：宇宙大尺度结构的观测、统计、模拟和理论；星系的物理性质与周围暗物质、星系、星系际介质的关系；高红移天体的探测以及星系的形成和演化。

（3）大质量黑洞和活动星系核的结构、形成与演化：星系大质量黑洞的观测证据和活动星系核的多波段观测研究，尤其是利用我国 LAMOST、HXMT、FAST 等重大设备的研究；黑洞吸积与喷流，以及活动星系核的结构与辐射的理论研究；大质量黑洞的形成和演化以及与星系的共同演化。

（4）银河系的结构、性质、形成与演化的研究：银河系大规模巡天，银河系结构/银心及子结构、动力学性质；银河系第一代天体性质研究，银河系恒星形成历史及化学增丰历史；银河系及一般（盘）星系的形成与演化。

（5）星际介质和恒星形成的研究：星际介质物理、星际磁场、星际高能粒子（宇宙线）；恒星形成过程，恒星系统和原始行星系统；恒星演化的反馈效应。

（6）恒星演化和活动，系外行星系统及包含新物理的单星、双星模型和演化、星族合成；恒星晚期演化、恒星质量流失、超新星爆发、致密天体及高能现象；系外行星系统的搜寻和性质、形成与演化。

（7）太阳大气的磁场、结构和动力学：太阳活动区磁场的拓扑结构；太阳光球磁场的精细结构和太阳基本磁元；日冕波动、冕环结构和动力学。

（8）太阳耀斑、日冕物质抛射及其日地物理效应：太阳耀斑的高能辐射和动力学；日冕物质抛射的起源、传播以及对空间环境的影响；太阳活动的射电和光学的高分辨率观测；太阳总体行为和太阳活动预报。

（9）行星物质结构与物理和化学演化：深空探测资料分析处理和应用研究；太阳系小天体探测与物理和化学分类；天文地球动力学。

（10）天体力学与行星系统动力学：天体力学基础理论及应用；太阳系与行星系统的形成与动力学。

（11）天球参考架和时间频率：高精度天体测量参数测定和应用；天体力学基础理论与多波段天球参考架研究；时间频率研究。

（12）射电天文探测技术与方法：大口径望远镜技术、干涉技术及高频射电主动反射面技术；低噪声和多波束接收技术；微弱复杂的数字信号处理技术与方法。

（13）光学、红外探测技术与方法：极大光学/红外望远镜的镜面拼接磨制、大惯量直接驱动、自适应光学、光干涉等技术；大面积低读出噪声光学/红外探测器、三维光谱成像、系外行星直接成像等技术；南极内陆高原极端条件下的相关特殊关键技术。

（14）空间天文的探测技术和方法：空间天文的探测技术、卫星编队飞行技术、空间卫星的快速姿态调整技术、空间大平台技术、数据的快速处理与分析技术等；未来天文卫星的概念研究。

国际合作与交流是发展我国天文事业的重要途径。除了继续加强课题研究、人才培养和跨地域所需要的国际合作以外，将积极开展大型望远镜设备的国际合作，包括射电望远镜 FAST 的终端仪器研制，南天 LAMOST 的台址和研制，与国际上 SKA 和 30 米级望远镜计划的合作，南极冰穹 A 的天文选址和仪器研制等。

目 录

总序 ·· i

前言 ·· vii

摘要 ·· xi

第一章 星系与宇宙学 ·· 1

第一节 在天文学中的地位、发展规律和研究特点 ············· 1

  一、星系宇宙学在天文学中的地位 ····························· 1

  二、星系宇宙学的发展规律和研究特点 ······················ 2

第二节 国际研究现状和发展趋势 ································ 4

  一、概况 ··· 4

  二、近几年取得重要成就的主要领域 ························· 5

  三、国际观测设备的现状和发展趋势 ························· 8

  四、研究前沿和关键性科学问题 ····························· 11

第三节 国内星系宇宙学研究现状 ······························· 12

  一、概况 ··· 12

  二、国内的观测设备 ··· 13

  三、已取得的若干重要成果 ································· 20

第四节 优先发展领域和重点研究方向 ························· 25

  一、优先发展领域 ··· 25

  二、重要方向和前沿 ··· 26

第五节 对未来发展的建议 ····································· 29

参考文献 ··· 31

第二章 银河系、恒星与太阳系外行星系统 ··············· 32

第一节 在天文学科中的地位、发展规律和研究特点 ············ 32

第二节 国际现状和发展趋势 ···································· 41

一、银河系结构、星族及其动力学和化学演化 …………… 41

二、恒星结构和演化、双星 …………………………… 43

三、星际介质、恒星形成 ……………………………… 44

四、恒星活动及高能现象 ……………………………… 47

五、系外行星系统 …………………………………… 48

第三节 国内状况 ……………………………………… 50

第四节 优先发展领域和重点研究方向 …………………… 53

第五节 国际交流 ……………………………………… 59

第六节 对未来发展的建议 ……………………………… 61

参考文献 ……………………………………………… 63

第三章 太阳物理学 ………………………………… 65

第一节 太阳物理学的战略地位、重大意义、发展规律和研究特点 …… 65

第二节 国际研究的现状、发展趋势和前沿 ……………… 67

一、仪器设备 ………………………………………… 67

二、日震学和太阳发电机 ……………………………… 68

三、太阳大气的磁场、结构和动力学 …………………… 73

四、太阳耀斑和日冕物质抛射 ………………………… 82

五、太阳活动预报 …………………………………… 89

六、太阳和太阳系等离子体物理 ……………………… 91

第三节 国内研究的现状、优势和特色 …………………… 95

一、仪器设备 ………………………………………… 95

二、日震学和太阳发电机 ……………………………… 96

三、太阳大气的磁场、结构和动力学 …………………… 97

四、太阳耀斑和日冕物质抛射 ………………………… 99

五、太阳活动预报 …………………………………… 100

六、太阳和太阳系等离子体物理 ……………………… 101

第四节 未来5～10年发展布局和规划 …………………… 102

一、仪器设备 ………………………………………… 102

二、日震学和太阳发电机 ……………………………… 105

三、太阳大气的磁场、结构和动力学 …………………… 106

四、太阳耀斑和日冕物质抛射 ………………………… 107

五、太阳活动预报 …………………………………… 107

六、太阳和太阳系等离子体物理 ……………………… 108

第五节 保障措施 ⋯⋯⋯⋯⋯⋯⋯⋯⋯⋯⋯⋯⋯⋯⋯⋯⋯ 108
参考文献 ⋯⋯⋯⋯⋯⋯⋯⋯⋯⋯⋯⋯⋯⋯⋯⋯⋯⋯⋯ 109

第四章 行星科学与深空探测 ⋯⋯⋯⋯⋯⋯⋯ 111

第一节 在天文学科中的地位、发展规律和研究特点 ⋯⋯⋯ 111
第二节 国际现状和发展趋势 ⋯⋯⋯⋯⋯⋯⋯⋯⋯⋯⋯⋯ 115
第三节 国内现状 ⋯⋯⋯⋯⋯⋯⋯⋯⋯⋯⋯⋯⋯⋯⋯⋯ 127
第四节 优先发展领域和重点研究方向 ⋯⋯⋯⋯⋯⋯⋯⋯ 130
第五节 对未来发展的建议 ⋯⋯⋯⋯⋯⋯⋯⋯⋯⋯⋯⋯ 134
参考文献 ⋯⋯⋯⋯⋯⋯⋯⋯⋯⋯⋯⋯⋯⋯⋯⋯⋯⋯⋯ 135

第五章 基本天文学 ⋯⋯⋯⋯⋯⋯⋯⋯⋯⋯⋯⋯⋯ 137

第一节 基本天文学在天文学科中的地位、发展规律和研究特点 ⋯ 137
第二节 基本天文学的国际现状和发展趋势 ⋯⋯⋯⋯⋯⋯ 138
　　一、天体测量 ⋯⋯⋯⋯⋯⋯⋯⋯⋯⋯⋯⋯⋯⋯⋯⋯ 139
　　二、天体力学 ⋯⋯⋯⋯⋯⋯⋯⋯⋯⋯⋯⋯⋯⋯⋯⋯ 146
　　三、时间频率领域 ⋯⋯⋯⋯⋯⋯⋯⋯⋯⋯⋯⋯⋯⋯ 151
第三节 国内状况 ⋯⋯⋯⋯⋯⋯⋯⋯⋯⋯⋯⋯⋯⋯⋯⋯ 154
　　一、天体测量研究领域 ⋯⋯⋯⋯⋯⋯⋯⋯⋯⋯⋯⋯ 154
　　二、天体力学与动力天文学 ⋯⋯⋯⋯⋯⋯⋯⋯⋯⋯ 156
　　三、时间与频率研究领域 ⋯⋯⋯⋯⋯⋯⋯⋯⋯⋯⋯ 159
第四节 优先发展领域和重点研究方向 ⋯⋯⋯⋯⋯⋯⋯⋯ 160
　　一、天体测量 ⋯⋯⋯⋯⋯⋯⋯⋯⋯⋯⋯⋯⋯⋯⋯⋯ 160
　　二、天体力学与动力天文学 ⋯⋯⋯⋯⋯⋯⋯⋯⋯⋯ 163
　　三、时间频率研究 ⋯⋯⋯⋯⋯⋯⋯⋯⋯⋯⋯⋯⋯⋯ 165
第五节 对未来发展的建议 ⋯⋯⋯⋯⋯⋯⋯⋯⋯⋯⋯⋯ 168
参考文献 ⋯⋯⋯⋯⋯⋯⋯⋯⋯⋯⋯⋯⋯⋯⋯⋯⋯⋯⋯ 170

第六章 天文技术方法 ⋯⋯⋯⋯⋯⋯⋯⋯⋯⋯⋯ 171

第一节 光学与红外 ⋯⋯⋯⋯⋯⋯⋯⋯⋯⋯⋯⋯⋯⋯⋯ 171
　　一、在天文学科中的地位、发展规律和研究特点 ⋯⋯⋯ 171
　　二、国际现状和发展趋势 ⋯⋯⋯⋯⋯⋯⋯⋯⋯⋯⋯ 173
　　三、国内状况 ⋯⋯⋯⋯⋯⋯⋯⋯⋯⋯⋯⋯⋯⋯⋯⋯ 185

四、优先发展领域和重点研究方向 ················· 200

五、对未来发展的建议 ························· 203

第二节　射电天文学 ································· 209

一、射电天文学的战略地位、研究内容和研究特点 ··········· 209

二、发展规律、国际研究现状和发展趋势 ············· 212

三、国内发展现状 ························· 221

四、学科发展布局和规划 ····················· 229

五、优先发展的科学和技术领域 ················· 235

六、国际合作与交流 ······················· 235

七、保障措施 ··························· 236

第三节　空间天文 ··································· 238

一、在天文学中的地位、发展规律和特色 ············· 238

二、国际发展现状 ························· 241

三、国内发展现状 ························· 258

四、优先发展领域和重点研究方向 ················· 267

五、未来的发展建议 ······················· 269

六、政策建议 ··························· 272

七、结语 ····························· 279

参考文献 ···································· 280

第一章

星系与宇宙学

第一节　在天文学中的地位、发展规律和研究特点

一、星系宇宙学在天文学中的地位

星系是由数百万至数千亿颗恒星、气体、尘埃、中心大质量黑洞和暗物质构成的天体系统，空间尺度达数千至数十万光年，分布于百亿光年空间中的数以百亿计的星系以及星系际物质构成了目前可观测的宇宙。

星系天体物理和宇宙学以各种天文观测方法获取的信息为基础，利用现代物理学提供的理论工具，以及天文学其他分支特别是恒星物理的成果，研究各类星系和星系集团的空间分布、形态结构、物理性质、化学组成，研究星系核的活动特征和产能机制，大质量黑洞的分布、形成和演化，研究宇宙中其他物质成分（如暗能量、暗物质、微波背景辐射、星系际介质等）的空间分布和本质，并进而研究星系以至整个可观测宇宙的起源和演化历史，探索支配宇宙和星系起源和演化的物理规律。

星系宇宙学涉及的空间和时间尺度分别从普朗克尺度和普朗克时间到百亿光年和百亿年，跨度均达 60 个量级；能量尺度从微波背景到普朗克能量，跨度亦超过 30 个量级。这样巨大的时空和能量跨度不仅远远超出了地球上实验室的范围，甚至远远超出了天体物理其他学科领域（如太阳系和银河系）所涉及的范围，从而使该领域的研究处于天文学的前沿。对暗物质和暗能量、大爆炸元素核合成、宇宙微波背景、宇宙大尺度结构、星系及大质量黑洞等

的观测和理论研究，大大丰富了对宇观尺度上和极端条件下物理规律的认识，同时也对现有的物理理论提出了挑战。黑洞和活动星系核的研究为检验强引力场中的广义相对论和其他物理理论提供了地面无法实现的极端物理条件（超强引力场、超高温等）的实验室。

作为活动星系核中能量最为巨大的一类，类星体最早在宇宙现今年龄的百分之几的早期就已经形成。这些遥远而明亮的"宇宙灯塔"一直被作为宇宙学探针，用来研究宇宙中的成团及弥散的物质分布、成分和金属丰度等，甚至用来限制宇宙学模型和参数。活动星系核中心的大质量黑洞通过吸积与并合不断增长，并通过辐射、物质和能量注入等方式来反作用于星系，从而影响和制约星系的形成与生长。黑洞周围存在着奇特的物理状态和过程，有些涉及其他的天体物理学领域。例如，黑洞的产生和黑洞之间的并合会产生引力波辐射，这为引力波的探测和研究提供了天然辐射源。活动星系核产生的相对论性喷流同样存在于其他天体中（如γ射线暴）。活动星系核是研究喷流的产生和加速、从黑洞提取能量以及高能粒子加速的物理机制的实验室。喷流中的高能粒子及其辐射的研究与粒子加速过程、宇宙线的探测和研究等学科相关。

从研究人员、科学论文，特别是关键科学问题和重大成果几方面的统计可以看出，近20年来星系和宇宙学研究有了明显发展，已在整个天文学中占有主导地位。

二、星系宇宙学的发展规律和研究特点

星系宇宙学的发展可以归纳为"观测和理论研究共同驱动"。20世纪初，哈勃在M31中证认出造父变星，由其视亮度和造父变星的周光关系归算出到M31的距离，证实了其为河外星系。哈勃又利用24个星系的数据得到了星系退行的哈勃定律，揭示了宇宙膨胀的规律；哈勃膨胀规律在现代宇宙学模型（即广义相对论和宇宙学原理）得到圆满的解释，标志着现代宇宙学的开端。20世纪六七十年代，宇宙微波背景辐射的发现和宇宙大爆炸核合成理论成功解释宇宙的轻元素丰度，则把大爆炸宇宙学的地位提升到了现代天文学的主流领域之一；同时氦元素丰度的测量限定了中微子的代数目小于4，好于当时粒子物理的实验数据结果。其后暴胀宇宙学模型的提出，解决了经典大爆炸宇宙模型的平直性和超视界扰动的问题。20世纪80年代，星系红移巡天和大型星系成像源表的出现，成为检验宇宙大尺度结构形成与演化理论的最重要的观测统计数据之一；研究结果确立了宇宙中物质是由暗物质主导的，并且冷暗物质主导的结构形成模型成为解释观测数据的主流模型。1991

年 COBE 卫星首次测量到的宇宙微波背景各向异性，成为支持暗物质主导的宇宙暴胀理论的有力观测证据。1998 年通过 Ia 型超新星的测量发现了宇宙加速膨胀，以及后来的宇宙微波背景、宇宙大尺度结构和更多 Ia 型超新星的观测数据对上述发现的证实，更是把暗能量问题推到了科学研究的最前沿。

星系形成的研究也从单一星系系统的经验性研究转入冷暗物质主导的结构形成模型中统一研究，而星系经验性研究的重要成果如星系的化学演化模型、星族合成模型、星系尘埃模型等被有效地移植到冷暗物质主导的星系形成理论，使得星系形成成为宇宙结构形成理论的组成部分，并且能够将不同环境和不同宇宙年代的星系性质联系在一起。20 世纪末，哈勃空间望远镜的深场观测、Keck 等 10 米级光学望远镜和斯必泽（Spitzer）空间红外望远镜的使用，将星系演化的研究追溯到宇宙年龄仅为当前年龄 1/10 的宇宙早期；而以斯隆数字巡天（Sloan digital sky survey, SDSS）为代表的广角的大型红移巡天描绘了星系性质与宇宙环境之间的对应关系，这些都成为检验星系理论的重要观测结果；而星系形成理论则是理解不同环境和不同时期星系性质的理论工具。

早在 20 世纪 40 年代，一类具有核区强发射线辐射的特殊星系（塞弗特星系）就已经被注意到；但直到 20 世纪 60 年代，随着类星体的发现，人们才开始逐渐认识到这些星系的核区存在剧烈的非恒星活动，即活动星系核。其典型的特征为从射电到 γ 射线波段能量巨大的电磁波辐射，部分天体中还存在准直的、具有相对论性速度的粒子喷流。自 20 世纪 60 年代类星体的发现到 70 年代之间，对活动星系核产能机制的理论探索促进了黑洞吸积理论的建立和发展。天体物理学黑洞是指具有极端质量密度的天体，其超强的引力场使得进入其边界的任何物质（甚至光）都无法逃离。存在于星系中心的大质量甚至超大质量黑洞（十万至几十亿倍太阳质量）在吸积周围物质的过程中将其引力势能转化为热能及其他形式的能量并通过电磁辐射和物质外流的形式释放出来。随后的大量观测事实给出了大质量黑洞存在的间接证据，并基本确立了黑洞吸积的标准模型地位。活动星系核在观测上呈现出丰富的多样性，对这些性质的研究也促进了活动星系核统一模型的建立和发展。近 20 年以来的高灵敏度的多波段巡天（主要在射电、光学、X 射线等波段）已发现了数以十万计的活动星系核。

经过几十年的努力，人们已经找到了大质量黑洞存在于我们银河系以及几十个临近星系中心的可靠证据，并发现了黑洞与星系核球的质量之间存在密切关系。在此基础上人们推测，在几乎每一个大星系中心可能都存在一个

（超）大质量黑洞，并且与星系在形成和演化上可能存在着某种关联。产生这种关联的很可能的途径是黑洞通过向星系反馈吸积所产生的能量和物质（辐射、喷流、外流等）抑制了星系中气体的进一步冷却，从而起到制约星系演化的作用。当今的研究趋势是将大质量黑洞和星系的活动纳入到冷暗物质主导的星系形成理论框架中去研究，探索它们的共同形成和演化。

对遥远或暗弱天体的探测要求大的望远镜聚光面积以及灵敏的探测器。对于星系和活动星系核，高分辨成像观测可以获得其形态和结构的直观信息。星系和活动星系核在红外、光学、紫外和 X 射线可以产生非常丰富的吸收线和发射线，对这些谱线高信噪比的精细观测同样需要大的望远镜聚光面积和高的探测器光谱分辨率；而大面积的巡天观测要求建造视场更大、灵敏度更高的望远镜和探测器。从学科的发展历史来看，任何一个波段观测技术手段的进步，包括新的观测波段的开辟，灵敏度、空间和光谱分辨率、视场和巡天效率的提高，都会带来对星系、宇宙学和活动星系核研究的促进甚至飞跃；另一方面，星系宇宙学研究的需求又促进了望远镜技术和探测技术的发展。对多波段观测的需求和天文大型设备走国际化道路的大趋势，使得该领域成为合作性、国际性很强的一个天文研究领域。

第二节　国际研究现状和发展趋势

一、概况

根据国际天文联合会 1979 年第 17 次大会的统计，4538 名会员中参加星系和宇宙学两组的共 425 人，占总人数的 9.4%。到 1988 年第 20 次大会时，两组合计 850 人，占 12.8%。2006 年第 26 次大会时增至 1396 人，占会员总数 9258 的 15.1%。

据《天文学和天体物理学文摘》的统计，1980 年全世界发表的有关星系和宇宙学论文共 1229 篇，占总数 7.6%，1990 年达 3565 篇，占总数的 16.3%。1997 年共 5183 篇，占总数的 22.9%。2004 年估计 7000 篇左右，占总数的 25%左右。

美国国家研究院组织的天文学和天体物理学调研委员会在《新千年的天文学与天体物理学》学科发展报告里，列出了 5 个有望在 21 世纪初第一个 10 年取得进展的关键科学问题，前 3 个都属于星系宇宙学领域。

在美国《科学》杂志 1997 年以来评出的 80 项突破性科学成果中，有 18

项属于天文学领域，其中 7 项属于星系、宇宙学领域，特别是 1998 年的宇宙加速膨胀的发现、2003 年暗宇宙的观测更被列为当年科学突破之首。

由以上研究人员、科学论文，特别是关键科学问题和重大成果几方面的统计不难看出，近 20 年来星系和宇宙学研究有了明显发展，已在整个天文学中占有主导地位。

二、近几年取得重要成就的主要领域

（一）宇宙加速膨胀和暗能量的发现、宇宙早期的声波和宇宙学参量的精确测定

通过对高红移超新星的视星等-红移关系的精确测量，发现宇宙在加速膨胀，这是宇宙中存在负压强的暗能量的直接证据。以 Boomrang、Maxima 和 WMAP 为代表的宇宙微波各向异性探测设备，精确测定了角度大于 0.2 度的微波背景的角功率谱，从而精确测定了宇宙复合时期的重子声波性质以及宇宙模型的主要参量，使得宇宙学研究进入到了精确宇宙学时代。CBI 和 WMAP 探测到了微波背景的偏振信号，其结果支持宇宙早期扰动是绝热的论点。SDSS 利用亮红星系的红移巡天样本，测量到复合时期遗留下来的星系分布中的重子声波振荡，其结果一方面支持宇宙大爆炸模型，一方面成为精确测定宇宙学模型测量的重要物理量；利用赖曼阿尔法吸收森林测量早至宇宙 10% 年龄处的暗物质的成团性，成为测量宇宙学参量和宇宙结构早期演化的重要观测手段。

（二）宇宙再电离过程

SDSS 观测了高红移类星体的光谱，发现红移大于 6.5 处的类星体的赖曼吸收明显增强，表明宇宙最近一次再电离发生在红移 6.5 至 7 处；WMAP 从微波背景光子的偏振观测，推断宇宙最早一次的再电离发生在红移为 12 处。因此，宇宙的再电离可能发生了多次。WMAP 的结果若被证实，将对早期宇宙物理和第一代天体形成的研究产生重要的影响。随着 PLANCK 卫星的成功发射和低频微波天线阵（LOFAR、21CM、MWA 以及将来的 SKA）的建造，观测研究正在逐步揭开宇宙再电离过程和第一代发光天体形成的奥秘。

（三）星系中心黑洞存在的证据和普遍性、黑洞与星系的共同演化

近年来多波段高空间分辨的观测（尤其是恒星的运动）显示，在我们银

河系中心极有可能存在一个大质量黑洞（约 400 万太阳质量）。哈勃空间望远镜和其他一些高分辨设备的观测表明，临近宇宙中的正常星系中心普遍存在一个大质量黑洞。进一步的观测研究发现，黑洞质量与星系核球的引力势阱或核球质量存在紧密的相关关系。这一令人惊奇的关系意味着大质量黑洞在星系中心是普遍存在的，并且它的形成和演化与星系的形成演化有着某种密切的相互作用或制约关系。另一方面，人们也开始认识到星系核的活动性是相当普遍的，只是大部分星系的活动性都非常低。近年来在矮星系中心也发现了存在着质量小于百万太阳质量的黑洞，使得人们一直在试图寻找的恒星级黑洞和超大质量黑洞之间的空缺范围在一定程度上得以缩短。黑洞通过反馈由吸积所产生的能量（辐射、喷流、外流等）抑制了星系中气体的冷却，进而影响星系的形成和演化。Chandra 和 XMM-Newton 卫星的 X 射线观测，表明星系团和星系群的中央的气体被某种能源加热，而中心星系的黑洞的反馈是一种可能的解释。

（四）引力透镜巡天

2000 年弱引力透镜剪切相关函数的成功测量，标志着弱引力透镜观测进入到了一个新的阶段，能精确而无偏袒地测量宇宙的物质空间分布，将成为探测暗能量的物理本质和研究精确宇宙学的重要手段。Bullet 星系团的引力透镜测量表明暗物质的分布与星系数密度的分布一致，而与热气体的分布存在差异，支持冷暗物质主导的模型；从 COSMOS 数据成功构造宇宙的 3 维引力势分布；CFHTLS 的弱引力透镜剪切相关函数的测量为当前最精确的测量，其测量结果与 WMAP 的宇宙学测量测量结果一致。

（五）宇宙的恒星、星系、黑洞的形成和演化历史

随着 Hubble 深场、Chandra 深场、Subaru 多色深场、COSMOS 巡天等深度星系巡天的开展，在高红移星系的光度函数、恒星质量、恒星形成率、空间分布的测量方面取得了重要的进展，较好地测量了宇宙恒星形成的历史，发现大质量星系早形成、小质量星系晚形成的 downsizing 演化规律。即使大质量星系在形成后的演化，也不是简单的被动演化，它们的尺度随时间有明显的增长。高红移类星体的观测也说明，黑洞也存在 downsizing 演化规律，特别是质量近 10 亿太阳质量的黑洞在宇宙早期百分之几年龄的时期就已经形成，高红移类星体的光谱与近邻类星体的光谱非常相似。这些高红移的星系和类星体的观测为研究宇宙早期星系和黑洞的形成提供重要的线索，同时也

在挑战现有的星系形成的理论。

（六）近邻星系的系统研究

利用 SDSS、2dF 等大样本红移巡天和 Spitzer 卫星数据，精确地测量了近邻星系的光度函数、成团性随光度和形态的变化、颜色-星等图的双模分布等，提供了大样本星系的恒星质量、恒星年龄、恒星形成率、化学丰度、活动星系核、星际介质、尘埃等重要信息，为全面理解星系的观测性质提供了所需的观测样本；发现星系的颜色、恒星形成率等星系的性质主要由恒星质量决定；星系暗晕占有数模型和各类星系的环境的研究，较好地勾画了星系的性质与暗物质大尺度结构之间的关系，为研究和理解各类星系之间的演化提供了重要的线索。

（七）活动星系核的系统研究

通过 SDSS、2DF 等数字化光学光谱和 ROSAT、XMM-Newton、Chandra 等 X 射线大规模巡天，发现了数以十万计的活动星系核，使得人们可以获得更为精确和完整的活动星系核家族的整体性质以及与宇宙的物质分布之间的关系，类星体的光度函数及其宇宙学演化；发现宇宙早期类星体的成团性及其分布于暗物质晕中心。X 射线深场巡天及随后的多波段观测发现，存在大量的被尘埃遮蔽的活动星系核和光度较低的活动星系核，并证实了它们是宇宙 X 射线背景辐射的主要贡献者。回波成图（reverberation mapping）方法的成功应用使黑洞质量的测量和估计成为可能，从而使得活动星系核的整体性质研究朝着基于几个基本物理参数（如黑洞质量和吸积率）的统一模型方向发展。SDSS 给出了邻近宇宙中核活动与星族成分之间的紧密联系。对邻近极低光度的活动星系核（包括银河系中心）的研究，促进了黑洞吸积理论的进一步发展，极大地丰富了对黑洞附近物理过程的理解。Chandra 卫星在 X 射线波段直接探测到射电类星体的相对论性喷流，开辟了活动星系核喷流研究的新领域。

（八）新的观测手段和窗口——S-Z 南极望远镜和甚高能 γ 射线观测

因为星系团的 Sunyaev-Zel'dovich（S-Z）效应不随红移改变，S-Z 效应被公认为是探索高红移星系团的最佳方法之一，是宇宙学主要探针之一。世界上最大的 S-Z 望远镜——南极点望远镜自 2007 年开始在随机天区中开展 S-Z 效应的观测，通过对一块数百平方度天区 3 个波段的观测，建立第

一个 S-Z 选的星系团样本，对于星系团 S-Z 效应的宇宙学应用具有重要意义。在过去的几年里，利用地面大气切仑科夫辐射成像技术实现了真正意义上的甚高能（TeV）γ射线观测。主要代表设备是 H. E. S. S. 和 MAGIC 切仑科夫望远镜，已探测到了来自银河系中心和几十个活动星系核的甚高能的辐射，对临近活动星系核的甚高能观测可以对宇宙红外背景辐射强度进行限制。

（九）理论模型研究

随着星系宇宙学成为一门高精度的科学，星系宇宙理论模型在预言能力和精度上有了很大的提高，已渐渐向一个能够统一说明黑洞、活动星系核、星系和宇宙所有观测性质的概念框架发展。这些理论不仅在解释上述重要观测成果中起到了重要的作用，而且为开展这些实验提供了理论依据。

（十）天文观测数据的处理、储存、分布和虚拟天文台

随着越来越多的观测设备的投入使用，尤其是近年来数字化巡天设备的运行，产生的科学数据的信息量快速膨胀。加上观测覆盖的波段愈来愈多，如何有效地将多波段的数据整合为高效和方便利用的数据库成了一个重要问题。近年来在海量观测数据的整理、分类、发布及方便获取方面有了长足的进步，并最终促成了虚拟天文台的提出和发展。

三、国际观测设备的现状和发展趋势

目前对星系宇宙学研究产生重要影响的地面国际观测设备和巡天项目有：美国的 KeckI 和 KeckII 10 米望远镜、欧洲的 4 个 8.2 米的 VLT 望远镜、欧美多国合作的 2 个 8.1 米的 Gemini 望远镜、日本的 8.3 米 Subaru 望远镜等。这些望远镜都具备高分辨成像本领，并配有近红外的探测器，有的还有拍摄高分辨光谱的功能和大视场、多目标的优势，主要科学目标为高红移星系、弱引力透镜、活动星系核。美国的 SDSS 红移巡天（图 1-1）和英澳的 2dF 红移巡天，以大样本的优势，成为揭示近邻宇宙中星系的各种系统性规律的重要样本。在射电波段，完成了 NVSS、FIRST 等射电巡天。在过去的几年里，以 H. E. S. S. 和 MAGIC 为代表的切仑科夫望远镜，利用切仑科夫辐射成像技术取得了甚高能 γ 射线观测的实质性进展，探测到了来自银河系和河外天体的甚高能的辐射，开辟了新的高能观测窗口。

图 1-1　斯隆数字巡天

SDSS 是近年来天体物理学最具有影响力的巡天之一。该巡天利用 Apache Point 天文
台的 2.5 米专用望远镜，对 1/4 的全天进行了多色成像巡天和光谱巡天

最近已经或即将开始投入使用的大型设备有：西班牙的 GranTeCan（10.2 米）、南非的 SALT（11 米）望远镜、美国的光学宽视场监视扫描望远镜 Pan-STARRS、我国的 LAMOST 光谱巡天望远镜、欧洲的低频射电望远镜 LOFAR 等。

在空间设备方面，正在运行的有哈勃空间望远镜、Spitzer 空间红外望远镜、紫外 Galex 望远镜。它们的主要科学目标为黑洞、高红移宇宙、暗物质、星系的形成和演化。在 X 射线和 γ 射线波段有 XMM-Newton（图 1-2a）、Chandra（图 1-2b）和 Suzaku、INTEGRAL 卫星，已积累了许多星系团、星系、活动星系核的 X 射线数据。2012 年成功发射的 NuSTAR 卫星首次实现了高灵敏度的硬 X 射线聚焦成像。WMAP 在 2009 年公布了 7 年的观测结果；2009 年升空的欧洲空间局的宇宙微波背景探测器 PLANCK 卫星将提高小角度处宇宙微波各向异性的测量和宇宙微波偏正的功率谱的测量，所搭载的 Herschel 空间望远镜，在红外和亚毫米波段具有很高的分辨率和灵敏度。美国的 γ 射线天文台 Fermi-GLAST 将开展前所未有的高灵敏度和高空间分辨率的 GeVγ 射线观测。日本的红外卫星 Akari，已经完成中红外波段进行全天的高分辨率、高灵敏度的巡天。此外，还有一些中小空间望远镜，如 X 射线和 γ 射线望远镜 Swift、RXTE 和 AGILE，以及国际空间站上日本的 X 射线全天监视设备 MAXI 等。

图 1-2

(a) 欧洲空间局的 XMM-Newton X 射线卫星（1999 年发射）；(b) 美国国家航空航天局（NASA）的 Chandra X 射线卫星（1999 年发射）

正在建设和计划中的大型地面望远有：美国 8 米宽视场光学成像巡天望远镜 LSST，毫米波望远镜 ALMA 和射电望远镜 SKA、FAST，概念设计阶段的 30～40 米光学望远镜（E-ELT、TMT、GMT 等）。

在空间天文方面，欧洲空间局和美国 NASA 都已经分别做出了未来 15～20 年的发展路线图。基本上确立了空间天文发展的长远规划。在研制的大型空间天文卫星有：美国的哈勃空间望远镜的接替者 6 米口径的红外光学空间望远镜 JWST；在紫外波段有多国参加的世界空间紫外天文台（WSO-UV）卫星。中小型卫星有，印度的 X 射线卫星 ASTROSAT 将覆盖光学/紫外到 150keV 硬 X 射线波段；我国正在研制的硬 X 射线（1～200keV）波段调制成像望远镜 HXMT；中法合作覆盖光学、X 射线、γ 射线波段的小卫星 SVOM。德国的 eROSITA（德国扩展伦琴射线勘测成像望远镜阵列，extended ROentgen survey with an imaging telescope array，eROSITA）卫星，将进行 0.2～12.0 keV 中等 X 射线波段的首次高灵敏度全天巡天。美国的 EXIST、日本的 NeXT X 射线望远镜都将采用硬 X 射线聚焦技术，实现高达 80keV 硬 X 射线的高灵敏度成像观测。

国际观测设备的发展趋势是：①建造更大口径的望远镜以追求更大的聚光面积，旨在获得更深的探测灵敏度、更高的信噪比、更高的空间和光谱分辨率。②建造视场更大的望远镜和更大的探测器，旨在开展大天区范围数字化的巡天观测。寻找在以下几个方面的突破：新的观测波段窗口、更深的探测极限、更高的分辨率，或是新的探索领域，如在时间域发现和监测天体的光变（时域天文学）。尤其值得指出的是，时域天文学的重要性得到了进一步的认识。③巡天设备对推动整体学科发展的重要性越来越受到重视。④数据共享和开放，虚拟天文台的发展。⑤由于新设备所要求的技术越来越复杂、造价越来越昂贵，使得国际合作成为将来大型天文观测设备的一个明显趋势。

四、研究前沿和关键性科学问题

以宇宙微波背景辐射各向异性探测（如 WMAP）、大规模星系和类星体巡天（如 SDSS、2dF）、宇宙基本参数测定（如寻找高红移超新星）、哈勃空间望远镜等为先导的一系列重大天文观测，已经把星系宇宙学研究推进到了黄金发展时期。多波段和全方位的研究，已将天文观测、数据处理、数值模拟、理论研究结合于一体，并逐渐形成一个理解宇宙和星系所有观测性质的统一概念框架。其中，暗物质和暗能量、第一代天体的形成、星系的形成和演化、黑洞附近的物理过程及黑洞的形成和演化等将成为建立这个概念框架的关键性科学问题。暗物质、暗能量、大质量黑洞的观测研究，将向自然科学特别是物理学提出挑战，并极可能在未来 10 年孕育出新的物理发现和重大发现。具体地说，未来 5～10 年有望取得进展的关键问题如下。

（1）暗能量和暗物质的本质：宇宙的膨胀历史、暗能量的状态方程及随时间的演化、暗物质的物理性质等。

宇宙暗物质由什么样的基本粒子构成是暗物质研究的主要科学问题。研究这个问题的方式可以分为两类：粒子物理探测方法和天体物理探测方法。粒子物理探测方法通过对银河系中（或邻近星系）暗物质湮没产生的信号（如正电子、反质子、γ 射线光子等）测量，或者通过暗物质与地球上探测器的直接相互作用的测量，或者利用加速器产生相应的暗物质粒子，以探测并研究暗物质的基本粒子性质。天体物理探测方法是通过暗物质的引力所产生的动力学和引力效应，测量暗物质的空间分布，寻求暗物质的物理性质，因为暗物质在小于星系尺度上的分布携带着暗物质的重要物理性质。相关的问题还有：冷暗物质理论是否精确？是否需要超越广义相对论的新物理学来替代暗物质理论？

目前对暗能量的本质认识非常有限。暗能量具有负压，在宇宙空间中几乎均匀分布或完全不成团，所以宇宙学常数仍是暗能量的最广为接受的候选者。但目前能够解释相关观测的暗能量物理模型很多，其中最著名的当属

Quintessence。也有科学家提出用修改引力理论的办法来解释宇宙加速膨胀，如 brane world、Cardassian 模型。还有关于暗物质暗能量的联合模型，如 Chaplygin 气体。检验这些模型的主要手段是测量暗能量的物态方程随时间的演化，以及 Robert-Walker 度规中牛顿势与经度势之间的关系。

（2）宇宙结构和星系的演化：星系如何从红移为几十的宇宙早期演化而来，宇宙结构（包括星系际介质）是如何演化的。

星系形成的观测研究将向观测宇宙第一代天体推进，第一代天体的大小、初始质量函数、宇宙的增丰和再电离等为主要的科学问题；高红移大质量星系和超大质量黑洞的形成机制仍是研究的重点；星系际介质的观测将提供星系形成过程中星系外流和能量反馈的重要信息；星系演化的研究将集中在不同时期、不同物理性质的星系之间是如何演化的，高精度处理星系形成复杂物理过程的理论框架是联系各种看似相互独立的观测现象的必要工具。

（3）黑洞的形成和演化：黑洞附近发生了什么？更加直接地探索大质量黑洞视界附近物质的动力学等物理过程；检验黑洞吸积理论；大质量黑洞是如何形成和演化的？星系核的活动性与星系演化的联系，黑洞在宇宙演化中的作用等。与黑洞相关的过程（如双黑洞并合）产生的引力波的探测。相对论性喷流是如何产生和加速的？其物质组成是什么？外流的产生、性质及其对环境的影响。黑洞在宇宙剧烈活动天体中所起的作用。

活动星系核研究的趋势主要在两个尺度。在小尺度上，利用高空间分辨和大聚光本领的望远镜直接探测邻近活动星系核的内部结构和物理过程，并运用光谱、光变等手段探索黑洞视界附近的物理状态，研究吸积和喷流产生的过程。在宏观尺度上，研究活动星系核的触发机制和与星系恒星形成爆发的关系；通过研究对周围环境的反馈作用来了解黑洞对星系形成和演化的制约，以及是如何随星系共同演化的等。

前面一节所述重大国际观测设备，基本上是为解决这些重大科学问题而建造的。

第三节 国内星系宇宙学研究现状

一、概况

我国的星系宇宙学研究起步较晚，但在最近几年研究队伍得到了令人瞩目的发展。一批优秀的学术带头人脱颖而出，同时从国外引进了一批高水平的中青年学者，他们成为了我国在国际上做出高显示度研究工作的主力军。现有研究人员约 150 人，主要分布在国家天文台（包括总部，云南天文台和新疆天文台）、上海天文台、紫金山天文台、中国科学技术大学、北京大学、南京大学、清华大学、中国科学院高能物理研究所等单位，其中有国家杰出青年获得者 18 人，占天文界总数的 1/3。主要研究方向为早期宇宙、宇宙大尺度结构、星系的形成和演化、活动星系核等。

在"十一五"期间，我国建造了观测星系和类星体大样本的 LAMOST，建造了探测宇宙再电离时期的射电阵列 21CMA，启动了探测星系和宇宙中中性氢的 FAST 射电望远镜项目，这些项目的圆满完成将会极大地提升我国星系宇宙学研究的国际地位。同时，我国在星系宇宙学研究方面已经形成一支有特色的研究队伍，在宇宙早期物理过程、宇宙大尺度结构、暗物质和暗能量、引力透镜效应、S-Z 效应、宇宙再电离时代、相互作用星系、星系的形成和演化、吸积盘和辐射理论、活动星系核的结构和辐射、统一模型、大样本统计、多波段监测等诸多方面，已经做出了一系列在国际上有相当显示度的工作。

二、国内的观测设备

(一) 已投入使用的设备

在星系宇宙学研究方面我国已投入运行的望远镜很少，且在国际上只属于小型望远镜。目前具有一定科研成果产出的望远镜如下。

（1）2.16 米光学望远镜：于 20 世纪 90 年代初投入运行，配有卡焦低色散光谱仪，可进行河外天体的分类和红移测定、光谱诊断、星族分析和发射线区结构等课题研究。

（2）60/90 厘米施密特望远镜：配 2048X2048 像元 CCD 加 15 个滤光片的 BATC 巡天系统，以其 1 度的大视场和多色测光能力可在大样本天体光谱能量分布（SED）、高红移天体搜寻、面源测光和星系结构研究、γ 射线爆光学余辉监测等方面做出较有特色的工作。

（3）经技术改造的兴隆 60 厘米望远镜：在近临星系超新星巡天中已经做出一定的贡献。

（4）云南天文台 1 米镜：在观测南天天体和 AGN 监测等方面发挥一定作用。

（5）上海天文台 1.5 米望远镜：在 AGN 监测等方面发挥一定作用。

（6）德令哈 13.7 米毫米波射电望远镜：在配备适当宽带设备后可用于研究河外星系，该望远镜也是开展毫米波 VLBI 观测的合适设备。

（7）上海佘山 VLBI 站和乌鲁木齐南山 VLBI 站各有一台口径 25 米的厘米波多波段射电天线，北京密云 VIBI 站和昆明 VIBI 站各有一台口径 45 米的厘米波多波段射电天线，它们已成为国际 VLBI 网的重要成员，可用于研究活动星系核的结构。

（8）丽江 2.4 米光学望远镜：口径 2.4 米，位于云南丽江高美古，海拔 3200 米，是我国目前最大的通用型光学望远镜，具有地理经度上的优势。台址纬度低，具有较好的视宁度、夜天光背景亮度和大气透明度。目前配备有中低分辨率暗弱天体光谱仪 YFOSC，可以开展光谱和直接成像观测。最新研制的视向速度仪 LiJET 可测量天体的视向速度，将主要用于系外行星和恒星振动方面的研究。

（9）大面积多目标光谱巡天的 LAMOST

在"十一五"期间，我国建成了大视场、多目标光纤的 4 米口径的 LAMOST。LAMOST 的主要指标性能和预期的主要科学目标为：它是一台位于国家天文台兴隆站的横卧南北方向的中星仪反射施密特望远镜，属于光谱巡天型望远镜。应用主动光学技术控制反射改正板，使它成为大口径兼大视场的光学望远镜。它的口径达 4 米，预计在曝光 1.5 小时内可以观测到蓝波段暗达 b＝20.5 星等的天体；它的视场达直径 5°，在焦面上放置 4000 根光纤。该望远镜在 2008 年通过工程验收，在 2009 年和 2010 年主要对该望远镜进行工程和科学性能的优化和测试，预计在 2012 年底开始星系和类星体的大样本巡天观测，在 5 年左右的巡天观测后，获得百万个星系和类星体的光谱。利用这些巡天样本，有望在研究本领域若干关键性科学问题方面取得重要进展。

（二）建设中的设备

预计在 2015 年左右，我国将建成低频射电波段的 500 米口径球面射电望远镜（FAST）、较高频射电波段的上海 65 米射电望远镜和硬 X 射线波段的调制望远镜 HXMT，这些望远镜的主要性能和主要科学目标如下。

1. FAST

FAST 是 500 米口径球面射电望远镜（five hundred meter aperture spherical radio telescope）的英文简称，台址选定在我国贵州南部的天然碟斯

特洼地，预计将在 2014 年底建成。FAST 项目建设及科学目标的实现是中国射电天文界未来 10 年内的首要任务。

FAST 的一个主要的研究目标就是巡视宇宙中的中性氢分布，为精确宇宙学研究提供新的观测材料。对中性氢 21 厘米谱线的观测已成为现代天文学的重要研究手段，通过对其强度和速度空间分布的观测，我们认识了银河系的盘和旋臂结构，得到了河外星系中不可视物质的分布和动力学图像，为暗物质的存在提供了强有力的证据。

FAST 有能力将中性氢观测延伸到宇宙边缘，获得中性氢分布和运动的详细图像，揭示星系的形成和演化规律。目前通过 21 厘米氢线对中性氢进行的最遥远盲探测大约在红移 0.2 处，FAST 的盲探测将观测到红移 0.3~0.7 处星系团核心星系内的氢，因而可以观测到所有星系族中的演化效应。FAST 的高灵敏度和多波束，可以发现大量遥远的富氢星系，还可能探测到其他系统中主导星系形成后的残余中性氢云以及前身星暴星系。

FAST 观测还有助于暗物质和暗能量研究，寻找第一代诞生的天体。利用中性氢 21 厘米谱线可以对再电离过程进行观测，通过对红移了的 21 厘米线平均亮度整体的绝对测量，确定再电离的红移。对高红移强射电源进行吸收线（21 厘米森林）观测，确定中性氢自旋温度，判定电离光子源的性质。

使用 FAST 探测微弱的中性氢质量函数，从而揭示近邻宇宙中的中性氢分布，寻找冷暗物质模型预言的所谓的失踪伴星系。高灵敏度 FAST 观测还有望发现由于气体密度低而未能形成恒星的"黑暗星系"，解开暗晕子结构之谜，研究暗物质的小尺度分布和性质。

利用 FAST 对大尺度结构进行巡天观测，巡视 10^7 个星系，以这些星系作为示踪物测量大尺度结构，获得物质密度功率谱。这类的大尺度结构还可以和宇宙微波背景辐射进行相关研究，探测一些暗能量效应。在大尺度上，中性氢与物质密度的总体分布应是一致的。因此，通过对中性氢在宇宙中分布的测量，可以确定物质的总体分布。

FAST 的高灵敏度还可以用于对超强红外星系、高红移星系、活动星系和类星体进行多种分子脉泽（如羟基和甲醇）的搜寻，研究羟基超脉泽与星系类型、核的活动性及相对论性喷流的关系，这类研究有可能获得更多超大质量黑洞存在的证据。而对河外甲醇超脉泽的搜寻是至今未果。超脉泽的辐射转移、抽运机制、运动特性，以及与中心天体的关联已成为一个前沿领域。

2. 上海 65 米射电望远镜

上海 65 米射电望远镜将建在上海天文台松江佘山基地，将于 2012 年底前完成。该射电望远镜建成后，将在探月工程二期和三期发挥重要作用，执行 VLBI 测轨和定位任务，并具备承担国家深空探测任务的能力，逐步建成国际先进水平的深空探测地面站，同时该望远镜还将在天文学研究中发挥重要作用。

上海 65 米射电望远镜作为单天线观测的主要目标是分子谱线，在星系宇宙学方面可以开展的一个重要课题就是对具有宇宙学红移的一氧化碳（CO）的观测。CO 分子是研究恒星形成过程的重要的探针分子，CO 分子也是探索活动星系核（中央区域动力学、吸积过程、气体角动量转移等）有力工具。对高红移天体的多波段观测表明在红移 4 和 5 时已有星系级的天体存在了，65 米射电望远镜对这些宇宙学红移的 CO 观测〔如处于红移 1～5 范围内的 CO（1—0）的频率覆盖在 20～50GHz 间〕，将与 FAST 在低频端对高红移中性氢 21 厘米的观测形成有效互补，研究高红移类星体（星暴星系）与最早期的大质量氢云成团性，揭示黑洞的产生与大质量氢云的相互关系，共同揭示宇宙早期的演化。目前，世界上对高红移低跃迁的 J＝1—0，2—1，3—2 等 CO 谱线观测主要是甚大天线阵（VLA）、Green Bank 110 米和 Effelsberg 的 100 米天线在 7 毫米或 1.3 厘米接收频段获得的。对 36 个高红移 CO 星系的统计结果表明，其中一半以上为活动星系核的寄主星系，特别是红移大于 3.5 的 11 个星系全部为活动星系核的寄主星系。

3. 作为 VLBI 单元的 FAST 和 65 米射电望远镜

该两个大射电望远镜将会是国内外 VLBI 网的一个强大单元，FAST 以其超大的接收面积将主导其参加的 VLBI 网，而上海 65 米射电望远镜以其多工作频段亦将在地面和未来的空间 VLBI 观测中发挥极其重要的作用。两者的建成使用将是我国在该领域的射电天文研究上一个新台阶。通过高动态范围的 VLBI 观测，为遥远类星体和星系成像，获得活动星系核的精细结构，揭示喷流的形成、加速和准直过程的物理机制，研究天体物理中的吸积现象。

此外，可以开展对河外星系中的超脉泽源的 VLBI 高精度测量，获得精准的河外星系距离测量，进而可以测定宇宙学距离，提供对哈勃常数的一个独立测量。这类超脉泽源由于距离远，流量密度很低，只有大口径射电望远镜的参与才能使得检测成为可能。

4. 硬 X 射线调制望远镜（HXMT）

HXMT 是我国自主研制的第一个天文卫星。由准直器和 X 射线探测器构成，工作能段为 1～250keV。在 20～250keV 硬 X 射线波段的最大探测面积为 5000 厘米²，为国际上同类仪器中最大的。因此，对于亮的 X 射线源，HXMT 具有短时间积分即可获得大量 X 射线光子的能力。同时，其空间扫描成像的优势（单位面积统计信噪比、空间分辨率等）也是以往和现今类似的其他卫星设备所无法比拟的。HXMT 的主要科学目标是开展银河系内恒星级黑洞、中子星等高能天体的光变性质和能谱的观测，研究致密天体和黑洞强引力场中动力学和高能辐射过程。在 20～250keV 波段实现国际上最高空间分辨率的全天成像巡天、精确测量宇宙 X 射线背景辐射的强度、能谱和各向异性，为揭开宇宙硬 X 射线背景辐射之谜获取重要数据。并能给出临近宇宙大质量黑洞的无偏的观测样本，包括大量被遮蔽的活动星系核。此外，HXMT 将探索利用 X 射线脉冲星实现航天器导航的原理和技术。

（三）提案阶段的设备

"十二五"期间需要大力推动、进行前期预研究的项目有南极天文台（包括 15 米级太赫兹望远镜和 6～8 米的宽视场光学红外望远镜）、美国 30 米望远镜国际合作和下一代大型空间天文 X 射线卫星 XTP 计划。

1. 南极天文台

在南极冰穹 A 获得的初步天文观测数据表明，冰穹 A 极可能是地球上最好的天文观测台址，尤其是对红外和亚毫米波段，高纬度、低水汽和稀薄的大气都使得该波段的观测是地球上其他地方不能相比的。当前计划推进的项目近期有 2.5 米光学/红外望远镜和 5 米级太赫兹频段望远镜；中长期有 6～8 米光学/红外望远镜和 15 米太赫兹望远镜及干涉阵。

2. 太赫兹频段望远镜及干涉阵

根据目前南极台址初步观测数据的推断，太赫兹频段望远镜及干涉阵可以在解决从恒星形成到早期宇宙第一代星系形成的不同尺度的重大天文科学问题上起到独特作用，可以在星系宇宙学领域以下几个重点研究方向取得突破。

1）第一代恒星及星系是如何形成的

在宇宙早期，冷却过程主要以氢分子在红外波段的谱线辐射为主。在红移 $z=10～15$ 时，这些谱线被移到了太赫兹频段。太赫兹观测将为探测第一代恒星的主要组成物质冷氢分子提供了前所未有的独特手段。冰穹 A 太赫兹望远镜可以探测到氢分子静止波段 12 微米、17 微米、28 微米的旋转跃迁发射线，捕捉星系"第一缕曙光"或第一代恒星形成过程印记。

2）大质量星系如何形成和演化的

大质量星系中的恒星多形成于红移 2 之前，这是宇宙中星系形成的重要时期。早期星系大多是星暴星系，其恒星形成率比银河系这样的正常星系高一个量级以上。由尘埃消光影响，高红移星暴星系绝大部分的能量通过尘埃连续谱的形式从远红外波段发射出去，在太赫兹波段观测这些高红移星系能够有效探测其主要的能量分布并且获得最高的灵敏度。另一方面，太赫兹窗口有大量的新谱线。这将为诊断星暴与 AGN 提供极其重要的新信息。从太赫兹窗口对银河系内星团形成区、银心的黑洞及周围的大质量恒星形成的物理过程研究也将为星暴与 AGN 的关联、星暴规律、星暴星系和并合星系、亚毫米波星系等宇宙各层次的恒星形成、进而星系形成与演化提供基础规律。

3）z＜1 宇宙星系恒星形成活动演化的完整图像

冰穹 A 15 米级太赫兹望远镜的高灵敏度远红外波观测可以探测红移 1 以来的从星暴星系到正常星系中尘埃连续谱，揭示被尘埃遮蔽的恒星形成活动，从而建立起各类星系中的恒星形成活动及其随红移的演化的完整图像。这相当于把目前基于 SDSS、紫外和红外全天巡天的近邻星系恒星形成活动的认识，宽展至对 z＜1 以来的 80 亿年的宇宙时期，无疑会大大推进对星系形成和演化的研究。

4）揭示近邻宇宙中物质循环的完整规律

宇宙物质循环是指从星系际介质—星系中星际介质—致密星际介质—星系中的恒星—星系际和星际介质的过程。理解这一物质循环链中主要过程一直是天体物理的基本问题。冰穹 A 太赫兹望远镜观测有助于找到目前尚未探测到的星系际介质中形成星系的"原初"气体团块，并探知其分布和物理特性。这亦有助于解决重子物质缺失问题。星系中星际介质冷却形成致密气体，进而形成恒星。致密气体云核中的原恒星胚胎的温度只有几十 K，能谱集中在太赫兹频段。太赫兹连续谱是捕捉深藏在分子云内部的原恒星、揭示恒星形成规律的最佳波段。人们今天能跟踪的是恒星（光学）和分子气体（毫米波射电），而热气体与冷中性气体的关系是其中缺失的一环。处于太赫兹频段的 [CI]、[CII]、[NII]、[OI] 等特征发射线是揭示介质不同相变的主要探针，对理解原子云的形成、中性氢云转化为分子云以及 GMC 的形成等十分重要。银河系和近邻星系中恒星形成的物理过程研究将为星系形成与演化、星暴星系和并合星系、亚毫米波星系等宇宙各层次的恒星形成提供基础规律。

因此，太赫兹观测对理解近邻宇宙中物质循环过程有不可替代的作用。

3. 宽视场光学红外望远镜

具有视宁度好和热红外背景低的特点，预计能在暗能量性质的观测研究、第一代星系（恒星）和类星体的搜寻、宇宙的再电离过程等方面发挥重要作用。

精确宇宙学研究所发展的几项技术分别是：①Ia 型超新星作为标准烛光；②宇宙微波背景辐射；③由大尺度结构引起的星系形状的重力变形（弱透镜效应）；④宇宙大尺度结构中重子声波振荡。冰穹 A 为以上所有探索都提供了最好的台址。采用南极大视场望远镜的多色深场巡天，并结合 WMAP 和 PLANCK 卫星的数据，探讨暗物质的分布、暗能量的状态方程并对宇宙学及宇宙大尺度结构的形成模型给出重要限制。此外，相关的引力透镜的研究还包括星系-星系引力透镜研究小尺度的暗晕结构、超新星和类星体的多重透镜的时间延迟作为宇宙学检验。

4. X 射线时变与偏振探测卫星（XTP）

XTP 是继 HXMT 和 POLAR 之后，针对中国空间科学中长期发展规划中的大型空间卫星所提出的一个计划，计划于 2018 年发射。

考虑到国际上下一代的 X 射线天文卫星着眼于对遥远天体的高灵敏度、高空间分辨率观测并具有偏振观测能力。我国计划未来将重点放在对邻近的黑洞、中子星等致密天体的高时间分辨研究。通过大的探测面积收集足够多的光子，观测这些天体的短时标光变，研究靠近黑洞视界和中子星表面区域的物理规律和过程。XTP 是一台大探测面积（＞2 平方米）、宽波段（1～30 keV）的 X 射线天文望远镜。其主要科学目标是研究 X 射线双星和亮的活动星系核的多波段快速光变，旨在研究极端条件下物质的行为和物理规律，包括在强引力场、强磁场下物质的运动规律和基本物理过程以及在高密度下物质的状态方程。XTP 也将观测弥散 X 射线辐射，研究银河系内热气体和中性气体的分布以及低能宇宙线的密度，研究宇宙 X 射线背景。XTP 可以测量黑洞和 γ 射线暴的偏振 X 射线辐射，研究 γ 射线的辐射机制。此外，XTP 将全面试验脉冲星导航技术。

5. 30～50 米巨型光学/红外望远镜

中国正在计划建造巨型光学/红外望远镜和参加国外巨型光学/红外望远

镜的国际合作。这类望远镜的集光面积是当前主流大望远镜的 10 倍，空间分辨率则是哈勃空间望远镜的 12 倍，探测深度将是当前望远镜的 10～100 倍。这类望远镜能够给天文学和天体物理学的每一个领域提供新的观测机会。星系宇宙学方面：

1) 它们将对天体物理学的一个显著问题——宇宙的"第一缕光"做出重大贡献。在红移大约 1000，宇宙 30 万年时，它经历了一个电离粒子的复合过程，从而进入了我们所称的"黑暗时代"。"黑暗时代"结束于第一个光源的产生。它们和詹姆斯·韦伯空间望远镜（JWST，将于 2014 年发射，预计使用寿命 5～10 年）的协作，将可拍摄第一代光源的光谱，为我们研究它们的物理性质以及第一代天体对宇宙的初次化学增丰提供详细信息。

2) 它们巨大的集光能力使我们能够观测到遥远的星系，从而可以解析我们视线方向上的宇宙结构，而不是像以前那样只能观测作为背景源的类星体。更高的可探测天体密度使我们了解三维宇宙物质结构分布成为可能，不论是在大尺度结构上还是在小尺度上。这项研究还将能使我们探测暗物质暗能量的本质，验证物理常量的恒定性，以及通过分析结构的形成过程来探索宇宙化学增丰和回馈机制。

3) 在整个宇宙时间尺度上对大质量黑洞进行普查。它们有能力探测更加遥远的星系中心的大质量黑洞和那些质量相对较小的大质量黑洞。人类将第一次收集到一个具有统计学意义的大样本来研究黑洞与星系质量、星系动力特征、星系形态的关系，研究从近邻宇宙一直到红移 0.4 处的黑洞的演化（如果结合其他技术手段甚至可以探测到更远的红移处）。通过探测更多的恒星，可以使用基础的方法来研究银河系中心的大质量黑洞。通过探测高轨道偏心率的恒星，还有可能测量到广义相对论效应。

三、已取得的若干重要成果

"十一五"期间，我国在星系宇宙学研究方面有较大的发展，发表了一系列重要的学术论文，在国际上具有较高的显示度。以下列举一些代表性的工作。

1. 暗能量和暗物质的物理本质

利用美国南极长周期气球项目（ATIC），经过 10 年观测研究，发现高能电子流量在 3000 亿～8000 亿电子伏特能量区间远远超出了模型预计流量。如果这一成果被进一步证实，这可能会是人类第一次发现暗物质粒子湮灭的证据。通过数值计算，首次指出非热产生中性伴随子可以降低暗物质在小尺度上的成团性，从而解决冷暗物质模型在小尺度上的遇到的困难；提出了解释暗能量的物态方程系数 w 随红移变化的新模型——Quintom 模型，该模型预言今天 w＜－1 而宇宙早期时 w＞－1；提出结合星系红移畸变和弱引力透镜测量时空相对扰动检验宇宙加速膨胀的暗能量模型和非标准引力模型；用最新的超新星、大尺度结构和微波背景辐射观测数据确定了暗能量状态方程，得到目前宇宙学常数仍可以很好的拟合数据，动力学模型仍然没有被排除，而且数据略微支持该课题组提出的 Quintom 模型；提出了一种对宇宙微波背景辐射偏振数据进行分析的新方法，并使用 WMAP 和 Boomerang 的观测数据，对 CPT 对称性进行了检验，发现了 CPT 破坏的迹象；用 γ 射线暴观测数据并结合其他观测数据限制了宇宙学参数和暗能量的性质。

2. 宇宙大尺度结构的观测统计分析

自主地建立了从星系光谱数据测量星族成分和尘埃的主成分方法和独立成分方法，该方法在测量星系的恒星质量和星系速度弥散方面具有明显的优势，已成功应用于 SDSS 红移巡天，并发现了一批双黑洞的候选者；对 SDSS 的星系样本进行了多种统计研究，发现潮汐相互作用是引起强 star-forming 星系的剧烈恒星形成的主因，而伴星的存在不影响星系核的活动性；发现卫星星系有更大的几率是沿着中心星系的主轴方向分布的，而且对于颜色较红的中心星系和卫星星系有更强的信号；建立了 SDSS DR4 的星系团样本，研究星系条件光度函数、暗晕占据数、星系团质光比等星系与暗物质晕之间的关系；优化了探测引力透镜的软件包，建立了星系团产生的引力透镜样本，研究了星系真实空间分布特性和星系－星系引力透镜效应。

3. 宇宙结构和星系形成的理论研究

建立了自适应的宇宙学 N-体模拟程序和具有高阶精度的宇宙多相流体动力学的 WENO 数值模拟程序，取得了一组高质量宇宙学数值模拟样本。建立了独立的星系形成的半解析模型，对气体冷却和星系并合等部分物理过程给出更合理的描述，成功地解释星系的颜色-星等图上的双模（bimodal）分布、中等红移处大质量红星系的数目等重要观测问题；首次提出了描述暗晕内部物质分布的三轴椭球密度分布模型；总结出暗物质晕的质量吸积历史统一模型和密度轮廓统一模型；研究了星系的并合时标，给出了暗物质模型中星系并合时标的精确拟合公式；研究暗晕成团性与其年龄关系的成因，说明宇宙尺度结构的潮汐力是导致该关系主要原因；解析研究了暗物质晕并合关联性对暗晕质量函数和并合历史的影响，较好解释了数值模拟结果；研究了宇宙早期的再电离过程和紫外背景的形成，并与高红移类星体的高分辨光谱比较，成功解释了 Lyα 泄漏；针对弱引力透镜观测，分析了星系测光红移中 catastrophic error 所带来的影响，结果显示这个误差对于像 SNAP 这样的未来观测是重要的。

4. 近邻星系的观测性质

利用 SDSS 数据和消光对星系光度函数中特征光度的影响，测量星系的内消光规律，从多个波段的光度函数的研究，发现消光曲线可以很好地用 $n=-1$ 的幂率谱拟合；利用 Spitzer 红外卫星数据并结合 SDSS 光学光谱研究近邻星系的中红外发射的性质，建立星系中红外的发射与星系恒星形成率的关系。开展银河系分子云的物理性质、局域恒星形成定律、高红移星系中的 HCN 观测研究，发现星系中的恒星形成率和 HCN 的线性相关，并把此相关从近邻星系尺度推广到高红移及巨分子云核。

5. 高红移星系和星系的演化

在一类高红移的特殊星系的外流性质研究上获得了突破性进展；发表了大天区高红移 Lyman-Alpha 巡天所获得的 Chandra X 射线源星表，探测到 188 个 X 射线源，利用 Magellan IMACS 光谱观测证认出 110 个红移 4.5 的高红移 LAE 星系，是目前最大的高红移光谱星表；发展了四种不同分类的方法，运用于 COSMOS 天区的极红天体大样本的分类中，结果发现年老星系和尘埃星系的比例与极限星等、红移、颜色判据等都有关系，解决了以前研究结果差异的内在原因；我们发展出一套针对 IRAC 深场图像特征（观测到的源数目众多且发布密集）的测光软件工具，获得较高质量的 IRAC 测光星表，结合两波段哈勃空间望远镜的深场观测，用双色图法选出一完备的包括～5000 个高红移（1.5＜z＜3）星系的大样本；观测获得了 88 个红移为 z～0.6 的遥远中等质量星系的 VLT 中等分辨率光谱，获得了其质量-金属丰度关系，结果表明，这些中等红移的星暴及亮红外星系的金属丰度相比于近邻星系而言，在给定质量，其金属丰度约低一半。

6. 国内中小望远镜的观测结果

利用 60/90 厘米 Schmidt 望远镜开展以近邻星系为主要研究对象的大视

场多色巡天（BATC）。结合 SDSS 多色测光以及 X 射线的观测资料，对 A2255、A168、A399 和 A401 等一批邻近星系团的结构、光度函数和演化进行了整体研究；利用 BATC 测光系统大视场多颜色的特点，结合星族合成模型对 M87、M81、M82、NGC3077 近邻星系中的恒星及星团成分进行了研究。基于国家天文台 2.16 米光学望远镜的光谱、Hα 成像观测数据和其他国外多波段数据，获得了如下重要结果：在星系 NGC4565 中发现了极亮 X 射线源（ULX）的光学对应体，这是当时能够明确确认的最高精度的两个光学对应体之一；研究了尘埃星暴星系，提出"选择消光"的概念，解释了亮红外星系光谱中强发射和强巴尔末吸收的同时存在；选出并研究了一个当时最大的（25 个）红外类星体样本，发现其基本特征为具有很强的 FeII 发射和气体外流；发现 Mkn273 有一个延展热气体 X 射线晕非常类似于椭球星系，这为星系并合最终形成椭球星系提供了证据；证认了一个有 155 个 I 型活动星系核的样本，发现爱丁顿比是各种相关关系的物理驱动；研究了具有强光变（光学或 X 射线）的天体，尤其首次在星系 SDSS J0952+2143 中观测到"光的回声"（light echo）现象。

7. 活动星系核、黑洞吸积和喷流

利用国际上先进的观测数据，尤其是 SDSS，在活动星系核物理性质方面取得了一系列研究成果。系统性地研究了窄线赛弗特 1 星系的整体性质，指出它们偏离黑洞质量与速度弥散关系。发现存在一类具有相对论性的喷流的窄线 1 型活动星系核，该结论被美国的 Fermi-GLAST 卫星的 γ 射线观测所证实，表明喷流可以在黑洞质量偏小、吸积率偏高的漩涡星系的核中产生。发现存在极向外流的宽吸收线射电类星体，其 X 射线没有显著的吸收。利用光学 Fe II 线给出了活动星系核存在内流的证据。估计了星系核的负载循环（duty cycle），并给出了高红移活动星系核反馈的证据。提出存在吸积率较高的双峰宽发射线活动星系核。发现产生 MgII 发射线的"Baldwin 效应"的物理本质实际上是源自等值宽度与爱丁顿比的相关性。提出了描述共同演化的辐射效率方程，指出黑洞吸积的方式为随机吸积。发现了当时第三例观测证据充足的、黑洞质量最小的活动星系核。提出传统的宽线区实际上是由物理上两个独立的区域组成的模型。利用国内望远镜，发现近邻红外极亮类星体有高的恒星形成率和黑洞吸积率，表明它们很可能处在一个核球和黑洞都快速增长的、从富气体星系通过并合演化到早型星系的阶段。系统研究了高红移类星体的 X 射线吸收效应，并给出吸收气体的柱密度分布及其宇宙学演

化。通过 VLBI 观测获得了一批 γ 射线活动星系核的亚毫角秒射电喷流的结构和宽发射线类星体高分辨射电结构。喷流 γ 射线辐射的理论计算的结果也得到了国际上的关注。

与太阳物理中的日冕物质抛射理论类比，原创地提出一个关于间断性喷流形成的磁流体力学模型。预言极低光度活动星系核的高能辐射来源于喷流而不是吸积盘，并已得到国际同行的观测支持。建立和发展了关于黑洞吸积的盘和冕的蒸发/凝聚模型，是目前国际上唯一一个能解释吸积盘的冕存在的物理机制的模型。

8. 银河系中心超大质量黑洞的观测证据

10 年来，对银河系中心人马座 A*（SgrA*）进行了一系列高分辨率 VLBI 观测，成功获得了 SgrA* 在 5 个波段上的准同时 VLBI 图，精确定出了二维的星际散射角与波长的关系；独立发展并建立了一套模型拟合算法，开展了 3.5 毫米 VLBA 成图，测得 SgrA* 的固有大小仅一个天文单位，相当于史瓦西半径的 13 倍。这提供了 SgrA* 是超大质量黑洞的强有力证据。开展了关于银河系中心超大质量黑洞阴影的数值模拟计算，对目前尚无法进行的亚毫米波 VLBI 观测提出了理论预言，有助于研究寻找黑洞存在的更直接的观测证据。

9. 黑洞物理研究及黑洞参数的观测测定

获得了物质向黑洞塌缩的精确解。发现在物理宇宙中实际上不存在物理上的奇点，物质在黑洞内部也是以分布的形式存在的。指出 Birkhoff 定理不适用于外部有物质存在（非真空）情况。该结论将影响穿越任何物质分布的光线的偏折角（引力透镜效应）和延迟时间（Shapiro 延迟）等各种广义相对论效应的计算。研究了考虑广义不确定性原理之后黑洞的蒸发现象，发现黑洞在蒸发到最后时将不会发生霍金所预言的爆炸现象，而是会留下一个具有普朗克质量的稳定物体。

给出了星系核宽发射线区半径与发射线光度的经验关系，扩大了利用一次观测光谱估计活动星系核中心黑洞质量方法的适用范围。利用斯隆类星体大样本统计间接估计黑洞的自转角动量，结果表明类星体中黑洞有很快的自转。发现较大质量黑洞具有较大的辐射效率和自转，这与等级成团星系形成与演化理论相一致。通过对 X 射线背景辐射研究发现活动星系核晚期中央巨型黑洞生长极为缓慢，只有不到 5% 是来自低吸积效率吸积的阶段。

第四节 优先发展领域和重点研究方向

一、优先发展领域

瞄准国际星系宇宙学研究的前沿，优先支持暗物质与暗能量，宇宙结构的形成与演化，活动星系核的结构、辐射与演化，星系和超大质量黑洞的形成与演化等领域的观测和理论研究，完成一系列国际上具有高显示度的研究工作，并为我国的重大观测设备提供科学支持。

（1）暗物质与暗能量：利用各种天体物理观测手段测量和限制暗物质和暗能量的含量、分布、组分、属性；通过多种理论研究途径相结合（包括数值模拟在内），研究暗物质和暗能量的物理本质和机制。

（2）宇宙早期极端物理过程与原初扰动谱：研究宇宙极早期处于极端物理条件下的物理过程，并用宇宙学观测事实对宇宙早期的理论模型进行检验。

（3）宇宙结构的形成：研究宇宙中各种天体和结构的形成及由此构成的大尺度结构，研究各种尺度的天体形成和演化中的主导物理过程、物质构成及其在宇宙整体演化中的作用。

（4）星系内星族和介质的研究：对星系内星族的年龄和金属元素分布，星际气体和尘埃的性质开展系统性的研究，以期对星系尺度上恒星形成、反馈等物理过程给出限制。

（5）星系相互作用和不同哈勃类型星系之间的演化：研究星系相互作用与所在环境之间的关系，相互作用对星族、介质的影响以及在星系类型转换中所起的作用。

（6）高红移天体：发展高效寻找高红移星系的方法；研究高红移星系的恒星、气体和金属元素成分以及空间分布；研究导致宇宙再电离的第一代天体的产生及其物理机制；研究高红移星系际介质的分布。

（7）大质量黑洞的观测证据和活动星系核的多波段观测研究：获取星系中心黑洞存在的更为可靠的证据。开展多波段观测，以了解活动星系核的结构、辐射等物理性质。

（8）大质量黑洞的形成和演化以及与星系形成和演化的关系：研究大质量黑洞的形成和演化，活动星系核个体和整体的吸积率、黑洞质量和自旋等参数的演化。研究黑洞与星系演化之间的关系。

（9）吸积和喷流的动力学和辐射：研究大质量黑洞附近的吸积流的物理

过程,不同吸积率下吸积盘(流)模型;研究外流和以及喷流的形成和加速、粒子加速等动力学过程。

(10)活动星系核的燃料供给和统一模型:研究活动星系核的气体原料供给;认识各类活动星系核之间的联系和演化关系。

二、重要方向和前沿

1. 暗物质、暗能量及广义相对论在宇宙学尺度上的检验

利用各种天体物理观测手段测量和限制暗物质和暗能量的含量、分布、组分、属性;通过多种理论研究途径相结合(包括数值模拟在内),研究暗物质和暗能量的物理本质和机制;研究修正引力理论在星系和宇宙尺度上的观测特性,进行广义相对论在宇观尺度上的检验。具体研究内容包括:研究不同暗物质、暗能量性质及不同的引力理论中的大尺度结构的形成及其在不同天文观测中的体现及探测的可能性;结合已有超新星、微波背景辐射和宇宙大尺度结构等数据,通过整体拟合和数值分析确定暗能量状态方程;发展用微波背景辐射、大尺度结构包括引力透镜、本动速度等宇宙学观测数据检验引力模型,区分一般暗能量、暗物质与修正引力理论的方法;研究相关的宇宙学观测手段中所涉及的物理系统误差和分离;研究引力是否存在红外修正,宇宙加速膨胀是暗能量引起的还是修正引力引起的,修正引力下宇宙如何演化等问题;研究进一步探测暗能量的可行性,特别针对我国 LAMOST 探测暗能量的具体方案和冰穹 A 开展暗能量研究的可行性进行深入细致的研究;运用天体物理方法如引力透镜、再电离历史、星系暗晕子结构等限制暗物质性质;用未来引力波数据研究宇宙学的可行性研究。

2. 宇宙早期极端物理过程与原初扰动谱

研究宇宙极早期处于极端物理条件下的物理过程,并用宇宙学观测事实对宇宙早期的理论模型进行检验。具体研究内容包括:开展宇宙原初引力波背景辐射能谱的研究和大型引力波激光干涉仪探测原初引力波背景辐射的可行性研究;利用 WMAP 和 PLANCK 卫星实验数据,将在更高的精度上确定宇宙学参数,进一步检验以暗物质暗能量为主的暴涨宇宙学模型;利用 CMB 的极化数据,探测基本对称性 CPT 的破坏,探测 PLANCK 标度的物理。

3. 宇宙结构的形成

研究宇宙中各种天体和结构的形成及由此构成的大尺度结构,研究各种

尺度的天体形成和演化中的主导物理过程、物质构成及其在宇宙整体演化中的作用。具体研究内容包括：利用邻近宇宙的观测资料，重构邻近宇宙密度场，反演人类所处真实宇宙各个时期的结构演化特征，研究初始扰动是否满足高斯分布、尺度结构的增长历史、星系在这一背景中是如何形成等问题；研究 S-Z 效应与气体分布、宇宙热历史的关系，从 S-Z 效应精确反推出重子分布和宇宙热历史的方法，从星系团的 S-Z 流量精确反推出星系团的质量并从而反推出暗能量等宇宙学参数方法。

4. 星系内星族和介质的研究

对星系内星族的年龄和金属元素分布，星际气体和尘埃的性质开展系统性的研究，以期对星系尺度上恒星形成、反馈等物理过程给出限制。具体研究内容包括：用 Herschel、ALMA、JWST 等新一代设备，对高低红移星系的分子气体和尘埃的空间分布及其组分和性质进行更深入的研究来揭示星系的演化过程，回答星系内部的尘埃是如何分布的、又有那些成分组成、它们的存在与恒星形成有何关系、随着红移是如何演化等问题；对采用不同的颜色方法（如 LBGs、DRGs、BzKs、DOGs、UVLGs 等）所发现各种高红移的星系进行研究，扩大高红移星系的样本，研究各类星系之间的联系，从而对高红移宇宙的星系有一个完整的图像；星系中恒星演化产生的重元素如何使星际介质和星系际介质化学增丰的，化学增丰反过来又如何影响气体冷却及恒星形成的。

5. 星系相互作用和不同哈勃类型星系之间的演化

研究星系相互作用与所在环境之间的关系，相互作用对星族、介质的影响以及在星系类型转换中所起的作用。具体研究内容包括：利用下一代大口径望远镜和自适应仪器观测和研究星系的形态的形成、演化及与环境的关系；研究星系环境对星系的恒星形成、并合率、活动星系核的活动、气体冷却、质量分布的影响。

6. 高红移天体

发展高效寻找高红移星系的方法；研究高红移星系的恒星、气体和金属元素成分以及空间分布；研究导致宇宙再电离的第一代天体的产生及其物理机制；研究高红移星系际介质的分布；具体研究内容：高红移以及宇宙黑暗时期 Lyα 发射线星系的搜寻与研究，搜寻宇宙第一代星系，搜寻高红移 POP

III 星族，研究宇宙早期极高红移星系的形成与演化，对宇宙再电离过程给出进一步限定；开展第一代天体（暗晕、恒星、星系、黑洞）形成的理论研究，包括其中一些重要物理过程和机制的研究和模拟，反馈对后续恒星形成的影响，再电离的模型，观测第一代天体的方法和可行性研究；极早期宇宙中尘埃的产生机制、尘埃特征及对恒星形成过程的影响；从第一代星系形成，随宇宙暗物质晕主导的大尺度结构的演化，不同宇宙时期星系中气体和恒星如何联系；激发星系大规模恒星形成的物理机制，尤其是早期宇宙（z>2）大质量星系是如何形成的；不同时期和不同环境的恒星 IMF 是否普适，观测上研究高红移星系的恒星形成率密度（SFR density）与恒星质量密度（stellar mass density）之间的自洽问题。

7. 大质量黑洞的观测证据和活动星系核的多波段观测研究

宇宙中活动星系核和大质量黑洞的统计普查，遮蔽的活动星系核、黑洞的质量函数、密度函数、吸积历史的研究。黑洞质量和自旋的测量。黑洞的宇宙大尺度分布，成团性，与暗物质晕分布的成协性。X 射线背景辐射的精确测定和 5keV 以上的宇宙 X 射线背景辐射的来源。大质量黑洞的质量下限。低光度活动星系核的观测和理论研究。活动星系核的组成、结构、辐射和统一模型深入研究；尘埃环的物理及其作用；特殊类型活动星系核的研究。高能 γ 射线和甚高能的辐射的观测和理论。活动星系核的光变观测及其物理过程的研究。

黑洞视界近邻（约几十个史瓦西半径以内）的物理过程：在 X 射线波段，高分辨的铁 Kα 谱线已经开始可以用来探测强引力下的广义相对论效应，如引力红移、光线弯曲等，并且可能利用谱线的回波成图方法来测量黑洞质量，更精确地测量大质量黑洞的质量和自旋。

基于时域天文观测的对黑洞剧烈活动的研究，发展探索正常星系中的大质量黑洞的方法，如黑洞俘获并潮汐摧毁和吸积恒星的过程及产生的耀发辐射，被黑洞引力散射后的高速恒星等。

8. 大质量黑洞的形成和演化、与星系的关系

高红移宇宙的星系中心是否也普遍存在大质量黑洞，以及黑洞与星系核球的紧密关系？这些大质量黑洞在宇宙形成后百分之几的宇宙年龄阶段就已经存在，它们是如何在短时间内形成的？大质量黑洞和星系谁先形成？它们的形成和演化是如何关联的？黑洞在星系形成早期的作用是什么？探测宇宙

第一批黑洞,它们提供了探索早期宇宙中星系际介质电离状态和宇宙重新电离过程的重要线索。

活动星系核的反馈效应的定量研究。由吸积产生的大量能量和物质通过喷流、外流和辐射的形式注入星系及其周围环境,将对星系产生作用和影响(反馈),包括星系介质和星系演化,并进而制约黑洞的吸积的增长。

与黑洞相关的物理过程产生的引力波的探测,其中最为重要的是大质量黑洞的并合。在这一领域需要更多的观测证据和理论数值模拟。

9. 黑洞的吸积和喷流的动力学和辐射

寻找能够探测黑洞附近被吸积物质物理性质的观测特征,通过观测来检验和限制理论模型。如何用各种黑洞吸积模型来解释所观测到的活动星系核的多样性。吸积盘冕的加热机制。黑洞吸积的数值模拟是一个重要的手段。相对论性喷流是如何产生的?其物质组成是什么?活动星系核喷流有不同类型吗?是什么决定了射电强和射电宁静这两大类活动星系核?活动星系核外流的产生、性质和作用。

10. 活动星系核的燃料供给和统一模型

活动星系核与恒星爆发形成的联系。吸积原料的来源和供应机制,以及活动星系核的触发机制。活动星系核是如何触发的?被吸积气体是如何从星系尺度进入到星系核的?活动星系核状态在星系一生中是否是间歇性发生的?建立各类活动星系核之间的联系以及它们之间的演化。研究活动星系核个体和整体在吸积率、黑洞质量和角动量以及其他参数上演化。

第五节 对未来发展的建议

对未来的发展,应该优先支持以下几类模式的研究。

1. 基于国内大型设备获得的原创性、发现性数据开展的研究

在未来 5~10 年,我国将会有几个大型观测设备(LAMOST、HXMT、FAST)相继投入运行。这将是我国首批在性能和指标将达到国际先进水平的大型天文观测设备。按照预期将产出大量的在某些方面具有国际领先的水平的观测数据。如果能够有效地利用这些数据,预期将会在一些方向取得系

统性的、原创性的研究成果,并有可能产生某些突破性的发现。使中国在星系宇宙学、黑洞和活动星系核领域的研究水平有一个整体性的提高。并将使得我国在活动星系核领域的研究从严重依赖于国外数据逐渐向利用自主获取的观测数据转型。使国内观测设备在国际上有一定的发言权。以下列出一些具体的领域和课题。

2. 利用国内中小型设备开展的有特色和影响力的系统性的观测研究

包括丽江 2.4 米、兴隆 2.16 米和 60/90 施密特望远镜、国内射电 VLBI 网等一系列设备。有可能在活动星系核的长期监测、光变研究、瞬变天体的后随观测等方面做出有一定影响的成果。利用国内外设备开展多波段联合或后随观测,优势互补。如加入国际 VLBI 网的联测、多波段或时间接力的联测、巡天监测发现的顺变天体的后随观测。具有灵活性的中小望远镜可以在这些领域发挥重要作用。

3. 通过合作方式直接利用国外重大设备开展研究

由于目前我们的国力和技术水平有限,天文观测设备总体水平和规模远远落后于国际先进水平,这一状况在今后相当长的一段时期内难以得到较大改善。同时,考虑到我国的天文研究规模和国际上大型设备的发展趋势,没有可能也没有必要在每个波段都发展自己的大型设备。我们可以通过资金或技术的参与,有选择性地与国际上的先进设备合作而获取第一手的高质量观测数据,如参加第四代暗能量观测项目 BigBOSS 和 LSST。在中国科学院国家天文台的经费支持下,目前已经开展了"购买望远镜时间项目",中国天文学家可以使用包括 Magellan(6.5 米)、MMT(6.5 米)、CHFT(3.6 米)、Palomar Hale(5.1 米)在内的大中型望远镜,可用时间大约为每个望远镜每年几夜到几个星期。项目目前已取得了一些很好的成果。将来可能的合作项目包括 LAMOST 与 X 射线巡天 eROSITA 的合作等。

4. 通过科学提案竞争直接获得国外空间和地面重大设备开展的研究

目前国内的大部分学者主要是靠利用国外的巡天开放数据(如 SDSS)和数据库公开数据开展工作。国际上的很多一流设备尤其是空间设备是对外竞争性地开放使用的,而且并不耗费任何国内的资源。要鼓励更多的学者,尤其是年轻学者通过科学提案的竞争来获得国外重大设备的观测时间开展研究。我国学者在这方面的起点较低,意识也相对较弱,尚需进一步鼓励加强。

此外，要鼓励创新性地利用国外大型巡天设备的开放数据的研究。国际先进设备包括目前正在运行的空间的 Chandra、XMM-Newton、Suzaku、Fermi-GLAST、Swift、HST、Spitzer 等卫星，地面的 8～10 米及望远镜和 VLA，VLBI，VLBA，H.E.S.S.，MAGIC 等设备；将来的设备包括 JWST、eROSITA 等和地面的 ALMA 和 20～30 米级光学红外望远镜。

5. 高水平的理论及数值模拟研究

计算机数值模拟在国内起步较晚，近年来我国在宇宙大尺度结构的研究取得了一系列国际上高显示度的研究成果，目前应该鼓励拓展研究方向，向星系形成、活动星系核和黑洞物理的数值模拟研究延伸。

致谢：本章作者感谢曹新伍、陈学雷、范祖辉、冯珑珑、高亮、高煜、孔旭、沈志强、束成刚、王建民、王俊贤、王挺贵、吴学兵、夏晓阳、杨小虎、张鹏杰、张双南、张新民、朱宗宏、郑宪忠等提供相关资料。

参考文献

[1] 中国科学技术协会，中国天文学会.2007～2008 天文学学科发展报告.北京：中国科学技术出版社，2008
[2] 国家自然科学基金委员会数学物理科学部.天文学科、数学学科发展研究报告.北京：科学出版社，2008
[3] 陆埮.宇宙：物理学的最大研究对象.长沙：湖南教育出版社，1999
[4] de Zeeuw P T，Molster F J eds. A Science Vision for European Astronomy. Netherlands：Springer，2009
[5] NASA. Beyond Einstein：from the big bang to black holes. NASA document，2003
[6] Mo H J，van den Bosch F，White S DM. Galaxy Formation and Evolution. Cambridge：Cambridge University Press，2010
[7] Börner G. The Early Universe：Facts and Fiction. New York：Springer，2003

第二章
银河系、恒星与太阳系外行星系统

第一节　在天文学科中的地位、 发展规律
和研究特点

　　银河系、恒星、星际介质及系外行星系统的研究在当代天体物理学中的重要性，一方面在于该研究领域涉及可观测宇宙的三个不同层次（或尺度）结构中的两个，即恒星与星系；另一方面，对星际介质、恒星与银河系的观测和理解是阐释一般星系的形成、结构、动力学性质和演化，以及揭示宇宙的起源、物质组成、大尺度结构和命运的基础和前提。具体体现如下。

　　（1）宇宙学研究已进入精确宇宙学时代，基本参数得到了精确测定，暗物质和冷暗物质主导的标准宇宙学模型取得巨大成功。宇宙学和河外天文学研究的重点已转向探求暗物质、暗能量本质和第一代天体及星系的形成与演化。宇宙学和河外星系研究与星际介质、恒星、银河系研究的联系将更为紧密，互为依托。对银河系暗晕及子结构的研究对探测暗物质湮灭、阐释暗物质本质也具有重要的意义。

　　（2）星系是宇宙大尺度结构的基本组成单元。银河系是目前天文学家能够通过各种观测手段对构成一个星系的单个恒星、行星以及星际介质进行全方位细致观测研究的唯一的一个旋涡星系。通过对银河系数以千亿计恒星的三维空间、三维速度以及元素丰度的多维参数研究，将有可能使天文学家分解、辨认和追踪构成银河系的各组成单元，从而勾勒出一个典型星系的组装历史和演化图像。对银河系（及本星系群）星族

分布、运动学性质和化学演化的研究，由于其与星系形成和演化以及宇宙起源、物质组成和大尺度结构研究的密切相关，而常常被称为近场宇宙学。

（3）星系是由暗物质晕，数百万至数千亿颗发光恒星和星际介质（气体、尘埃、宇宙线）构成的天体系统。星际介质塌缩形成恒星。恒星演化和死亡及其对星际介质的各种反馈效应（辐射、质量流失、爆发和元素增丰）对新一代恒星的形成以及星系的整体结构和演化有至关重要的影响。银河系生态学研究（包括星际介质物理、恒星形成、结构与演化、恒星与星际介质的相互作用和物质交换、星际磁场）对阐释星系形成与演化具有基础性的重要意义。

（4）银河系天体是多学科前沿研究的天然实验室（光谱实验室、等离子体实验室、核反应实验室）。从脉冲星、X 射线双星、γ 射线暴到位于银河中心的超大质量黑洞，银河系天体呈现出的极其丰富的极端物理环境［极高（低）密度，极高（低）温，超高能，超强磁场，超高压，超大质量和空间时间尺度等等］使其成为研究极端条件下物质结构与物理规律、探索统一所有物理规律理论的理想实验室。

（5）银河系星际、行星际介质，数以千亿的行星－恒星系统还是研究生命起源与演化的最大实验室。20 世纪 90 年代中期系外行星系统的发现，结合对太阳系统本身的地面观测、空间探索结果，以及星际化学、分子生物学、遗传学和地质学的最新进展，以探索恒星-行星系统的形成和演化、地外生命存在的可能性和环境，以及生命的最终起源为内容的科学研究正成为涉及天文学、地学、生命科学以及物理学、化学的新兴交叉研究领域，同时也是人类社会公众最关注的热点科学问题之一。

天体物理学是一门实验科学，或者更准确地说是一门观测科学，依赖于对来自宇宙空间时间深处的信息（主要是电磁辐射）的收集和分析。由于地球大气层对电磁信号的干扰和吸收，许多重要电磁波段的观测需要用空间技术将望远镜和探测器发射到太空中进行。即使是可以在地面进行的光学波段的观测，天体观测的高精度、高空间分辨率需求也要求科学家将探测来自遥远宇宙空间非常微弱信号所需的大型设备建造在大气宁静度、透明度、夜天光都很好的远离城市的地方。这一切都决定了当代天体物理学研究是一门需要巨大基础设施投入的大科学，其发展依赖于高技术（包括尖端光、机、电、信息和空间技术）的发展。反之，人类对宇宙奥秘的永无止境的追求成为推动高技术发展的重要动力。

18世纪后半叶英国的威廉·赫歇耳、约翰·赫歇耳父子对全天可见天体进行了大规模的系统观测和记录,并使用恒星计数方法企图揭示银河系三维结构,这标志着现代天文学的兴起。19世纪分光技术及辐射理论的发展,建立了基于光谱试验的化学分析方法。19世纪60年代英国学者威廉·哈金斯将实验室光谱化学分析方法系统应用于恒星和星云的光谱观测和分析,研究天体的物质组成,标志着现代天体物理学的诞生。同一时期,照相术的发明,尤其是干片的出现及在天文观测中的广泛应用,望远镜及光谱仪技术的发展,极大地提升了天文观测能力,以天体结构、运动、物质组成为研究内容的天体物理学得到迅猛发展,同时也极大地促进了原子物理、量子力学、核物理及相对论的发展。

赫歇耳和哈金斯的工作分别开创了天文学的两种主要研究方法或手段,即基于恒星计数、测光及中低色散分光的大样本天体统计分析方法和基于高空间分辨率成像及高色散、高信噪比分光观测的单天体细致分析方法。20世纪40年代,瓦尔特·巴德首次分离出仙女座大星云一些最明亮的恒星。他发现与太阳附近观测到的颜色偏蓝的亮星不同,那是些红巨星,与在球状星团中看到的类似。巴德得出结论,组成星系的恒星有两类,即分别以太阳附近恒星和球状星团成员星为代表的星族Ⅰ和星族Ⅱ。星族Ⅰ与星际气体和尘埃关联,应相对年轻。巴德推测星族Ⅰ恒星的形成过程还在继续,而星族Ⅱ恒星则形成于遥远的过去。随后的分光研究发现,星族Ⅰ和星族Ⅱ在年龄、运动轨道和重元素含量等都呈现不同的性质。星族Ⅰ恒星年轻,富含重元素,运动在银盘上近似圆形的轨道上,而星族Ⅱ都是些年老、低金属丰度且运行在高倾角的椭圆轨道上。不仅如此,星族Ⅰ恒星的年龄、金属丰度和随机速度相互间也存在关联,即相对更年轻、金属丰度更高的天体的运动轨道比年老、贫金属的恒星的更圆。需要指出的是,构成星系某一区域或结构的星族成分可以是复杂的。可近似看作由单一星族构成的星系结构有疏散星团(星族Ⅰ)和球状星团(星族Ⅱ),而银河系的核球和盘既有星族Ⅰ也有星族Ⅱ的恒星。巴德最先提出的星族概念,将恒星演化、星际介质的持续重元素增丰过程与星系的恒星形成历史和动力学演化联系起来,从而成为当代天体物理学研究恒星、星系形成与演化的核心概念(图2-1显示了银河系在红外波段的结构)。

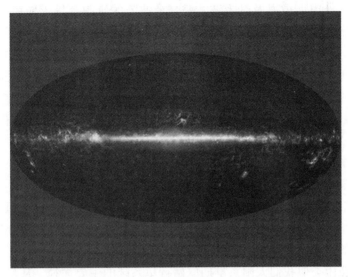

图 2-1　WISE 望远镜红外巡天得到的宇宙全景图

资料来源：http：//www. nasa. gov/mission _ pages/WISE/multimedia/pia15481. html

　　20 世纪天文学研究由于地面光学、射电观测能力的巨大发展产生了一系列重大发现，取得了辉煌的成就：建立了恒星内部结构和演化理论（1983 年度诺贝尔物理学奖）；宇宙膨胀哈勃定律（1929）和 3K 微波背景辐射的发现（1965、1978 和 2006 年度诺贝尔物理学奖）以及宇宙氦元素丰度的测定（1972）确立了宇宙热大爆炸学说；发现了类星体（1963、2008 年度科卡弗里天体物理学奖）、脉冲星（1967、1974 年度诺贝尔物理学奖）、星际有机分子（1969）、引力透镜效应（1979）；脉冲双星的发现和引力波的观测检验（1974、1993 年度诺贝尔物理学奖）；发现了第一颗围绕类太阳恒星运动的系外行星（1995、2005 年邵逸夫天文学奖）。50 年代以来航天技术的发展，使人类对太阳系地球以外其他行星及其卫星的物理学、化学、地学、动力学性质，内部结构，大气、气候等表面环境有了飞跃的认识，积累了大量的数据。来自火星的陨石上可能的原始微生物化石，火星表面可能曾有过大面积的海洋、河流，木卫 II 欧罗巴表面厚厚的冰层下可能存在的液态海洋等极大地激发了人类探索太阳系地球以外生命存在可能性的热望。空间天文观测起步并获得了长足的发展，发射了一系列天文观测卫星，如国际紫外探测卫星（IUE，1978）、红外天文观测卫星（IRAS，1983）、伦琴射线卫星（RO-SAT，1990），使全波段天文观测成为现实。

　　20 世纪 90 年代，一系列天文新技术的发展和应用，包括 10 米级大型地面光学、红外望远镜以及毫米波、亚毫米波阵的研制和投入使用，大面积、高量子效率、高动态范围电荷耦合探测器（CCD）、主动光学和自适应光学技术的发展，宇宙微波背景辐射探测器（COBE，1989）、红外空间天文台（ISO，1995）、XMM-Newton X 射线卫星（1999）的发射，尤其是四大空间天文台的发射和投入使用使［哈勃空间望远镜（紫外、光学、近红外，1990）、康普敦 γ 射线天文台（CGRO，1991）、钱德拉 X 射线天文台（Chandra，1999）、斯必泽红外天文台（Spitzer，2003）］天文观测能力发生了质的飞跃，并继续向更深、更精、全波段发展，取得了如暗能量、系外行星等具有重大科学意义的发现。

恒星形成研究是坍缩起源的科学，其主要内涵是揭示宇宙中恒星、恒星集团以及与之紧密联系的原始行星系统的起源和早期演化。星际介质是导致恒星形成的主要物质来源，也是宇宙中物质循环过程中的一个特定阶段。恒星形成是产生类似我们太阳系早期原始行星系统的主要途径。从星际介质中形成的恒星进入漫长的演化阶段，这些恒星在演化过程中通过核合成产生越来越多的重元素，并通过星风及物质抛射使这些重元素反馈到星际空间，与星际介质进行混合，不断增加星际介质中重元素（化学）的丰度。而大质量恒星演化到晚期将经历超新星的大规模爆炸过程。即使对质量相对小的恒星，也会经过一个剧烈的物质抛射过程，将恒星自身大部分的物质反馈到星际空间，由此实现了物质从介质到恒星再回到介质的宇宙生态循环。在一个星系中，一段时期形成的恒星越多，这种化学增丰的过程就越剧烈。研究表明，早期宇宙中的星系恒星形成相对活跃，而我们所处的银河系虽然还在不断形成恒星，其活跃程度则相对较低，但仍然是驱动银河系演化的一个主要动力。

在天文学的研究历史中，相对于恒星结构和演化研究而言，恒星形成研究开展得比较晚。其中的主要原因是恒星形成于冷暗、稠密的星际分子介质中，这些过程产生很少的光学辐射，使人们难以观测到。即使年轻恒星开始产生光学辐射，由于周围介质和尘埃的消光，年轻恒星发出的光子也大多被遮掩。恒星形成研究的发展首先得益于多波段观测技术的发展，特别是红外和射电的方法。在 20 世纪 70 年代以前，恒星形成研究主要借助于光学观测手段，主要观测一些业已形成的年轻恒星。这个时期的观测发现，以金牛座 T 型星为典型的年轻恒星（年龄约 10^6 年）大多处在暗云中，周围存在大量的冷而稠密的分子云。由此人们相信恒星形成于分子云中，但对恒星形成过程的更早时期则没有有效的观测手段。20 世纪七八十年代红外和毫米波段观测技术的发展使观测恒星形成过程的更早时期成为可能。80 年代初 IRAS 红外卫星的巡天观测更是给恒星形成研究带来了飞跃。IRAS 卫星观测到远红外发射源与毫米波探测到的分子云核之间存在很好的对应关系，这表明恒星形成于稠密分子云核。对年轻天体从 2 微米到 24 微米的多波段测光建立了这些天体的能谱分布，从分析能谱分布的特征建立了年轻天体从 I 型（年龄约 10^5 年）到 II 型（金牛座 T 型星，年龄约 10^6 年），再到 III 型年轻星（弱发射线金牛座 T 型星，年龄约 10^7 年）的演化序列，使小质量恒星的形成图像变得较为清晰。90 年代初亚毫米波段探测技术的实现探测到恒星形成更早阶段的原恒星——Class 0 型原恒星（年龄约 10^4 年）。Spitzer 卫星的投入使用为恒星形成研究打开了中远红外波段窗口，使建立恒星形成区原恒星完备样本成为可能，对星周盘结构和演化的研究产生了深刻影响（图 2-2）。例如，发现了一批预示行星正在形成的星周盘——从原行星盘向残余盘演化的过渡盘，发现了星周盘中尘埃生长的证据。

图 2-2　分子云中新生恒星的想象图

资料来源：http://www.nasa.gov/multimedia/imagegallery/image_feature_371.html

　　恒星形成研究的发展还得益于观测分辨率的提高和阵列探测器技术的发展。如上所述，年轻星/下落包层/吸积盘/外流这样的星周结构最初是从分析年轻星的能谱分布得出的，但缺乏成像证据和关于星周结构的详细信息。哈勃空间望远镜的高空间分辨率成像能力提供了这方面的详细信息，确立了这一物理图像的正确性。20 世纪 90 年代以来地面光学/红外望远镜自适应光学的发展使地面进行红外高分辨率成像观测成为可能，对中小质量年轻星的星周盘结构、年轻星的双星/多重星性质、大质量年轻星的星周盘是否存在进行了观测，取得了许多重要突破。90 年代毫米波段干涉技术的发展使探测恒星形成过程中气体的下落运动成为可能，并在多个分子云核中探测到气体的下落运动。PdBI、SMA 等毫米/亚毫米波段干涉阵的实现为研究年轻大质量恒星的星周结构提供了途径。红外阵列探测器的使用使探测恒星形成区的年轻星的效率得到了几个量级的提高，并发现了嵌埋年轻星团的存在，进而确立了恒星主要以成团形式形成。以 SCUBA 为代表的毫米/亚毫米波段阵列探测器的实现，使完备探测恒星形成区中恒星形成的前身天体——分子云核成为可能，并建立了分子云核的质量谱，发现分子云核的质量谱与恒星的初始质量函数基本一致，暗示恒星初始质量函数可能是由形成分子云核的物理过程所决定。

观测、理论和数值模拟相结合是推动恒星形成研究不断向前发展的一个重要因素。恒星形成于星际气体这一源于理论思考的结论在几个世纪前就已经提出，但直到 20 世纪由于观测发现金牛座 T 型星，它们与暗云成协，以及观测到分子云核中的红外源，这一结论才得到证实。在总结观测结果的基础上，理论工作者在 20 世纪 80 年代提出了恒星形成和早期演化的标准模型，为恒星形成的观测研究和数值模拟提供了重要指导，极大促进了恒星形成研究的发展。随着对恒星形成区处于不同演化阶段年轻星的观测完备性的不断增加，发现恒星形成的标准模型不能说明普遍观测到的恒星形成区中年轻星的年龄的跨度仅为 10^6 年，远小于标准模型中恒星形成是由于分子云准静态收缩而后坍缩所预言的年轻星的年龄跨度。这些观测结果导致了对恒星形成过程认识的重大修正，也对分子云形成研究产生了重要影响。国际上许多研究团组先后对分子云的湍动动力学形成过程和分子云核的动力学坍缩进行了一系列数值模拟研究，验证了分子云和恒星可以在动力学时标内形成这一物理图像。

恒星形成研究的一个重要特点是个例研究和样本研究相结合。恒星形成涉及诸多复杂物理过程，如气体的（磁）流体动力学过程、气体和尘埃的加热和冷却、中心星辐射和吸积辐射与物质的相互作用、星周盘的吸积、中心星磁场与吸积盘的相互作用、磁场和湍动的影响、质量外流的加速和准直等。所涉及物理对象的动态范围大，例如星周盘的典型尺度为 100 au（天文单位，地球到太阳的平均距离），质量外流的尺度可达 10 pc（秒差距，1pc＝3.0857×10^{16} 米），这些天体的尺度相差 4 个量级。不同物理对象和物理过程的观测窗口，如由大质量年轻星激发的致密 HII 区的厘米波段辐射、稠密分子核和星周盘中低温尘埃的毫米/亚毫米波段发射、星周盘中热尘埃的近红外发射、吸积物质在年轻星表面产生的紫外和 X 射线发射等。要细致了解恒星形成的物理过程，必须对典型天体，如 L1551 IRS5 等，在多波段进行解剖式观测研究，同时进行详尽的理论模拟。地面的大型观测设备，如一批 8 米级光学/红外望远镜、SMA、PdBI 等毫米/亚毫米干涉阵和空间望远镜如哈勃空间望远镜、Chandra、Spitzer 等对恒星形成过程中的典型天体进行了高强度观测，取得了许多重要突破，如小质量恒星星周盘的形态、与星周盘垂直的高准直外流等。但是，这种细致研究对观测设备的灵敏度和空间分辨率有很高要求，研究对象只能局限于少数的典型天体。要了解恒星形成的整体性质，如初始质量函数、恒星形成效率和时标，以及恒星形成性质与环境的关系，就必须进行大样本研究。IRAS 卫星对恒星形成区的巡天观测发现了远红外发射源与稠密分子云核的对应；红外阵列探测器对年轻星团的样本研究发现原行星盘的寿命约为 3×10^6 年；对分子云中稠密核的样本研究发现稠密核的质量谱与恒星初始质量函数接近，暗示恒星初始质量函数可能由稠密分子核的形成过程所决定。

恒星在其形成、演化及死亡过程中常常伴随激烈的活动、复杂的高能过程，并产生丰富的高能现象。自 20 世纪 70 年代以来，随着空间高能天文台的陆续发射上天，高能天体物理的研究得到了迅速发展，已经成为当代天体物理的一个硕果累累、生机勃勃、充满挑战和机遇的前沿分支。

在恒星层次，产生高能现象和高能过程的高能天体系统包括超新星、γ射线暴、X 射线双星、脉冲星、超新星遗迹等，它们通常与大质量恒星的死亡（超新星爆发）及死亡后的产物（如黑洞、中子星、超新星遗迹）有关：II 型和 Ib/Ic 型超新星是大质量恒星死亡时的剧烈爆发现象，Ia 型超新星则起源于质量达到昌德拉塞卡极限质量的吸积白矮星的爆炸，前者也是恒星级黑洞和中子星形成的主要途径；超新星爆发抛射物与星际物质和磁场的相互作用形成了弥漫的超新星遗迹；γ射线暴是宇宙中目前已知的恒星层次规模最大的爆发现象，它们的超高能量可能来自新生黑洞或中子星的超强吸积过程；中子星形成后如果具有强磁场并高速自转，可能表现为射电脉冲星；X射线双星是包含黑洞或中子星的双星系统，以黑洞或中子星吸积来自伴星的物质为主要能源机制（图 2-3）；在河外星系中观测到的部分极亮 X 射线源可能是正在吸积的恒星级黑洞或中等质量黑洞。上述天体的高能特征往往和显著的光变、猛烈的爆发和物质抛射等活动现象有密切的联系，表明其中的物质处于极端的物理条件下，如黑洞和中子星周围的强引力、中子星的强磁场

和高密度、吸积流和喷流中的湍流、高压强、高温度、高度相对论性运动等。

图 2-3　X射线双星的想象图

资料来源：http：//www.google.com.hk/imgres

　　高能天体物理研究的重要意义表现在以下几方面。首先，高能天体是研究宇宙极端条件（强引力场、强磁场、高密度等）下物理规律的天然实验室。广义相对论及理论物理学的其他各分支不仅能在这些研究中得到充分的应用，而且能在极端天体的天然实验室中得到检验，并可望获得新的发展。除电磁辐射外，有些高能天体系统还发出很强的中微子辐射，也可能是宇宙线的起源之处，并且应该有可观测的引力辐射，是粒子物理和引力物理的重要研究对象。其次，由于涉及基本物理过程（如吸积、喷流、激波、湍流、辐射机制等）的知识具有普遍性，高能天体物理的研究成果可以广泛运用于天体物理的其他领域，如包括太阳在内的恒星及其周围行星系统形成、星系动力学、活动星系核等。再次，高能天体往往是恒星晚期演化的产物，对理解恒星内部结构、核合成、星风损失、物质交流等有重要价值。最后，高能天体在星系形成与演化、宇宙学研究中也有重要地位。Ia 型超新星是目前已知的最好的标准烛光源，在测定宇宙学距离上发挥着独一无二的作用。超新星前身星的演化、超新星爆发以及超新星产物的产生和演化包含着极其丰富的物理过程，如核合成、星际激波、宇宙射线、高能辐射等，在向星际和星系际空间输送能量的过程中对星系生态产生的重要影响。恒星级黑洞、中等质量黑洞和超大质量黑洞的关联问题对研究星系的形成和演化有重大意义。

　　高能天体物理研究十分强调理论与观测相互结合，以及不同研究方向之间的共同的关键的物理过程研究。一方面，高能天体物理所有重要进展本质上都来源于观测，通过对观测现象的分析得到天体高能现象和特征的经验规律，进而建立合理的理论模型；另一方面，观测课题的选择需要理论研究的结果作指导，观测结果也只有在理论研究之后才能真正加深对天体本质的进一步理解。理论研究的方法包括统计分析、解析研究、数值计算与模拟等。观测数据的统计性研究试图揭示出大量的复杂现象背后的内在规律，深化对各种现象的理解；解析研究一般适用于基础性的、初步的探索，而数值计算和模拟则用于具体地研究某一个模型，通过计算得到比较具体的预言，从而能够直接与观测进行比较。

第二节　国际现状和发展趋势

在恒星、行星结构层次，以及围绕银河系和本星系群研究的近场宇宙学，当前国际上的研究重点，并可望在未来 10 年间取得突破性进展的热点问题包括以下几个方面。

（1）银河系的结构、子结构，组装历史；

（2）盘星系的形成、厚盘的加热机制；

（3）大质量恒星的形成机制、致密天体和高能爆发；

（4）极端贫金属星的搜寻性质，第一代天体；

（5）系外行星系统的搜寻、性质、形成和演化，系外生命存在的可能性和探测。

一、银河系结构、星族及其动力学和化学演化

星系是由暗物质晕，数百万至数千亿颗发光恒星和星际介质（气体、尘埃、宇宙线）构成的天体系统。银河系天体分布在全天四万两千多平方度里，包含数以千亿计的天体。因此，要对银河系的整体结构、星族构成、动力学和化学性质获得完整的认识，大规模的测光和光谱巡天是必不可少的手段。20 世纪后半叶开展的一系列巡天项目，如英国施密特望远镜巡天照相底片数字化分析、2MASS（2 微米全天巡天）、1989 年发射的依巴谷（Hipparcos）天体测量卫星（简称依巴谷）对全天 11 万多颗恒星位置以及达到毫秒级精度的自行和视差的测定，极大地推动了银河系结构、星族分布以及恒星结构和演化的研究，产生了一批重要的科学成果，如发现银河系厚盘以及正在被银河系撕裂和吞噬的人马座矮星系，为星系自下而上（bottom-up）的形成图像

提供了直接的观测证据。20 世纪末开展的 SDSS 计划，已完成一期、二期，目前正在实施第三期观测计划。SDSS 计划包括 CCD 成像观测和低色散分光观测（光谱分辩本领 1800，波长覆盖范围 380～910 纳米）两部分。其中成像观测部分对银河系北银冠以及部分南银冠和银道面的一万多平方度的天区完成了 ugriz 五色成像观测，测光精度达到 1%～2%。5 个波段的极限星等分别为 22.0、22.2、22.2、21.3 和 20.5。分光观测部分，利用两台摄谱仪提供的 640 根光纤，SDSS 获得了 100 万个星系、10 多万个亮红星系的光谱，新发现近 10 万颗类星体。虽然 SDSS 最初的设计主要是一个河外巡天计划，但对银河系的研究也产生了重大的影响。通过其高精度测光数据，新发现的一大批银河系卫星星系以及银晕潮汐子结构。正因为如此，SDSS 二期以及正在实施的三期还开展了针对银河系结构、动力学及化学丰度研究的斯隆银河系研究和探索计划（SEGUE）。整个 SEGUE 计划将获取数十万颗恒星的光谱。目前，SDSS 已成为全世界最高产的现役天文观测设备，每年基于 SDSS 数据完成发表的研究论文数目超过所有其他大型天文观测设备，包括 Keck、VLT 望远镜以及哈勃空间望远镜。

宇宙中元素及其同位素的存在和分布是过去曾经发生在宇宙大爆炸以及随后发生在恒星及星际介质里并仍在继续中的核反应过程的产物。恒星和星际介质重元素丰度记录了银河系历代恒星形成和演化的历史，是研究银河系演化的活化石。搜寻和分析极端贫金属恒星对研究银河系的形成和早期化学演化意义尤为重大。20 世纪末开展的如 HK、Hamburg/ESO 巡天发现了大批贫金属恒星，包括两颗 [Fe/H] <-5 的极端贫金属星，为研究第一代恒星的性质及星系的早期化学演化提供了极为重要的观测依据。此外，10 米级光学望远镜及其配备的高效光谱仪的投入使用，使大规模细致元素丰度分析，尤其是对低亮度的遥远的贫金属恒星的细致丰度分析成为可能，产生了一系列重要的研究成果。

目前，已完成研制或正在研制并将在 2011～2020 年投入使用，对银河系结构、星族及其动力学和化学演化等天体物理前沿研究方向将产生重要影响的大型地面和空间设备包括 LAMOST、GAIA、JWST、ALMA、Panstarr、LSST 以及 TMT、GMT、ELT 等。其中，尤为重要的预期将对银河系研究产生重要影响的是我国自主研制的 LAMOST 以及欧洲空间局新一代天体测量卫星 GAIA。

LAMOST 是在改革开放政策和经济发展支撑下，在多年科学技术发展积累的基础上，经广大科技人员的艰苦努力，我国首次自主研制成功的、具有很高国际竞争力的高技术大型天文设备,在 2011 年正式启动银河系和河外巡天计划。作为当前国际上大口径、大视场,光谱获取率最高的大型设备,保障 LAMOST 巡天计划的成功实施和完成,对未来 10 年银河系、河外天文和宇宙学研究将具有极为重要的意义。

GAIA 是欧洲空间局继依巴谷以后,拟在 2013 年发射的新一代天体测量卫星。GAIA 将对银河系约 10 亿颗亮于 20 等,即占其总数 1‰ 的恒星进行普查,测量其亮度、距离、自行,视向速度及金属丰度。GAIA 的天体测量精度比依巴谷提高了两个数量级,对亮度等于 10、15 及 20 等的恒星,测量精度可分别达到 7、10~25 及 300 微角秒,有效测量距离达 1 兆秒差距。对亮于 17 等的恒星,GAIA 的视向速度测量精度将优于 15 千米/秒。

二、恒星结构和演化、双星

恒星结构与演化研究已经形成一套成熟的理论体系,经观测检验和广泛的应用被证实为基本正确。随着观测技术的发展,包括样本数和精度的大幅度提高、实测方法和计算技术的改进(尤其是在光谱和时域方面),恒星结构演化方面的一些细节和以往被忽略的因素变得重要起来。具体的就是目前存在的几乎所有可以在天体物理中应用的恒星模型都是一维的,本领域内存在的所有大的问题都与转动、磁场和相互作用相关。恒星中最不清楚的对流问题依然十分突出。

晚型小质量恒星大约占恒星总数的 80% 以上。观测表明,这些晚型小质量恒星有剧烈活动现象、特殊的光变性质和非径向脉动现象。这些特有的性质和恒星的内部结构、物理过程、磁场以及转动有密切关系。一维恒星模型忽略了自转、磁场和表面活动等一系列复杂物理过程(如星风物质损失、双星中的物质交换和能量交换等),难以解释恒星演化到不同阶段具有的独特性和更多物理细节。虽然国际上已经初步考虑了转动和磁场对恒星演化的影响,但仅只是在一维球对称模型的基础上引入了二维平均效应的几何修正。深入研究晚型小质量恒星的结构和演化,了解它们的活动性质、脉动规律、光变特性,就必须建立有磁场、转动的二维恒星模型(包括单星和双星模型),这已经成为恒星物理研究新的生长点,是恒星物理当前重要的前沿课题之一。

有一半的恒星以双星的形式存在,双星之间的复杂相互作用会产生各种各样的特殊恒星,使得恒星世界丰富多彩。这些特殊恒星在恒星物理、星系宇宙学研究中有重要意义,然而双星演化的很多基本问题仍是一个谜,如物质交流的稳定性、物质损失、角动量损失、公共包层演化等。

恒星振动的观测和理论研究为恒星结构和演化的研究提供了强有力的手段。随着法国 COROT 卫星、美国 Kepler 卫星的发射上天和科学数据的获得，恒星测光精度提高了两个数量级，初步结果已显示出一系列新的重大科学成果。由系外行星探测带来的恒星视向速度测量精度的大幅提高，为恒星振动的观测提供了新的研究手段和研究能力，已在恒星类太阳振动及其结构和演化方面取得了突破性进展。观测发现了一批新类型恒星（如蓝亚矮星）振动和恒星振动的许多新现象，以及一大批新的恒星振动成员（如大麦云中的红巨星）。

三、星际介质、恒星形成

恒星形成是当前国际上天体物理研究最活跃的领域之一。美国、德国、英国、法国、荷兰、日本等天体物理研究强国都有相当比例的研究力量从事恒星形成研究。继红外卫星 IRAS 在远红外的全天巡天之后，2MASS 巡天和中程空间试验卫星 MSX 空间巡天等一系列巡天观测为了解银河系和河外星系中的恒星形成提供了丰富的资料。射电巡天包括厘米波段银河系的全天巡天以及哥伦比亚大学 1.2 米毫米波望远镜、美国贝尔实验室的 7 米毫米波射电望远镜、美国 NRAO 的 12 米射电望远镜以及 FCRAO 13.7 米望远镜、名古屋大学 4 米望远镜、Effelsberg 100 米射电望远镜等设备开展的 CO 分子。在这些巡天计划的实现基础上，国际上恒星形成研究进入了一个快速发展的时期。

对银河系恒星形成过程的详细研究是结合红外、射电（长波和毫米波、亚毫米波）、光学、X 射线等多波段的观测及理论研究开展起来的。正在运行的空间望远镜 HST、Spitzer、Herschel 的主要科学目标之一也都集中在恒星和系外行星系统的形成。计划于 2018 年投入运行的下一代空间望远镜 JWST 的 4 个科学目标之一是恒星形成的观测研究。地面 8 米级光学/红外望远镜的相当比例的观测时间应用于恒星形成及相关研究课题。毫米/亚毫米波段的主要观测设备，如 IRAM 30 米、PdBI 干涉阵、JCMT、APEX、亚毫米波干涉阵 SMA 等，主要应用于恒星形成及相关研究课题。恒星形成和星际介质是即将投入运行的地面最大观测设备 ALMA 的主要科学目标之一。正在研制的 SKA 项目的主要科学目标也集中在恒星形成研究。

由于太阳附近存在能够进行细致研究的小质量恒星形成区，对这些区域进行的多波段、高分辨率的观测和详细的理论分析使我们目前对小质量恒星形成的物理图像了解得比较清楚。研究表明，星际分子云在重力和辐射的作用下，耗散内部的湍流和磁能，不断收缩形成致密的分子云核，这些核是形成恒星的最终场所。随着引力的进一步作用，中心部分开始快速坍缩并形成原恒星。在物质下落过程中，由于具有角动量，在原恒星周形成环绕的气体盘。大量物质通过这种盘被不断吸积到星体上，增长原恒星的质量，一部分物质以高速分子外流和喷流的形式被返回到周围介质中，带走多余的角动量，也驱散周围的介质。经过吸积阶段，恒星实现自身增长的同时从稠密气体中破茧而出。在大部分年轻星周围，恒星形成过程同时伴随原始行星盘。20 世纪 70 年代以来，大量的研究提供了以上关于小质量恒星形成的大致图像。但是，恒星形成研究中的许多重要问题，如分子云的形成、分子云中湍动的维持机制、大质量恒星的形成机制、星团形成过程、恒星形成效率和时标、星周盘的结构和演化等，还很不清楚，尤其是对大质量恒星形成的过程就更缺乏了解，而这些恒星由于主导了星系的光度和化学增丰过程，研究他们的形成过程成为一个迫切需要发展的方向。

数值模拟研究表明分子云可能不是以前所认为的处于平衡态的长寿命的结构，而是弥漫气体由于压缩而形成的瞬时结构；星际湍动是在比分子云大的尺度上驱动的，分子云中的湍动是在分子云形成的过程中产生的。

大质量恒星形成研究的难点之一是样本数目少。毫米波/亚毫米波阵列探测器技术的突破，使观测效率得到几个量级的提高，探测到的样本数目得到了大幅度增加，使研究大质量恒星形成各阶段之间的演化成为可能。中远红外波段的空间观测，打开了新的重要窗口。MSX 卫星发现的红外暗云是大质量星前云核的很好样本，Spitzer 中远红外波段观测探测到一批大质量原恒星。近红外波段的自适应光学技术和毫米波/亚毫米波干涉技术的应用，极大地提高了观测分辨率，在大质量原恒星的周围探测到星周盘，对大质量恒星的形成机制给出了很强的限制。射电波段的相位参考技术的发展和应用，使大质量恒星形成区的距离测量精度比过去提高了一个量级，为精确确定大质量恒星形成区和大质量原恒星的物理参量提供了前提。

近红外波段观测发现了大批年轻嵌埋星团，极大地扩充了研究样本。从年轻嵌埋星团的样本分析得出了年轻星团的结构和年轻星在分子云中的空间分布。研究发现星团成员星的数目与星团半径之间存在相关性，星团的平均面密度变化很小。发现星团存在核－晕结构；较为年轻的 O 和 I 型星的分布与稠密分子云的分布一致，表明星团形态是由母云的形态所决定，而非由星团的动力学演化所产生。对不同年龄的星团的研究表明，年轻星团中的气体的寿命约为 3 百万年，气体或在大质量星的紫外光子的照射下被光致蒸发，或被中小质量星的外流所驱散。

星周盘的研究由于观测分辨率的提高（地面大型光学/红外望远镜的自适应光学，毫米/亚毫米波段的干涉技术）和新的观测窗口的使用（Spitzer 提供的中远红外波段），取得了许多重要进展。在不同演化阶段的中心星的周围发现了不同性质的星周盘，包括极年轻的原恒星（$<10^5$ 年）周围的原行星盘，主序前星（10^7 年）周围的过渡盘，主序星周围的残骸盘。发现原行星盘的寿命是几百万年，这对行星特别是类木行星的形成机制给出了很强限制。在原行星盘中发现尘埃生长和向盘中心面沉积的证据。在原行星盘中发现螺旋结构，在年轻星的 SED 模拟中发现沟的存在，提供了行星正在形成的证据。

恒星形成的理论和数值模拟研究也取得了一系列进展。概括为：①恒星形成动力学理论。认为分子中的稠密团块和稠密核是超声速湍流压缩的结果，分子云的寿命和恒星形成的时标比以往理论所认为的要短得多，恒星形成的起始条件也大为不同。②竞争性吸积理论。稠密团块中质量大并处在团块中央的核的吸积率要比其他核的吸积率大得多，最终演化为大质量恒星，其他核则演化为中小质量恒星。这一理论可以同时说明大质量恒星和星团的形成，并能解释大质量恒星总是成团形成并处在星团的中心部分这些观测现象。③大质量恒星形成机制。并合理论认为大质量恒星由中小质量恒星的碰撞并合而形成。这一理论避免了辐射压困难，但要求的恒星数密度比观测值高 2个量级。吸积理论认为大质量恒星形成过程与中小质量恒星类似，中心星周围存在星周盘—外流—空腔结构。

恒星形成学科正处在蓬勃发展时期，新发现、新理论和新技术日新月异。JCMT 上的 SCUBA-2 和 Hershel 上的 SPIRE 将对 0.5 kpc 内的分子云核进行多波段成像，取得处于不同演化阶段分子云核的图像，并取得 0.5 kpc 内质量小至褐矮星质量的分子云核的完备样本，研究分子云核的质量谱。AL-MA 的灵敏度和空间分辨率比现有毫米波干涉阵提高一个量级以上，对邻近的恒星形成区可以在几十 au 的尺度上进行研究，对大质量恒星形成区和小质量恒星的星周环境可以进行细致研究。关于分子云核坍缩的数值模拟将包括磁场、湍动和辐射转移，在空间分辨率上也将有很大提高，可以处理湍动和激波产生的结构。关于星周环境的模型也将得到改进，使对原恒星包层的消光可以进行更好地估计。使用干涉技术对原恒星包层的下落进行可以进行更灵敏的探测，测量原恒星包层的质量下落率，进而与星周盘的吸积率相比较，确定星周盘物质向中心星的吸积是稳态过程或是间歇性爆发。

四、恒星活动及高能现象

由于 X 射线、γ 射线辐射受到地球大气的严重吸收，对天体高能辐射的观测几乎完全依赖于空间观测。历史上空间探测器在灵敏度、空间分辨率、时间分辨率和能谱分辨率的每一次进步都引发了高能天体物理研究的飞跃。与此同时，多波段观测（和联测）成为研究高能天体性质的重要手段。

自 20 世纪 70 年代以来，国际上发射的空间高能探测器累计达 100 多个，尤其是 20 世纪 90 年代以来，X 射线、γ 射线天文学进入快速发展的时期，一批高性能空间望远镜（如 ROSAT、CGRO、BeppoSAX、RXTE、Chandra、XMM-Newton、INTEGRAL、Swift、Suzaku、Fermi 等）的投入使用对黑洞、中子星、超新星遗迹、γ 射线暴等高能天体的研究产生了极大的推动作用，在观测和理论研究方面都取得了长足的进展。另一方面，也对高能天体物理研究带来了新的课题，如黑洞自转的测量、γ 射线暴的中心能源、极亮 X 射线源的本质、吸积与喷流的联系、高能粒子加速等问题还有待于进一步探讨。

面对这些挑战，国际同行提出了若干性能优异的 X 射线空间观测设备。尽管美国、欧洲和日本计划联合提出的大型 X 射线望远镜——国际 X 射线天文台（international X-ray observatory，IXO）最终未能得到批准，未来 10 年内仍有相当多的 X 射线空间望远镜列入发射计划之中，它们的主要科学目标是黑洞视界附近的广义相对论检验、黑洞的形成与演化、中子星的物态方程、高能粒子加速等。2012 年 6 月发射的美国的 NuSTAR 是第一个聚焦硬 X 射线望远镜，工作能段 5～80 keV，有效面积 800 厘米^2，焦距达 10 米。印度正在研制一个包含光学、近紫外、远紫外、软 X 射线和硬 X 射线的多波段的 ASTROSAT 卫星，计划在 2013 年发射上天。基于 20 世纪非常成功的 ROSAT 卫星，德国、英国和俄罗斯联合提出 Spectrum-RG 卫星项目，其核心设备包括 eROSITA（工作能段 0.1～10 keV）、大视场 X 射线检测器 ["龙虾眼" 软 X 射线全天成像监视器（Lobster），工作能段 0.1～10keV] 和伦琴天文望远镜（astronomical Roentgen telescopes，ART，工作能段 3～120 keV），计划在 2014～2015 年发射上天。日本的下一代 X 射线望远镜 NeXT 核心设备是聚焦型的硬 X 射线和软 X 射线望远镜，工作能段分别是 5～80 keV 和 1～10 keV，也计划在 2014～2015 年发射上天。欧洲在 RXTE 卫星的基础上进一步提出新一代测时卫星 large observatory for X-ray timing（LOFT）项目，计划利用一个工作能段在 2～30 keV、在 8 keV 处面积达 10 米^{2}的测时阵列探测在中子星、黑洞周围的快速时变信号。

从研究课题来看，作为恒星演化的归宿和恒星层次最剧烈的活动起源，超新星及其前身星、γ射线暴、中子星、脉冲星和黑洞等天体的研究是天体物理研究最活跃的前沿领域之一。γ射线暴余辉的发现和光学对应体的证认使γ射线暴的研究更趋热化。

五、系外行星系统

对系外行星系统的观测和研究是近年来国际天文界的另一个热点前沿领域。第一颗围绕主序恒星的行星是 1995 年由 Mayor 和 Queloz 发现的。目前比较成功的系外行星探测的方法主要有：视向速度方法、掩星法、直接观测法、微引力透镜法、脉冲星法。其中，利用视向速度方法探测到的系外行星数目占 90% 以上。美国、欧洲多国、日本、韩国、中国等国的天文学家都在这个领域有所成就。在方法上，最近主要的技术进展为激光频率梳技术的应用。激光频率梳能够提供足够密的谱线、较宽的波长覆盖范围（主要集中在近红外波段）和良好的稳定性，是一种优秀的定标源。将该技术运用于视向速度法中，有望将现有的视向速度测量精度提高 2～3 个数量级，从而在搜寻系外类地行星方面取得突破性的进展。

开展系外行星系统搜寻的地面望远镜很多，从 10 米级的 Keck、Subaru 到 1 米级的望远镜都有。世界主要的三个搜寻小组：①加利福尼亚和卡内基行星搜寻计划，加利福尼亚和卡内基行星搜寻组利用 Keck 10 米望远镜、里克天文台的 3 米和英澳天文台 3.9 米望远镜（AAT）进行联测，可以达到 3 米/秒的精度。②高视向速度精度系外行星搜寻计划，日内瓦天文台为位于欧洲南方天文台 La Silla 的 3.6 米望远镜专门配置了高分辨率摄谱仪，整个摄谱仪放置在一个真空恒温的容器中。该设备利用同步定标原理，视向速度精度可以达到 1 米/秒。③阿帕奇天文台多目标大天区视向速度系外行星搜寻（MARVELS）计划是 SDSS-III 的巡天计划之一，它利用多目标行星探测仪器从 2008 年 9 月开始对视星等为 8～12 的 11 000 颗太阳附近的星进行探测，一次最多可以同时观测 25 颗星。

此外，美国和欧洲一些国家正在利用各种空间设备来探索系外行星。COROT 由法国国家太空研究中心（CNES）发射，其科学目标主要包括探测恒星的星震以及寻找系外行星系统。它用掩星法探测系外行星，具有很高的测光精度，并计划长期（几个月）观测目标星。Kepler 是美国 NASA 计划发射的一颗专门用来探测类地行星的卫星。它的科学目标是探测类地行星系统的结构和多样性。Kepler 已于 2009 年 3 月升空，它将对约 10 万颗恒星进行探测，预计能探测到上百颗类地行星。SIM 原本计划于 2009 年底升空，现已被推迟，主要探测恒星的距离和位置，它的精度比以往所有项目都至少高百倍，因而可以确定某些近邻星是否拥有类地行星。

截至 2012 年 9 月，用各种方法已经探测到约 800 颗系外行星。根据目前观测到的系外行星的统计表明，有 6％以上的恒星具有类似木星的气态巨行星，而具有较小质量的类地行星则概率则可能更高。此外，恒星大气中重元素物质（除氢、氦以外的其他元素）含量较高的恒星拥有行星的概率较高。最近对不同质量（或光谱型）恒星的观测表明，行星拥有率与恒星质量成正相关，即在 2.5 天文单位以内存在巨星行星的概率，亚巨星（A-F 型）为 9％，太阳型（G 型）约 4％，M 型矮星约 2％。最近对恒星掩星时产生的 Rossiter-McLaughlin 效应的观测，表明有不少热星（非常靠近主星的行星），其公转轨道面与恒星自转轴并不垂直，甚至有行星系统位于逆行轨道上。

随着系外行星探测的开展，行星系统形成的理论研究也在不断深入。根据经典的核吸积模型，行星形成是一个长期的动力学过程，大约经过以下几个阶段：①恒星盘中重元素物质通过凝集，相互碰撞并合，形成千米级的星子；②星子相互碰撞产生尺寸为 100 千米级行星胚胎；③行星胚胎在与原恒星盘相互作用下发生迁移和更大规模的碰撞；④约 10 个地球质量以上的胚胎显著吸收恒星盘中的气体形成类似木星的气态巨行星，小的胚胎形成类地行星。在原恒星盘消失后，这些行星之间通过相互作用进一步演化，经过几十亿年，才形成目前观测到的行星系统。但是上述基本图像面临几个大的困难。主要困难首先在于厘米星子凝聚形成千米级星子的机制还不清楚，从通过碰撞形成行星胚胎的时间非常长，在远距离轨道上（>10 au）形成 10 个地球质量的胚胎的时间会超过盘的平均寿命。因此，胚胎形成后如何在远距离轨道上形成气态巨行星或类似海王星的类冰行星。根据气体盘与行星胚胎相互作用的线性理论估计，地球质量大小的行星胚胎在气体盘的作用下向内发生快速迁移（称为 I 型迁移），这也使得在中等距离上通过行星胚胎形成气态行星非常困难。另外，目前观测到的多数系外行星在椭圆轨道上，凌星观测表明系外气态巨行星的平均密度有一个量级左右的差异，气态行星不同结构及其轨道偏心率的起源也是目前行星形成和动力学理论所需要解决的重要问题。此外，行星盘角动量转移机制、引起原行星盘黏滞性的物理机制（可能是 MRI 不稳定性引发的湍流）、球粒陨星结构的形成等还没有得到很好解释。

近年来，国际上行星系统形成与演化理论研究在上述部分问题上取得了一些重要进展，其中之一就是在行星胚胎Ⅰ型迁移的停留机制。例如，流体数值模拟发现，原恒星盘面密度的一个 50% 的突起可以使得Ⅰ型迁移得以停止，此外在原恒星盘雪线（温度 170 开）或气体物质升华处（温度～1000开），气体黏滞系数的不同可导致气体面密度产生所需峰值，从而减缓直至停止Ⅰ型迁移。蒙特卡罗方法模拟的行星形成与演化，在Ⅰ型迁移的速度比线性估计小一个量级左右的前提下，可以得到与观测基本相符、气态巨行星的周期与质量理论分布。

第三节　国内状况

以银河系及近邻星系星族、结构、动力学和化学演化为主要研究内容的近场宇宙学，近年来在依巴谷、2MASS、SDSS 等项目的推动下发展迅速。在国内，银河系结构和演化领域的研究队伍正不断壮大，国家天文台、上海天文台、紫金山天文台、云南天文台、北京大学、南京大学、北京师范大学和河北师范大学等均有研究人员或团组在开展银河系结构和演化理论等方面的研究工作。

LAMOST 极高的光谱获取率，使对银河系数以千亿计的天体进行大规模的、系统的巡天观测首次成为可能。LAMOST 光谱巡天将获取数百万计银河系恒星的中低色散光学波段光谱，给出其视向速度、有效温度、表面重力和金属丰度（$[Fe/H]$，$[\alpha/Fe]$，$[C/Fe]$）等恒星基本参数。结合恒星演化理论和大气模型，还可进一步导出恒星的质量和年龄。

LAMOST 数据与 GAIA 将提供的高精度视差、自行数据相结合，将使天文学家得以对银河系的大量恒星在三维空间、三维速度以及质量、年龄和化学组成等多维参数空间里进行详细分类和研究，辨认和分离出曾经形成、吸积或并合，从而构成了当今银河系的各恒星子系统及其形成时间和演化历程，进而对银河系及其他一般星系的形成、结构和演化获得全面、完整、深入的认识。

LAMOST 的成功研制，为中国在以大视场光谱巡天为重要研究手段的近场宇宙学这一天体物理基础领域赶超国际前沿创造了条件。伴随着 LAM-OST 的研制成功以及即将到来的 GAIA 时代，该领域将进入一个黄金发展时期。我们应充分利用这一历史机遇，进一步加大对该领域的投入力度，迅速提高该领域研究队伍的水平和规模。

通过积累和国际合作，国内在恒星形成研究领域已具备较强基础，有一支创新能力较强的研究队伍，具备相当的国际竞争力，在一些领域的研究处于领先位置。在湍动分子云的研究方面，使用德令哈 13.7 米毫米波射电望远镜，对与低温 IRAS 源成协的分子云进行了深入观测，获得了分子云的尺度、湍动、柱密度、质量等物理量；对一批红外暗云进行了^{12}CO、^{13}CO 和 $C^{18}O$ 分子谱线的同时观测，探测到一批大质量分子云核；对大质量稠密核的物理性质和动力学进行了研究，并寻找到大质量分子云核中物质下落运动的证据，提供了大质量恒星形成的可能图像。在大质量恒星形成研究方面，使用 Subaru 望远镜及其自适应光学系统，在大质量年轻星 BN Ori 的周围探测到星周盘结构，这是第一次在大质量年轻星周围清晰地探测到中心星/星周盘/外流空腔结构，表明大质量恒星可以通过星周盘吸积形成。对不同红移星系中致密气体含量的观测研究发现，致密气体的含量是决定星系尺度恒星形成率的主要因素，修订了新的恒星形成率关系；在嵌埋年轻星团研究方面，利用近红外成像观测对恒星形成区 M17、S87、S269、AFGL5142 等进行了深入研究，发现了一批嵌埋年轻星团，研究了年轻星团的初始质量函数、年龄和恒星形成历史；在 AFGL 5157 恒星形成区观测到大量的氢分子近红外发射喷流，表明该区域存在年轻的嵌埋星团，得到后续的亚毫米波连续谱观测证实；对玫瑰星云中的年轻星团进行了系列研究，发现星团触发形成的证据；对近邻恒星形成区进行了大规模的光学外流巡天，覆盖了南天和北天所有主要的近邻恒星形成区，新发现 100 多个赫比格 - 阿罗天体，占国际发现总量 10% 以上。

与相对活跃的课题研究相对比，国内在恒星形成研究方面的设备十分缺乏。到目前为止，我国还完全没有地面红外观测能力。除 2.16 米可以进行部分光谱观测以外，光学观测设备的口径、终端配置所表现出来的整体能力十分有限。射电设备从口径来看，都属于中小型设备，接收终端也非常匮乏。佘山 25 米射电望远镜基本上不具备从事恒星形成观测研究的专用设备；乌鲁木齐南山 25 米射电望远镜完成了银道面 6 厘米偏振巡天，取得了一批重要的研究成果，目前正在研制 K 波段接收机，可用于分子谱线的观测。由于缺少大口径望远镜、除了星系磁场的部分观测研究之外，星际介质的观测研究，包括射电 HI、红外和紫外等波段的观测基本上处于空白。

德令哈射电天文观测基地 13.7 米毫米波射电望远镜虽然也属于中小口径的设备，但一直是国内恒星形成观测研究的最重要的设备。近年来，设备和终端在持续的更新和改进下，望远镜的性能不断提高，运行状态已经达到国际先进水平。目前，多波束接收设备"超导成像频谱仪"将为银河系及近邻星系中的星际介质和恒星形成区的观测提供最重要的观测手段。该设备具有国际同类设备最先进的性能，可以开展银河系大尺度的分子云巡天、河外星系的大规模样本巡天，将极大促进国内恒星形成观测研究的发展，并使相关课题取得很强的国际竞争力。

目前国内从事恒星层次高能天体物理研究的专职人员主要分布在中国科学院高能物理研究所、国家天文台、上海天文台、紫金山天文台、云南天文台、南京大学、北京大学、中国科学技术大学等单位，其中在高能物理研究所、南京大学、国家天文台和上海天文台形成了一批有一定规模的研究团队。在 X 射线双星的观测和数据分析、γ 射线暴余辉和能源机制、超新星遗迹的辐射和动力学演化、吸积盘理论、致密星双星的形成和演化等研究方面取得了一批有国际显示度的成果。但与欧美和日本相比，在人才队伍、经费规模、观测设备和研究水平上仍然有较大的差距，特别是我国还没有高能波段的空间望远镜，无法开展自主观测。尽管通过观测提案能够得到少量第一手资料，更多的是利用公开释放的数据进行研究，或从事理论分析和数值计算方面的研究，因而难以取得真正意义上的原创成果。

可喜的是，目前国内已经开展了一系列的空间高能天文设备的研制工作，为人才和技术储备打下了较好的基础。HXMT 项目于 2007 年工程立项，计划在 2014 年左右发射升空，这将是我国第一个空间天文卫星，预期将在高能天体物理研究方面取得突破。HXMT 将完成宽波段 X 射线成像巡天，其中在硬 X 射线波段具有最高的灵敏度和空间分辨率，从而可以绘制高精度硬 X 射线天图，发现新类型的高能辐射天体。同时，HXMT 还是国际上已有计划中唯一能对黑洞、中子星等高能天体在硬 X 射线能区进行高灵敏度（窄视场）、高时间分辨（大面积）定点观测的空间设备，可以获得天体在硬 X 射线波段的高质量的辐射时变和能谱信息。载人航天二期空间天文分系统计划与瑞士和法国科学家合作研制用于 γ 射线暴的 γ 射线偏振测量的 POLAR 探测器。这两个具有国际竞争力的空间高能天文项目的投入运行将在很大程度上改变我国天文学家长期依赖国外空间天文数据的历史和现状，使我国在高能天体物理领域部分课题的研究能迅速赶上国际先进水平，实现历史性的转折。

尽管射电辐射处于低频波段，射电天文观测在高能天体物理研究中发挥着独特且重要的作用，为脉冲星、超新星遗迹、X 射线双星中的喷流等的研究提供了极为关键的信息渠道。中国科学院国家天文台新疆天文台的射电望远镜在脉冲星观测方面做出了一些有特色的工作，但其效能受到较小口径的限制。为实现跨越式发展，中国天文界提出建造世界最大的单口径射电望远镜——500 米口径球面射电天文望远镜（FAST）。FAST 的有效接收口径为 300 米，工作波长 70MHz～3GHz。FAST 具有高灵敏度和大天区覆盖的特点，有利于发现更多脉冲星，特别是发现更多弱脉冲星、毫秒脉冲星、脉冲双星、双脉冲星系统、脉冲星行星系统、河外强脉冲星、非球状星团毫秒脉冲星等罕见品种。此外，利用多个脉冲星计时阵（pulsar timing array）技术对一组自转稳定脉冲星作到达时间（time of arrival，ToA）的长期监测，不仅从其统计残差中能获得空间度规的变化进而找到引力波的直接证据，而且可以建立新的时间标准。FAST 的原始灵敏度可以使目前 ToA 的观测精度由目前的几百个纳秒提高至几十个纳秒。预计于 2014 年完成后，FAST 将为我国在高能天体的射电观测研究带来革命性的飞跃。

系外行星研究是近 10 年来国际上发展非常迅猛的新兴研究领域，也是未来一系列地面、空间大型观测设备最重要的科学目标之一。相对于国际上迅速发展，国内在该领域的启动显得较为迟缓，但近来有所改善，对其重要性的认识明显增强，行星探测、中心星性质研究、行星系统动力学，行星形成等方向的研究工作已逐步开展起来，并呈加速发展的态势。2004 年，中国科学院国家天文台与日本国立天文台启动搜寻有行星系统恒星项目。双方天文学家利用探测主星视向速度变化的方法，通过国家天文台 2.16 米望远镜和日本冈山天文台 1.88 米望远镜联合观测，在 400 颗中等质量的红巨星周围搜寻系外行星系统，并于 2008 年和 2009 年发现一颗褐矮星和一颗行星候选体。2007 年云南天文台、中国科学技术大学、南京大学与美国佛罗里达大学合作，在丽江 2.4 米望远镜安装行星探测仪器，利用视向速度方法进行行星探测。我国计划放置在南极的 3 架南极巡天望远镜主镜口径达到 68 厘米，具有自动指向、跟踪和调焦等功能，可望在探测系外行星候选体方面取得重要观测成果。

第四节　优先发展领域和重点研究方向

遴选优先发展领域的基本原则是学科的重要性和学科的发展态势。根据该领域国内外的研究现状和发展态势，未来 10 年，关于银河系、星际介质、恒星、系外行星系统及相关高能现象的研究应优先发展和重点扶持以下研究方向。

（1）银河系的结构、性质、形成与演化，包括：①银河系大尺度巡天，银河系结构/银心及子结构、动力学性质；②银河系第一代天体性质研究、银河系恒星形成历史及化学增丰历史；③银河系及一般（盘）星系的形成与演化。

（2）星际介质和恒星形成，包括：①星际介质物理、星际磁场；②恒星形成过程、恒星系统和原始行星系统；③恒星演化的反馈效应。

（3）恒星演化和活动，系外行星系统，包括：①包含新物理的单星、双星模型和演化、星族合成；②恒星晚期演化、质量流失、超新星爆发、γ射线暴、致密天体及高能现象；③系外行星系统的搜寻和性质、形成与演化。

SDSS 等项目的实施极大地推动了银河系结构、动力学和化学演化研究的发展。然而受制于其有限的光纤数，SDSS 仅对分布在数百个非连续的铅笔束视场里的数十万颗恒星进行了光谱观测。由于采样的不均匀和不完备，难以开展有意义的统计分析研究。2009 年夏，LAMOST 银河系巡天工作小组向 LAMOST 科学目标遴选委员会提交了"LAMOST 银河系研究与探索计划"巡天计划书。LAMOST 科学目标遴选委员会组织的由国际著名学者组成的专家评议组对提案的科学意义予以高度评价，认为这是一份独特的、有高度竞争力的研究计划。根据计划，LAMOST 银河系巡天将包括以下三部分组成。

（1）银晕巡天将对银纬高于 20 度、g 星等亮于 20 等的恒星进行系统观测，获取分辩本领达 2000、信噪比优于 10 的至少 250 万颗恒星的光谱。主要科学目标包括：①研究银河系暗物质晕及晕族恒星的结构和分布，包括卫星星系、星团、星流和星群等子结构，对新发现或已知的子结构进行系统的星族、动力学和化学研究；②研究晕族恒星的金属丰度分布函数，尤其是低端分布，搜寻极端贫金属星，尤其是［Fe/H］低于－5 的超极端贫金属星，研究银河系的早期化学研究及第一代天体的性质、形成和演化。

（2）反银心巡天将以反银心方向为中心，在银经 150～210 度、银纬＜30 度约 3440 平方度连续天区内，从 2MASS 点源表中该天区内约 15 720 000 个点源里随机抽取约 3 200 000 个源，组成一个 J 波段极限星等达 15.8 的统计完备样本进行观测，获取分辩本领 2000、信噪比优于 20 的光谱。研究内容包括银河系薄盘、厚盘的化学组成、动力学、子结构，盘与晕的交接和相互关系，盘的规则性和截断，厚盘的起源和加热机制，银河系引力势及暗物质分布，等等。

（3）银盘巡天将选择银纬低于 20 度、银纬 20～230 度、亮于 g＝16 等的疏散星团成员星、恒星形成区天体等进行观测，获取分辨本领 2000 或 5000 的光谱，研究银河系恒星形成过程和元素增丰历史。

可以预期，如此大规模的巡天观测必然会发现新类型的天体，产生难以预期的重大科学发现。对 LAMOST 大规模巡天发现的特殊天体（如极端贫金属星）进行后续高信噪比、高分辨分领的分光观测，高空间分辨成像观测，或多波段观测，也将成为一项重要的研究内容。围绕和充分发挥 LAMOST 独有的竞争力，使其科学成果最大化，应是我国未来 5～10 年在恒星和银河系层次上天体物理学研究的重点发展方向和优先支持领域。

充分发挥国内现有的丰富的中小望远镜资源，包括兴隆 2.16 米、高美古 2.4 米望远镜等，同时通过参与国际合作积极利用恒星震动和系外行星观测网络 SONG 所提供的恒星内部结构的直接观测，发展和完善恒星理论模型，将可望进一步推动恒星演化和恒星振动理论的发展，争取获得重要的科学成果。

银河系研究涉及星际介质、恒星、星团以及星系多个层次，众多物理和天体物理学过程，包括引力相互作用、辐射过程、气体动力学过程等。随着计算机技术和信息技术的快速发展，一些重要的研究手段，如 N 体动力学或辐射流体动力学高性能数值模拟等，在研究众多复杂、非线性的天体物理学问题，包括恒星行星系统、星团以及星系的形成和演化及观测数据的分析和解释中扮演越来越重要的角色。与国际相比，国内这方面的研究力量还十分薄弱，应大力予以扶持。

恒星形成是天体物理中关于天体形成和演化的一个基本层面的问题。恒星的形成率和初始质量函数决定了星系的整体演化，短时标的大量的恒星形成构成了普遍出现的星暴，对星系演化和活动星系核的产生起着基本的调节作用。总体上，星系演化的进程取决于其中恒星形成的过程。在过去的近 30 年间，人们对恒星形成过程的认识逐步深入，人们今天对小质量恒星形成的主要物理过程已经基本理解。但是，研究面临的一些关键问题尚需要回答。首先，大质量恒星是如何形成？大质量恒星是星系光度的贡献主体，也是合成重元素的主要场所。它们的形成对银河系和星系的形成和演化起着决定性的作用。大质量恒星演化导致最终的超新星爆发，对星际物质的能量、动量和化学丰度产生全局性的影响，决定了致密天体（如中子星和黑洞）的产生，决定了宇宙 γ 射线暴和极高能宇宙射线源的产生和环境。然而，对大质量恒星的形成等问题还远不了解。其次，星团如何形成？观测发现年轻天体主要是以成团而非孤立的形式存在，恒星形成问题实质上也就是星团和星群的形成问题。星团形成过程同时也是一个构造恒星初始质量函数的过程。再次，年轻恒星周围的吸积盘在恒星形成和演化中的作用如何？人们相信，盘可以帮助年轻恒星产生双极外流，清除周围的物质，并且在其中形成原始行星系统。相比人们对吸积盘在小质量恒星的形成和演化中的作用所拥有的知识，对它们在大质量恒星或者褐色矮星形成过程中的存在及性质的了解非常缺乏，而恰恰这些问题与这两类极端质量的天体的形成机制有着最本质的关联。

恒星形成研究的发展紧密依赖于观测技术的发展，特别是红外和毫米/亚毫米波段观测技术的发展。FAST 望远镜可以对未来星际介质观测研究，特别是 HI 观测带来最重要的观测手段。在加强 FAST 大科学工程的建设的同时，需要研究设备科学目标的凝练，在 HI、射电连续谱观测电离氢区、脉泽和星际分子等课题方面及早明确观测目标。上海 65 米望远镜在波段配置方面可以考虑对甲醇脉泽、水脉泽等重点谱线的观测能力，并及早完成建设。13.7 米毫米望远镜研制的超导成像频谱仪即将完成。这个设备应及早投入实际天文观测，并且得到加强化的运行支持，保证其开展银河系大尺度巡天和星际分子云、恒星形成区的观测。乌鲁木齐 25 米望远镜的 K 波段接收机完成安装后，有关 NH_3 分子巡天等课题观测应当得到重点支持。南极是目前已知开展红外和毫米/亚毫米波段观测的最好台址，南极 15 米太赫兹望远镜和 4 米光学/红外望远镜是实现上述科学目标和其他重要科学目标的关键设备，希望在未来 5 内能够立项建设，在 10 年内发挥作用。我国应当突破红外波段的观测瓶颈。利用南极天文台建设的机遇，通过国际合作，开展红外波段的观测。利用我国在太赫兹领域的技术优势和队伍基础，建设好 15 米级太赫兹望远镜，利用南极独特的太赫兹窗口，获得在其他地面台址无法获得的能谱分布峰值附近的数据，使该波段的观测竞争力进入国际领先的行列。

未来 5~10 年，恒星形成的课题研究应该在以下方面进行：①大质量恒星和星团的形成；②分子云的形成、分子云核的性质、分子云核的坍缩与原恒星的形成；③原行星盘的形成与原始太阳系、喷流和质量外流；④分子云核—原恒星—年轻星之间相互关系的大样本研究；⑤星际湍动的维持和耗散及在恒星形成中的作用、磁场在分子云和恒星形成中的作用、初始质量函数；⑥星际尘埃的辐射性质、分布与演化。其中①~③是重点发展方向。观测技术发展的方向是：①毫米/亚毫米波段的宽带阵列（成像）探测器技术和高灵敏度的毫米/亚毫米波（谱线）接收机、宽带高分辨率数字频谱仪；②能够获得高的空间分辨本领的毫米/亚毫米波段的干涉阵技术；③红外探测器技术；

④红外和亚毫米波段的空间观测技术。其中①是重点发展方向。

我国高能天体物理发展布局的总体目标是，围绕高能天体物理中的关键科学问题，提升我国在高能天体物理领域设备研制、多波段观测、数据分析和理论研究水平，使用我国即将投入运行的空间和地面天文观测设备进行观测和研究，开展下一代观测设备的预研，力图在有限的目标上实现重点突破，形成一些优势研究群体与研究方向。

在恒星演化和活动及高能过程方面，优先发展领域包括以下几个方面。

1）超新星爆发及其前身星

超新星是恒星演化到晚期发生的灾变性爆发现象，包含了多种复杂的物理过程，与许多重要的天体物理问题密切相关。在此领域的重点研究方向是：超新星的搜寻与监测；Ia 型超新星的前身星研究；利用超新星研究暗能量的本质。

2）γ射线暴及其余辉

γ射线暴是宇宙中最为强烈和壮观的爆发。从 20 世纪 90 年代以来，对γ射线暴的空间与地面观测研究取得了重大进展，同时对传统的理论模型也提出严峻挑战。今后的重点研究方向是：研究γ射线暴的中心能源机制、辐射区、爆发环境特征等；以γ射线暴为标本研究新生黑洞或中子星的吸积与喷流过程；以γ射线暴为工具研究宇宙第一缕曙光和高红移宇宙的演化等。

3）X 射线双星

X 射线双星为研究强引力场下的物理过程、广义相对论效应、致密星物态、恒星结构和吸积盘物理性质提供了极为重要的物理信息。其重点研究方向是：X 射线双星的光变和谱变研究，探讨中心致密天体和吸积盘的性质；极亮 X 射线源与中等质量黑洞双星的观测和理论研究；X 射线双星与星系中恒星形成与演化的联系。

4）孤立中子星

脉冲星和孤立中子星的研究目前正处于方兴未艾的阶段，我国的 FAST 在未来脉冲星研究中将发挥重要作用。该领域的重点研究方向是：脉冲星和转动射电暂现源（rotating radio transients）等特殊天体的搜寻和监测；脉冲星的辐射机制；年轻中子星（如超新星遗迹中心致密源、暗热中子星和强磁星等）的辐射和演化。

5）超新星遗迹和脉冲星风云

弥漫 X 射线蕴涵了超新星爆震波、脉冲星风云、星系 X 射线弥漫背景等深刻而关键的物理信息。今后可以在以下重点方向开展对弥漫辐射源的观测研究：脉冲星星风云的结构和辐射机制；超新星遗迹在复杂环境下的演化和辐射；超新星遗迹与相对论性粒子加速。

6）引力波探测

广义相对论预言下的引力波来自于宇宙间带有强引力场的天文学或宇宙学波源。这些可期待的波源包括银河系内的双星系统（白矮星、中子星或黑洞等致密星体组成的双星）、河外星系内的超大质量黑洞的合并、脉冲星的自转、超新星的引力坍缩、大爆炸留下的背景辐射等。

研制新一代高能天体的观测设备对提高我国高能天体物理研究水平有至关重要的作用。在未来5～10年以及更长的一段时间内，我国在高能天体物理设备研制的总体战略是，在积极参与国际大型空间和地面项目的同时，抓住机遇，根据自身条件研制和发展有重大的科学意义同时又避免与发达国家直接竞争的高能天体物理观测设备。在性能指标上不应贪大求全，而应注重专和精，突破口放在国际上同类设备相对薄弱的硬 X 射线波段，通过提高探测面积、时间分辨率和能量分辨率实现对明亮 X 射线、γ 射线源的快速光变、谱变和偏振观测。

根据上述要求，建议我国未来的空间高能望远镜应至少包含以下设备：一台 X 射线望远镜（工作能区 1～30 keV，主要用来观测 X 射线双星的快速时变和黑洞双星中吸积盘谱线的快速变化）、一台高能 X 射线偏振望远镜（工作能区 10～300 keV，主要用于 γ 射线暴的硬 X 射线能段偏振测量）和一个 X 射线全天监视器（用于监视 γ 射线暴和亮的 X 射线源的爆发）。考虑到在"十二五"期间我国的空间运载和平台能力将有大的发展，因此应该集成这些科学需求建造一个以研究高能时变和偏振为主的空间高能天文台，使我国在该领域达到国际领先水平。同时，我国天文界应该不失时机地积极介入国际上正在论证和规划的下一代大型空间高能天文台计划。

针对高能天体的地面设备的研制在射电波段可以围绕 FAST 及其后续和辅助设备的研制和建设。作为世界最大的单口径射电望远镜，FAST 在未来20～30 年都将保持世界一流设备的地位，为脉冲星及其相关天体的研究提供丰富和宝贵的资源。为了配合 FAST 的巡天观测，未来可以考虑研制一批80～100米口径的射电望远镜，安装在条件适合的台址处，与 FAST 形成互补。一方面对 FAST 发现的有趣的脉冲星和其他天体进行定点长期监测，另一方面与 FAST 组成长基线干涉网络，进行高精度天文观测。

行星科学是一门涉及太阳物理、空间物理、天体物理的多学科交叉领域。随着我国国力的进一步增强，中国实现从一个空间技术大国向一个空间科学大国转化的时代已经到来。我们应抓住时机，以科学为驱动，积极发展空间科学，尤其是深场空间科学，即空间天文学。

在发现系外行星系统的短短 15 年间，以探测系外生命、研究生命起源、演化为内容的天体生物学作为一新兴交叉学科迅速地成长起来，其研究涉及天文学、行星科学、化学和生命科学。目前，各国都投入大量的人力、物力发展这一新兴学科。我国也应尽快加大投入力度，扶持这一新兴重大交叉学科的发展。

在系外行星研究领域，积极开展基于 LAMOST 大口径多目标的系外行星搜寻仪的研制，以及基于南极望远镜的掩星观测等项目，与我国在系外行星形成、系外行星系统动力学等理论研究工作相结合，形成我国自己有特色的研究成果。优先支持利用视向速度方法探测系外行星，优先支持将激光频率梳技术用于兴隆 2.16 米望远镜光谱仪和 LAMOST 多目标光谱仪、支持丽江 2.4 米望远镜的探测项目，以及与国外大望远镜合作的行星探测计划。支持利用掩星法探测系外行星，优先支持利用南极望远镜及国内小口径（50 厘米、80 厘米和 100 厘米等）望远镜进行系外行星探测工作。

第五节　国际交流

LAMOST 是一台光谱巡天望远镜，不具备成像测光能力，而 LAMOST 巡天选取观测样本所需的输入星表需要高精度的测光数据。虽然 SDSS 计划一、二期已公开或三期即将公开的测光数据可满足 LAMOST 河外巡天及银晕巡天选源的大部分需求，但仍有一些缺口，如 SDSS 的 u、z 波段深度不够，有些天区未覆盖等。反银心方向及银道面巡天虽然有 2MASS 全天近红外测光数据可用于选源，但缺少相应的高精度的光学波段测光数据。高精度的测光数据不仅选源需要，LAMOST 光谱的天体物理分析也离不开高精度的测光数据（如星际消光、恒星有效温度的测定等）。目前，国内天文界已与国外合作，开展 u 波段巡天以弥补 SDSS 数据的不足，同时也在探讨与 Pan-starr 的合作。

国内恒星形成研究与国际上的天文研究组织在多方面进行了卓有成效的合作。东亚天文系列会议是发源于恒星形成研究领域的东亚地区学术交流会议，目前已经扩大到其他天文研究领域。该系列会议对星际介质和恒星形成研究的交流起到了重要的推动作用，这样的系列会议需要继续举办下去。

在恒星形成研究领域，与日本、美国、德国、法国、意大利、俄罗斯、加拿大等国家的交流及合作开展得比较多。紫金山天文台和上海天文台与日本国立天文台、名古屋大学等多个大学和研究机构在恒星形成、毫米波亚毫米波技术领域的交流已经有30年的历史，并以此培养了一批学科研究人才和技术研发人才。过去的10年中，这个团队参与了国际上两个最重要的亚毫米波大科学工程SMA项目、ALMA的研发和建设。紫金山天文台的恒星形成研究创新群体与美国和德国的研究人员建立了国际合作伙伴关系，紫金山天文台与德国马普天文研究所就恒星形成研究、人员交流、共同举办学术会议签署了合作协议（2007～2009年），并于2008年在南京成功举办了第一届中德"恒星和行星形成"研讨会。与美国CfA、德国马普射电天文研究所和马普天文研究所、英国里兹大学具有长期的合作关系。紫金山天文台的恒星形成研究群体和中国科学院海外合作团队计划成为一个经常性整体合作的团队。南京大学、紫金山天文台、上海天文台的小组与美国、德国合作，利用VL-BA和其他高分辨设备，对银河系恒星形成区的甲醇脉泽进行多历元的视差测量，获得了英仙臂恒星形成区W3（OH）的距离的精确结果，取得了重要的影响。目前正在对一批银河系恒星形成区进行距离测量。

国家天文台与美国、加拿大、意大利等国合作开展了星团中的恒星形成、恒星形成区、超新星遗迹的观测研究。北京大学及国家天文台与德国科隆大学等单位也开展了国际合作，最近在合作基础上正在引进德国的3米KOS-MA望远镜，拟开展恒星形成相关的亚毫米波观测研究。

国内星际介质和恒星形成研究领域申请国际大型开放设备和空间设备的观测时间是很频繁的。近年来，成功合作申请到毫米/亚毫米望远镜HHT 10米、NRO 45米、Effelsberg 100米、NMA、IRAM 30米望远镜和PdBI毫米波干涉阵、光学/红外望远镜Subaru等国际开放设备的观测时间，也申请到Spitzer空间红外望远镜、Herschel远红外望远镜等设备的时间。国家天文台的研究小组与Herschel开展了固定的合作。特别是，在利用VLBA的多历元视差测量方面，已经与美国CfA和德国马普射电天文研究所合作获得了10个相关课题的国外望远镜的观测时间，其中一个270小时的大科学观测申请书是VLBA自1993年建成以来获得通过的第3个大科学观测建议书。与ASTE、APEX、SMA和ALMA等观测设备具有长期合作关系。

大型天文观测设备在造价、制造技术等方面的要求，已经超过任何单独一个国家的力量，甚至建成后获得的海量科学数据的分析与研究也不是一个国家的科学家能完成的。随着我国国力的不断增强，天文科学、技术水平与工业制造能力的不断提高，已经具备参与国际合作与研制的能力。我国应有选择地参加国际天文大型设备的建设和运行工作，并吸收国际科研机构参与以我国为主导的大型设备的建设，贯彻有所为、有所不为的方针，最有效地提升我国的科学与技术水平。FAST 和 HXMT 在科学目标、工程概念、方案设计、设备研制和技术合作等诸方面都体现了广泛的国际合作，我国下一代高能空间天文台和地面设备的研制也应该通过国际合作充分吸收先进国家的相关技术和经验。

第六节　对未来发展的建议

当前我国天体物理学研究与国际先进水平依然存在较大的差距，而且差距还有进一步拉大的趋势。建议采取以下措施，提升我国天体物理的整体研究水平和实力。

1. 大力加强和发展国际交流和合作

LAMOST 银河系巡天，虽然可得到恒星的视向速度，以及有效温度、表面重力、金属丰度等物理量，但缺少恒星距离、自行等高精度的数据。与 GAIA、SIM 等大型视差和自行巡天项目合作，可获得银河系恒星的三维空间速度和空间位置分布，从而极大地提升 LAMOST 数据的价值，对建立银河系整体结构图像具有极为重要的意义。LAMOST 巡天项目的开展，必将发现新类型的天体。由于我国还缺少大型观测设备，对 LAMOST 源进行高分辨率、高信噪比的后续光谱观测和高空间分辨率的成像观测，需通过国际合作方式借助国际上的大型设备来完成。不仅在观测数据的获取、分析和后续观测上，对 LAMOST 数据的理论分析和模拟同样需要加强国际合作，以最大限度地发挥 LAMOST 的科学能力。

围绕 LAMOST 和 SONG 的研究方向，设置一系列重点课题、重大国际合作课题予以支持，倾向性地支持与此两个项目相关的面上自由探索项目。鼓励院校合作，发挥国内高校在人才培养方面的能力，通过重点课题加强结构和演化领域的研究队伍培养，拓展国际合作的途径。支持双星方面的研究（目前基金中的国际合作部分比例太低）。由于从事恒星方面研究的年轻人较少，应对恒星领域的年轻人才进行政策倾斜。

由于国内在红外和毫米/亚毫米波段观测设备的相对缺乏，良好的国际合作环境是促进国内恒星形成研究发展的必要条件。今后要进一步加大支持国际合作的力度，巩固现有的合作基础，重视在大型观测设备上的合作和参与。在毫米/亚毫米波段观测技术的发展方面，加大对 ALMA 合作的支持；在红外观测方面也加大对 UKIDSS 巡天项目的支持，在南极天文台建设中选择恰当的国际合作伙伴，开展红外和太赫兹波段的观测能力建设和研究课题。

在高能天体物理领域进行的国际合作主要包括以下几方面内容。①合作研制观测设备。FAST 和 HXMT 在科学目标、工程概念、方案设计、设备研制和技术合作等诸方面都进行了广泛的国际合作，我国下一代高能空间天文台和地面设备的研制也应该通过国际合作充分吸收先进国家的相关技术和经验。②合作研究。我国各主要天文单位每年都派出一定数量的学者到国外一流科研单位进行较为长期的进修和合作科研，同时邀请一批国际学者来国内访问。③双边会议。与德国、法国、美国等国家建立比较长期、稳定的双边会议制度。④联合培养研究生。在教育部和中国科学院的资助下，每年选送一批优秀研究生到国外单位学习，接受国外联合导师的指导。未来 5～10 年，国际合作与交流优先领域是我国已有较好研究基础的 X 射线双星、脉冲星、γ 射线暴、超新星和超新星遗迹等。合作形式不拘一格，但总体上应以合作建设大型装置和联合培养学生作为重点。

目前，先进的空间观测设备包括 Chandra、XMM-Newton、RXTE、Swift、INTEGRAL、Suzaku、Spitzer 和即将投入运行的 GLAST、MAXI 等，地面设备包括 10 米级光学、红外望远镜和大型射电望远镜（如 Keck、Subaru、VLA）及甚长基线干涉阵等。这些仪器具有做出具有原创性的一流工作的能力。我国科学家应与相关观测设备研究团组建立良好的合作关系，并提交科学提案争取观测时间，获得第一手观测资料。此外，在理论研究、大型模拟计算、观测和数据处理等方面开展广泛而深入的国际合作与交流，目的在于优势互补，能够发展出新理论和产生新发现。未来 5～10 年开展国际合作与交流的优先领域是 X 射线双星、脉冲星、γ 射线暴、超新星和超新星遗迹等。

此外，目前在大部分波段上已经积累了丰富的而具有极大科学潜在价值的数据。国际上已经释放的可以自由利用的观测数据包括：空间卫星 RO-SAT、GRO、Chandra、XMM-Newton、RXTE、INTEGRAL、Spitzer、Swift 等，以及地面望远镜巡天数据如 SDSS、2MASS、2DF 等。它们提供了选取研究的天体样本的海量数据库。显然，在加强国际合作的基础上，充分利用公开数据来参与国际竞争是在短时间内提高国内天体物理整体研究水平的一个有效途径。

2. 建设一支具有国际竞争力的人才队伍是提升我国高能天文物理研究水平的关键

应通过营造宽松的学术环境，建立合理的竞争和激励机制，鼓励青年学者从事有重大科学价值的研究工作。围绕重点学科发展方向吸引和遴选具有国际先进水平的学术带头人，为优秀人才提供必要的岗位津贴、科研经费、购房补贴和办公条件，以拔尖创新人才为核心组成优秀的创新团队。大力支持中国科学院和高校在人才培养、科学研究和仪器研制方面的合作，在重点支持南京大学、中国科学技术大学、北京大学、清华大学和北京师范大学等已有基础的高校的同时，应努力在其他有条件的重点高校加强天文教育和研究、扶持天文研究队伍、增加经费投入。为现有的青年人才创造良好的国内外进修和合作研究的条件，对有发展潜力的青年学者，有计划地派出到国外一流科研单位进行较为长期的进修和合作科研，使他们更快地成长起来，成为学科带头人。

3. 充分发挥现有具有优势的仪器和专用望远镜的作用，使它们高效地运行在同类仪器的国际先进水平上

包括更新和扩展后端设备、改进望远镜性能和提高自动化程度，以及改善台站通信联网和后勤支撑等。此外，还应重视建造与大科学工程配套和为重点优先发展领域研究所必需的一些中小型设备，大力推进空间天文研究，优先发展特色显著、科学意义重大、技术成熟、风险小、费用低的原创性项目，特别要争取发射若干颗小卫星，投资较少、研制周期较短，但影响和成果则较大。

4. 要大力加强大型观测设备的预研究

大力加强大型观测设备的预研究，包括对科学目标的课题研究以及天文技术和方法的研究。同时，随着我国空间实力进一步增强，体制更加完善，我国天文界应当做好空间天文大发展的准备，包括科学目标、空间项目方案及相关空间技术的预研等。

参考文献

[1] 国家自然科学基金委员会数学物理科学部. 天文学科、数学学科发展研究报告. 北

京：科学出版社，2008

［2］中国科学技术协会，中国天文学会．2007—2008 天文学学科发展报告．北京：中国科学技术出版社，2008

第三章
太阳物理学

第一节 太阳物理学的战略地位、重大意义、发展规律和研究特点

1. 太阳在宇宙天体中的独特地位

太阳是唯一一颗可以进行高空间、高光谱分辨率和高偏振测量精度观测的恒星。一些基本的物理过程只有在太阳上才可以被详细地观测到，而太阳的尺度、太阳表面和内部一些极端的物理参数都不能在地面实验室里得到模拟。因此，对于磁流体力学、等离子体物理、辐射和粒子物理等领域的研究而言，太阳是一个很好的天然实验室。有关太阳物理过程的研究又可以为其他天体物理过程的研究所借鉴，特别是电磁相互作用的研究。例如，磁场重联这个概念最初是用于解释太阳耀斑的爆发过程，现在天文学家已将它应用于天体物理的各个领域，如脉冲星的 X 射线耀发、与黑洞和吸积盘相关的喷流现象等。对太阳质量、光度、辐射、对流和磁活动过程等详尽的测量成为发展和构建恒星物理理论和模型的一个重要的基础。

2. 太阳物理是空间天气学研究的一个重要方面

太阳活动是日地空间灾害性天气的扰动源，太阳活动所产生的高能粒子和辐射输出对空间环境产生了重要影响。特别是一些发生在向地太阳表面的活动，它们的发生可以导致地磁层受到极大的干扰，对航空航天、通信导航等产生很大的影响。因此，对太阳物理的研究具有现实意义。在发达国家，空间天气学的研究是最热门的研究领域之一。在我国，近年来载人航天和深空探测得到飞速的发展。空间天气学是一门具有战略需求的学科。研究空间灾害性天气的起源—太阳活动成为太阳物理学的一大任务。

3. 太阳物理与其他自然科学领域的相关性

太阳物理与众多的学科相关和交叉，是构成空间科学的一个重要环节。向内，它与空间物理、大气物理、地球物理的研究有密切的相关性；向外，它的研究可以拓展到整个天体物理。另外，它和等离子体物理、粒子物理具有密切的联系。

4. 太阳物理学的研究特点

对于太阳的观测，相比夜天文来说，有其鲜明的特点。由于太阳是在白天观测，大气视宁度的影响相对较大。因此，现在的重要望远镜都配备了自适应光学系统，用于改正大气湍动的影响，提高空间分辨率。另一方面，太阳物理学家致力于空间观测，以摆脱地球大气的影响。随着观测技术的提高，对太阳的观测揭示了愈来愈多的精细结构和一些典型的基本物理过程，而这些精细结构和物理过程有可能成为解决一些难题的关键（如日冕加热、磁场重联等）。因此，未来太阳物理的一个重要方面是寻求一些微观物理过程的观测证据，并从理论上做出解释。另外，太阳的长期演化和总体物理过程对地球和行星系统的影响成为普遍关注的科学问题。

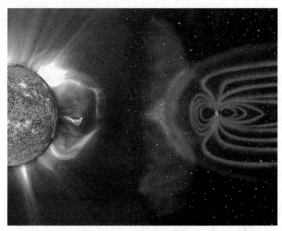

图 3-1　太阳活动对地球和日地空间环境的影响

资料来源：http：//www.physics.unlv.edu/～jeffery/astro/sun/surface/
sun_coronal_mass_ejection_medium.jpg

第二节 国际研究的现状、发展趋势和前沿

在太阳物理学尚未解决的难题中，以太阳发电机、太阳纤维化的表面磁对流过程和活动日冕的加热等三大难题最为突出。其中，有关太阳磁场和磁化等离子体的研究是问题的关键。美国科学院空间科学委员会提出的第一个极具挑战性的科学问题是："理解太阳内部的结构和动力学、太阳磁场的产生、太阳周的起源、太阳活动的成因和日冕的结构和动力学。"美国太阳物理学家在一篇综述文章中列出了 10 个太阳物理学中的重要课题：①中微子问题；②太阳内部结构（即日震学）；③太阳磁场（含太阳发电机、太阳周的产生及日冕磁场测量）；④冕环动力学；⑤日冕中的波与振荡（即冕震学）；⑥日冕加热；⑦爆发现象的自组织现象；⑧磁重联过程；⑨高能粒子加速；⑩日冕物质抛射及相应的现象。

一、仪器设备

太阳物理观测的真正发展始于 19 世纪初。1802 年发现太阳的吸收光谱；1908 年测定黑子磁场；1919 年发现太阳的 22 年磁周期；1930 年首次建成日冕仪；1942 年发现太阳米波射电辐射、证认日冕高电离原子的禁线、确认日冕为高温等离子体；1968 开展太阳中微子探测并发现中微子短缺，这一问题直到 2001 年才被 Davis 和小柴昌俊解决，两人获得了 2002 年度诺贝尔物理学奖。从 20 世纪 60 年代开始，一系列空间观测揭示了太阳与日球空间的新面貌，如 1962~1975 年美国的 OSO1-8 系列卫星、1973~1974 年运行的 Skylab 卫星、1980 年的 SMM 卫星、1991 年美国的 γ 射线暴探测卫星 CGRO/BATSE 等。1960 年发现太阳 5 分钟振荡并导致十余年后日震学的确立与发展、1962 年确认太阳风、1971 年发现日冕物质抛射（CME）等。

20 世纪 90 年代以来，太阳与日球物理的探测进入了一个全面发展时期。这一时期空间卫星探测占据主导地位，Yohkoh、Ulysses、SOHO、RHESSI、TRACE、Hinode、STEREO、SDO 等太阳探测卫星无论是在探测技术还是在探测范围上都得到了空前的提高，开始了多波段、全时域、高分辨率和高精度探测的时代，同时结合一系列地面设备的联合观测，取得了一系列科学发现。

在探测技术方面，进一步提高探测仪器的空间－时间－光谱分辨率，并实现全波段的探测和高精度偏振测量是未来的发展方向，近几年发射的 Hinode

卫星和 SDO 卫星在分辨率方面已经有了很大的提高,计划中的其他项目,如 Solar Orbiter、Solar Probe、IRIS 以及几个地面设备如美国国立射电天文台 4 米太阳望远镜(ATST)、欧洲 4 米太阳望远镜(EST)、印度 2 米太阳望远镜(NLST)、美国大熊湖 1.6 米太阳望远镜(NST)、美国变频太阳射电望远镜(FASR)和我国射电频谱日象仪(CSRH)等都将在这几个方面有突破。

二、日震学和太阳发电机

(一)日震学

20 世纪 60 年代太阳 5 分钟振荡被发现,70 年代得到初步物理解释,形成新学科日震学。日震学自八九十年代以来得到了迅速的发展,从而成为研究太阳内部结构和动力学的重要工具。太阳精确的元素丰度、内部较差自转、内部子午流和差旋层(tachocline)的性质和结构等一系列重要的物理问题都由日震学给出了很好的答案。随着日震学观测的逐年积累,现在对于太阳内部性质的周期性变化的研究也日益显得突出和重要,尤其在太阳第 24 活动周低年活动极弱、起始时间推迟的情况下,这样的周期性研究也显得更具必要性和重要性。值得指出,局部日震学为研究太阳活动的成因提供了太阳光球下新的物理诊断。中微子流量及其变化,从另一方面提供太阳内部结构和物理过程的信息,近年相关研究相当活跃。

1. 日震学观测

日震学需要较长时间的连续观测,并且需要有规律的高时间分辨率观测,观测数据可以是光强也可以是多普勒速度场,但通常认为多普勒速度场更适合做日震学分析。

目前,美国的 GONG 是具有影响力的联测网,它是由全球 6 处太阳观测站利用同样设备对太阳进行 24 小时的联测。GONG 的成功观测给出了第一批太阳内部构造和内部较差自转的精确结果。SOHO 卫星上所搭载的 MDI 由于其可连续观测和不受视宁度影响等特性使其得到 GONG 所不可超越的优质观测数据,从而将日震学的研究推向了更高的层次。MDI 首次发现了大型耀斑所产生的日震波,得到了太阳内部子午流的速度和黑子内部结构与流场图等重要结果。SOHO 上面另一架仪器 GOLF 则专门从事太阳更深处直至日核处的结构和动力学研究,并且用于寻找 g 模。日本的 Hinode 上搭载的光学望远镜也可用于日震学的研究,由于其具有非常高的空间分辨率,可以用于太阳内部较浅区域的速度场研究，并且可以用于极区的观测研究。

2. 全球日震学

全球日震学就是利用拟合几乎所有能拟合的太阳振动模式，然后利用反演的方法来推出太阳内部结构，包括元素丰度、声速、压强、密度等物理量，以及太阳内部的较差自转。目前普遍认为内部结构问题已经得到了较好的解决。内部较差自转则跟太阳内部磁场的产生，即太阳发电机理论，直接相关，也正是日震学的结果使得人们普遍认为太阳发电机工作于对流层底部的差旋层区域。因而这方面的研究，尤其是其随太阳周期的演化，仍然有很高的科学意义。刚刚投入工作的 SDO/HMI 将进一步提高日震学观测的精度，是否能探测到 g 模，并对 p 模取得新的结果，科学界正翘首以待。

3. 局部日震学

局部日震学利用太阳局部的震动信息获得太阳内部较浅区域的结构和流场。目前较为广泛地应用于反推太阳活动区内部流场以及太阳内部的子午流速度。太阳活动区内部流场对于研究黑子的产生演化以及内部磁能的聚集等问题的重要意义是不言而喻的，而子午流的速度和方向问题对于准确地模拟太阳发电机是不可或缺的。

局部日震学还被成功用来绘制太阳背面的活动区图景。由于太阳是转动的，如果能事先发现背部的较大活动区并预测到其将转向面对地球的一侧，对于空间天气的预报是非常有用处的。

4. 日震学数值模拟

由于日震学研究是利用对太阳表面非常有限的观测来推断其内部数百兆米深处的诸多性质，而且通常反演过程中答案并不唯一，这就使得数值模拟对于检验日震学的研究方法是非常有用的。当然，这样的模拟也是很有难度的，目前只有非常有限的研究组获得的模拟结果可以与实测的太阳振荡相比拟。另外，由于活动区的日震学研究具有重要意义，因此正确理解日震波与太阳磁场的相互作用变得极为重要。数值模拟对此类研究也颇有用处和意义。

5. 日震学前景和展望

目前，美国新一代太阳观测卫星 SDO 已经于 2010 年 2 月 11 日发射成功，上面搭载的 HMI 将使得未来的太阳活动区研究和日震学研究发生革命性的变化。HMI以高精度、高时间、高空间分辨率对太阳进行全日面向量磁场、多普勒速度场和亮度场进行观测，所取得的新数据必将产生更多、更新的结果，并可能促成新的研究方法的产生。AIA已取得了前所未有的太阳多层大气结构和演化。另外，计划中的日本Solar-C卫星和欧洲空间局的Solar Orbiter卫星将对太阳高纬地区进行日震学的观测，值得期待。

在可见的未来，从科学目标上来看，研究太阳内部更深层次的子午流速度和研究活动区内部的动力学以及日震波与磁场的相互作用，仍然是日震学研究的热点问题。但是否会有崭新的结果，或者有更新的研究方法涌现，则在未知之列。

（二）太阳发电机

太阳是有磁场的恒星，它的磁场具有11年的活动周期和22年的磁周期。太阳磁场在光球层表现为太阳黑子、活动区和小尺度的网络及网络内磁元。太阳的一些爆发现象，如耀斑和日冕物质抛射，还有冕洞和太阳风等都是由太阳磁场驱动的，与磁场和等离子体的相互作用有着密切的关系。因此，研究太阳磁场的起源具有非常重要的意义。通常认为，太阳磁场是由太阳发电机过程产生，这种理论到目前为止经过了大约半个世纪的发展，在很多方面已经达到了共识，但在一些方面仍然需要做很多的工作。

1. 大尺度太阳发电机

通常所说的太阳发电机是指大尺度发电机，也就是用于解释太阳磁场周期性变化的平均场磁流体发电机理论。这种周期性变化包括蝴蝶图、Hale极性定律和Spoerer定律等。自20世纪50年代开始，人们普遍认为太阳磁场是由于太阳内部径向的较差自转引起的（Ω效应，即极向场转换为环向场的过程）。随着日震学的发展，人们发现对流层径向较差自转的梯度并不是很大，而在对流层底部的差旋层存在很大的自转剪切，于是开始认为太阳磁场主要产生于该位置，然后浮现至太阳表面。人们把发电机过程中环向场转换为极向场的环节称为α效应，其产生位置和产生机制目前存在争议。根据Ω和α效应产生位置和机制的不同可以把大尺度发电机模型主要分成以下几类：湍流发电机模型、磁通量输运型发电机模型、太阳浅表发电机。

2. 小尺度太阳发电机

发电机理论认为，只要有湍流和磁种（magnetic seed），就应该有磁场生成。在太阳光球层下方数千千米的范围内，强烈的对流再加上由活动区扩散而来的磁流，就应该不可避免地产生新的磁场。有部分学者认为，遍布于太阳表面的网络结构及网络结构内部更小尺度更小强度的磁元，很可能就是这种小尺度太阳发电机的产物。另外有观点认为，小尺度发电机与大尺度发电机并没有本质的区别。实际上，发电机连续地存在于各个不同的尺度，其工作位置也是存在于自对流层底部至光球层的全部空间。这种观点还需要时间和更多数值模拟的检验。

3. 三维非轴对称发电机理论

观测表明，很多太阳磁活动现象都存在"活动经度"的特征，但是以上发电机模型往往都是轴对称模型，不能给出具有经度结构的磁场产生机制。目前，该类模型主要是基于非物理的、简单的较差旋转轮廓来探求激发非轴对称磁场的条件，研究磁场纯粹为轴对称或非轴对称时的特征。还有些研究解释某一方面的观测特征或是纯粹的发电机理论的探讨。这些非轴对称模型显然不能给观测物理学家们以满意的答案。总之，目前这类模型的研究还处于很不成熟的阶段。

4. 太阳周期的预测

在太阳第 23 活动周结束后，预测第 24 周活动的起始时间及黑子数目的研究成为了一个热点。以往关于活动周的预测都是基于历史记录的经验关系，由于发电机模型的发展使得人们一直所期待的，基于发电机理论的活动周强度的预测成为可能。我国和印度科学家合作建立了太阳物理界第二个这样的模型，虽然该模型与第一个理论预报模型都采用通量输运型发电机模型，但由于对磁扩散和子午流作用理解的不同，使得其结果与第一个理论预报模型恰好相反。目前第 23 周和 24 周之间出现的活动极弱是自 20 世纪初以来最弱的，无黑子日也是进入太空时代以来最长的，这在一定程度上反映了这一理论预报模型结果的正确性。

5. 太阳活动周研究

对太阳活动周的观测研究是理解太阳作为一颗恒星的总体行为，理解恒星对行星系统影响的基础。①这方面的研究大多以太阳黑子记录为基础；②近年太阳磁场和磁通量观测数据开始大量使用，对理解太阳磁活动周更为直接和本质；③高纬度和极区磁活动的周期性描述和研究引起更多重视，从而把太阳周从单纯的由黑子行为描述扩展到综合性描述；④从更久远的表征太阳活动的物理量，如树木年轮、海底和地层年代堆积、同位素积累和地磁记录等，探知在百万年或以上时标的太阳长期变化，成为重要的研究方面；⑤选择不同恒星参数的恒星记录，理解年轻太阳和太阳未来的演化趋势，是太阳物理和恒星物理的新的生长点。

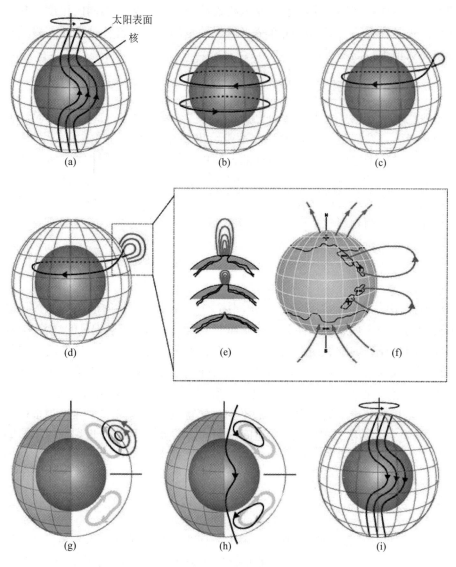

图 3-2　太阳发电机模型

资料来源：http：//www.nasa.gov/centers/goddard/images/content/144176main_

cycle_diagram_lgweb.jpg

6. 未来与展望

尽管仍然存在着一些细节的问题需要进一步解决。应该说，太阳轴对称平均场发电机理论已经较为成熟，能够较好地模拟大尺度太阳和恒星磁场观测结果，但是广为所知的"活动经度"等都还没有令人信服的解释。因此，非轴对称太阳发电机可能会成为未来太阳发电机研究的主要方向。当然，更为精确的日震和星震学结果，如太阳高纬区的精确较差自转结构以及太阳较深处的子午流速度等物理量，都将会帮助发电机理论取得进步。对于天体物理其他领域的发电机理论研究，诸如行星磁场、星系磁场、中子星磁场等如何产生的问题，太阳发电机理论都会提供很大的参考价值。

三、太阳大气的磁场、结构和动力学

（一）光球

对太阳矢量磁场的观测和研究是了解太阳活动机制的基础。随着观测技术的提高，一个重要发展领域是小尺度磁场的研究。太阳小尺度磁场是 20 世纪 60 年代以后由美国科学家发现的。太阳网络内磁场是 1975 年由两组美国科学家发现的。当时的磁象仪的分辨率不足以辨别网络内磁元，除了观测到高度的极性混合外，对它们的性质几乎一无所知。80 年代中期，磁象仪系统的性能得到改进，观测显示网络内磁场可能比已知的网络磁场和活动区磁场贡献了更多的磁通量。这使我们感到对这一"弱场"分量的研究可能对理解太阳大气加热等基本过程有决定性意义。目前，在许多已建成和规划中的太阳仪器中，如美国的 4 米太阳望远镜计划（AST）和空间太阳动力学天文台（SDO）、日本的日出卫星（Hinode）、中国的空间太阳望远镜（SST）等，都把探测和诊断弱磁场的性质作为一个基本的目标。

小尺度磁场主要存在于宁静区和冕洞，而高速太阳风正好起源于太阳冕洞。早在 20 世纪 70 年代，Skylab 就认证了太阳风高速流与低纬度冕洞之间的对应关系，20 年后，Ulysses 进一步确认了与太阳极区和低纬度这两类冕洞相对应的高速流。最近的研究表明，初始太阳风在日冕漏斗（funnels）中大约从 5000 千米高度开始被加速。低于 5000 千米高度的区域，则被大量小尺度闭合磁环所占据。太阳冕洞代表太阳日冕中等离子体温度和密度相对较低的单一极性磁场占主导的区域，其磁场是连接到行星际空间的开放磁场。由于这一开放磁场特性，冕洞与太阳风加速和日冕爆发事件有紧密联系。因此，对冕洞内的磁场特征及其演化的研究可对太阳风的加速及其能量来源提供强有力的诊断工具，并对构造太阳风理论模型提供必要的物理基础。但是这方面的研究工作极少，目前对冕洞内瞬现区的空间尺度、整体分布及磁对消率等基本的物理参数还缺乏了解。故有必要对冕洞内的磁场特性作广泛的深入研究。

黑子是太阳最基本的活动现象。黑子由本影和半影组成，本影的结构相当复杂，具有明显的精细结构，其中最典型的是本影亮点，亮点可以形成分割本影的亮桥。同本影一样，半影也有复杂的精细结构，最突出的是存在各种纤维结构。虽然对黑子的研究已有很长一段历史，但对黑子内部结构的了解还很少，人们还不能对黑子现象做出满意的理论解释。目前对黑子精细结构和动力学演化的研究还比较薄弱，有很多未解决的问题，如本影亮点和本影波的产生机制是什么？它们对黑子的演化是否有影响？半影纤维结构在耀斑等剧烈活动中是否被重构？等等。开展黑子精细结构的研究，对理解太阳活动的起源至关重要。

综上所述，开展宁静区和冕洞磁场特性及磁场相互作用的研究，将揭示小尺度磁场的性质，对理解太阳活动和太阳风的起源至关重要。当前，由于空间卫星和地面望远镜的观测能力的提高及多波段观测资料的丰富，使得对小尺度磁场和黑子精细结构的研究成为可能。

图 3-3　太阳黑子的高分辨率图像

资料来源：http://www.universetoday.com/wp-content/uploads/2005-1006sun.jpg

1. 宁静区小尺度磁场（网络内磁场和网络磁场）研究

Hinode 卫星上的斯托克斯光谱观测（SP）揭示了光球上的矢量磁场特征。通过高精度观测，统计研究太阳米粒的矢量磁场、磁场和热力学性质之间的关系、多普勒速度以及连续谱强度的分布规律、网络水平磁元和垂直磁元的对应关系、网络水平磁元的寿命和空间尺度、小尺度磁场的拓扑结构、水平磁元的磁通量对太阳光球表面磁通量的贡献，这些都具有重要的学科意义。

进一步的研究包括极区和宁静区的磁场特性、磁场相互作用和动力学活动现象。对于极区磁场，具体研究内容是极区磁场的磁通量分布、磁通量密度与太阳风速度和温度之间的对应关系、极区磁场随太阳周的变化规律、极区磁场的内禀场强和填充因子等。对于宁静区，集中研究宁静区内的磁对流过程、新浮现区、相关的磁重联特征及小尺度色球爆发事件。

2. 冕洞小尺度磁场研究

对于极区冕洞，具体研究内容是极区冕洞的光球磁通量分布、高速太阳风速度和温度演化及其与冕洞磁通量密度和冕洞面积之间对应关系、高速太阳风随太阳周的变化规律。对于低纬度冕洞，集中研究冕洞内的新浮现区、相关的磁重联特征及小尺度色球爆发事件。通过对较大样本冕洞磁场的分析研究，给出冕洞内新浮磁流的空间尺度、开放磁场相对小尺度封闭磁场的位置分布、磁重联过程的时间尺度等基本的物理参数。

对于低纬度冕洞边界区域，集中研究光球磁场变化与冕洞边界变化之间的关系，以及在冕洞边界上开放场与周围同极性或反极性磁场之间的相互作用。

通过对太阳风高速流源区——冕洞底部进行磁场和动力学演化的观测研究，探索冕洞内磁场精细结构、动力学活动规律，发现它们彼此之间以及它们与初始太阳风形成过程的有机联系，为太阳风加速研究提供观测依据和理论线索。

3. 黑子精细结构和动力学演化

这方面的研究包括本影精细结构、半影纤维动力学演化、半影纤维与运动磁结构之间的联系、半影纤维结构对爆发事件（如耀斑）的响应等重要课题。

通过对本影亮点、亮桥等精细结构研究，实现对本影能量转化过程的新认识。对半影纤维结构研究，建立小尺度活动（如半影喷流）与半影纤维动力学演化之间的物理模型。基本理解半影外边界区域磁场与流场相互作用机制，揭示半影纤维与运动磁结构之间的物理联系。

（二）色球

色球位于光球之上，厚度约 2000 千米。在色球的上面就是很薄的过渡区。色球和过渡区是等离子体参数迅速变化的区域。色球的结构有明显的不均匀和振荡特性。

1. 色球加热

色球温度比光球表面高出许多。色球加热一直是困扰太阳物理学家的难题。人们将色球加热过程细分为纯流体动力学加热机制和磁场加热机制。而这两种机制都可以进一步细分成快、慢两种过程。磁场加热机制中的快速加热或波加热叫做交流（AC）加热机制，慢加热机制称为直流（DC）加热机制。

现在已经提出了多种色球加热机制，包括动力学加热机制（声波、脉冲波）和磁场相关加热机制（快、慢模 MHD 波、纵向 MHD 磁流管波、阿尔芬波、表面磁声波、等离子体波以及电流片），但目前很难确定究竟是哪些加热机制起主要作用。一般认为，声波是加热无磁场色球区域（宁静区）的基本机制，而纵向磁流管波则加热有磁场（活动区）色球区域。

声波加热模型对基本发射线的成功再现，阐明色球中的基本加热过程是声波加热，它不依赖于太阳的旋转。太阳表面的磁场在光球层和亚光球层以磁流管的形式出现。磁流管外湍动对流层中变化不停的气体流激发纵向、横向和扭转的 MHD 波。通过激波的形成，中低色球中的纵向 MHD 波加热磁流管。磁流管越多，产生的 MHD 波能量就越多。C IV 线观测揭示，除波加热外，源于磁重联事件产生的微耀斑的直流加热也有作用。这些重联事件是慢速水平对流运动的结果。该运动导致磁流管的缠绕和交织。因此，对流层不仅是交流加热也是直流加热的源泉。

2. 色球振荡

色球振荡是指色球中所有周期和准周期性现象。关于色球振荡的信息主要由形成于色球中的谱线的多普勒位移给出。研究色球振荡最有利的谱线是元素的共振线，如 Ca II 的 H、K 线。Ca II 线观测给出色球的网络结构，网络间和网络内的振荡特征具有很大差异。关于色球振荡的激发机制仍是重要的课题。

SOHO、TRACE、Hinode 等卫星的发射，将色球观测延伸到紫外波段，因此也有了更多对色球振荡进行观测的谱线和方法。除了 3 分钟振荡外，SUMER 观测显示更短周期的振荡行为。在形成于高色球和低过渡区的谱线中观测到了周期约 150 秒的波。

色球网络内的振荡特征与网络间明显不同。在 Ca II 线的观测中没有发现明显的 3 分钟振荡，但存在大约 5 分钟周期的较慢的变化。SUMER 观测给出同样较慢的 5 分钟振荡图像。还不清楚这种慢变化是否是波或者米粒运动引起的网络磁流管的表征。SUMER 在网络结构中也观测到了 3 分钟周期振荡，但比网络间要稀少得多。

3. 色球磁场测量

色球磁场特别是矢量场的测量比较困难。其中一个主要的原因是色球谱线形成于非常复杂的非局部热动平衡大气环境。如何利用它们准确可信地测量较弱的色球矢量磁场是一个很大的挑战。近 10 年来，随着原子物理和观测手段及仪器的同步发展，色球磁场的测量有了极大的进步。特别是塞曼效应与汉勒效应的综合应用、He I 10830、Ca II 8542、Na I D 以及 Mg I b 谱线的偏振光谱分析等，为色球矢量磁场探测提供了可能性，其中近红外 He I 10830 的偏振光谱研究被认为是最佳的也是唯一的测量高色球（或低日冕）磁场的途径。目前，无论是新一代地面望远镜（ATST、GREGOR）还是空间望远镜（Hinode），都开启了探测多层大气矢量磁场的工作。

4. 微耀斑

目前，对于微耀斑的关注不亚于大耀斑。微耀斑被认为也是太阳日冕层中磁场重联的结果，但是观测上微耀斑不但比大耀斑能量低，而且尺度小、寿命短以及可能没有微波或者硬 X 射线辐射。因此，也有可能大耀斑就是由许多微耀斑或者纳耀斑组成的。在大耀斑的观测中也确实发现许多小尺度短寿命爆发现象，而且这些现象表现出一定的周期性。因此，对微耀斑的研究也是认识耀斑中物理的基本过程。随着国内外观测设备以及望远镜的空间分辨率和时间分辨率的提高，小尺度和短寿命的爆发事件成为观测目标，微耀斑已经是太阳物理的重要研究方向之一。与此相关，色球微暗条爆发的研究和微日冕物质抛射的研究已引起新的关注。

5. 过渡区爆发事件

如果说微耀斑是在活动区中的小尺度和短寿命爆发事件，那么过渡区爆发事件就是在典型的宁静区的小尺度和短寿命爆发事件。过渡区爆发事件对温度依赖性很强，通常在色球经过渡区到日冕层的谱线上观测到，但在过渡区的谱线上最明显、最突出。

观测上，过渡区爆发事件主要表现为谱线线翼增亮，而线心则不一定增亮。因此，过渡区爆发事件就是以线翼的增亮为判断标准。相反，过渡区闪烁事件的特征是线翼基本不变，而线心则是增亮。过渡区爆发事件已经被认为是由过渡区磁场重联产生的。首先，大多数过渡区爆发事件处在光球磁场对消区；其次，过渡区爆发事件在空间的分布完全符合二维磁场重联的理论模型。对过渡区爆发事件的研究可以帮助我们进一步理解磁场重联模型以及日冕的加热过程和机制。

发展趋势：色球加热的难题在未来相当长的一段时间内都将是太阳物理的一个重要研究课题。太阳观测设备将进一步向高时间、高空间分辨率方向发展，以揭示更小尺度和更加快速的变化，包括色球振荡、微耀斑和过渡区爆发现象等都将受益于高分辨率的观测。除了 3 分钟色球振荡外，其他频率的振荡的特性及其与 3 分钟振荡和光球 5 分钟振荡的关系将得到更多的关注。色球磁场的测量将向矢量场测量方向发展，结合其他层次（光球及日冕）的矢量磁场观测，不仅为磁场外推模型提供强有力的约束，而且为探索日冕加热机制等难题提供观测依据。

（三）日冕

日冕是太阳大气的最外层，也是耀斑及日冕物质抛射等各种大尺度爆发现象发生的区域，太阳大气在这里被加热到上百万度。随着日冕探测卫星的不断发射以及空间天气学的兴起，日冕大气的结构及其动力学行为成为太阳物理学中非常活跃的分支。

1. 日冕加热

日冕加热是一个传统的热点课题，近几年取得了一些新的发现。Hinode/SOT 空间望远镜以及一些地面望远镜的高分辨率观测发现了 II 类针状体，与以往的 I 类针状体相比，它们具有更快的动力学演化，宽度很细，寿命较短，在很短时间内加热到过渡区温度。它们可能源于低层大气的磁重联，以较高的速度向日冕输送物质和能量。另外，近期的 SDO/AIA 卫星揭示了太阳大气中众多的龙卷风状的磁结构，源于对流区的漩涡运动，可能提供了从低层到高层的能量传输通道。

2. 日冕磁场的测量

与光球及色球的磁场测量不同，日冕的极低表面亮度、来自光球的辐射干扰、日冕辐射的光学薄特性、日冕的高温以及日冕磁场的微弱等联合效应，导致常规状态下测量日冕磁场信号极端困难。为此，通常太阳物理学家都依赖于磁场外推的方法对日冕磁场进行理论推算。另一方面，研究人员开始尝试基于射电辐射和日冕波动的观测来反演日冕磁场。尽管如此，太阳物理学家仍然希望能够对日冕磁场进行直接测量。但由于上述难以突破的因素，在过去 50 年中，这方面进展甚微。

自从 20 世纪 60 年代发现了日冕禁线在日冕磁场测量中的潜在应用前景以来，人们对日冕禁线的观测寄予厚望，期待利用这些谱线的塞曼效应和汉勒效应来获取类似光球磁场的日冕二维磁图。利用这些谱线测量日冕发射线的线偏振相对容易，但很少有能够同时成功探测到圆偏振信号的例子。到七八十年代，日冕禁线相关的量子理论基本发展成熟，为日冕磁场的测量和反演工作奠定了必要的理论基础。步入 90 年代，利用红外波段禁线探测微弱的日冕磁场的前景逐渐变得明朗。2000 年，以美国国立太阳天文台和高山天文台为核心的小组首次成功地测得在日冕 0.12 和 0.15 太阳半径高度处的两个点源的圆偏振斯托克斯分量，得到强度 10 G 量级的结论。4 年后，夏威夷团组在海拔 3000 米高处建成了一架 46 厘米口径的日冕仪（SOLARC），成功地观测到了二维斯托克斯圆偏振分量图。需要指出的是，我们目前可以直接利用的是从塞曼分裂原理得到的日冕视向磁场分量和从汉勒效应得到的横向磁场方向等信息。

日冕磁场测量的过程已经沿着点→线→面→全冕的趋势迅速发展，尤其是以美国三个团组的发展最为典型。他们的下一代超大型设备 ATST 将于近年安装完毕，有望在日冕磁场红外测量上取得更为显著的成就。另一方面，在利用汉勒效应进行日冕磁场三维磁结构直接反演方面我们还存在理论上困难，这也是下一步急需解决的问题。

3. 暗条和日珥的观测与理论

暗条是高温稀薄日冕大气中的冷而密、长而薄的结构，位于光球磁场极性反转线上方。在太阳边缘之上，暗条表现为亮的结构，称为日珥。

暗条一般形成于暗条通道中，并与磁场极性反转线附近的磁流汇聚运动和磁对消密切相关。早期利用谱线的塞曼效应和汉勒效应已分别对日珥的纵向磁场和矢量磁场进行了直接测量。最近的进展是利用 He I 10830 的汉勒效应对日面宁静暗条磁场进行测量。但这种观测尚处于发展阶段。一些观测也发现，暗条的形成和维持不仅取决于其磁场结构，与光球表面的速度场也有密切关系。

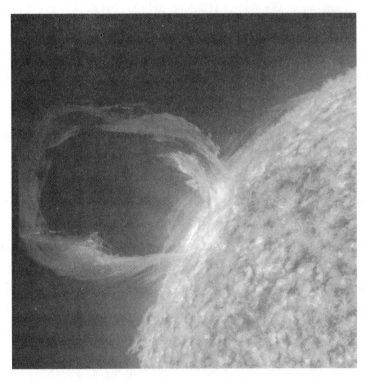

图 3-4   SDO 卫星观测到的日珥（暗条）爆发
资料来源：http：//sdo. gsfc. nasa. gov/gallery/firstlight/

由于与 CME 爆发活动有密切的关系，暗条的不稳定性和爆发的研究一直是太阳物理的一个热点，近年来有不少基于观测的理论被提出。目前的研究热点包括：①暗条扭曲不稳定性；②失败的暗条爆发；③部分暗条的爆发；④爆发过程中暗条轴的转动；⑤暗条的非对称爆发；⑥跨赤道暗条爆发；⑦暗条爆发前的振荡；⑧暗条爆发后耀斑增亮沿其轴向的传播。

该领域的发展趋势包含如下两个方面。一方面是暗条精细结构的研究，包括利用高分辨率观测研究暗条内部的结构和物质运动，Hinode 的观测将发挥重要作用。另一方面是大尺度暗条爆发的研究，包括研究详细的暗条爆发过程、相关的爆发事件及其空间效应，Hinode、STEREO 和 SDO 的观测将极大促进这方面的研究。

4. 冕洞与太阳风高速流

太阳冕洞代表日冕中等离子体温度和密度相对较低且以单极为主的磁场区域，其磁场是连接到行星际空间的开放磁场，是太阳风的源头。

近年来，国内外同行利用 TRACE、SOHO/LASCO 和 MLSO/MK4 等的成像观测，特别是 SOHO/ CDS、SUMER、UVCS 的光谱观测，对冕洞的等离子体性质和动力学进行广泛的研究。冕洞下面的光球层总是以单极磁场为主，但由于瞬现区的浮现，也存在有异极性磁场。由于观测方面的限制，冕洞内磁场特性的研究较少。冕洞区一般没有明显的内部活动。但有的观测发现，较强的单极磁场区域有微波射电的增强，甚至会发生暗条爆发。近年来，关于冕洞内的冕羽、喷流、巨针状体等方面有详细的研究，它们可能与新浮现闭合磁场与冕洞开场之间的磁重联有关。

该领域的发展趋势是：利用 Hinode、STEREO、SDO 卫星的多波段观测，对冕洞内外的物理性质进行对比研究，包括外流速度、振荡和波、磁场特性等，并与高速太阳风的研究相结合；研究冕洞内的磁结构和小尺度爆发现象，理解它们之间的物理联系。

5. 日冕波动现象

日冕中存在大量的波动现象。如同地震学的研究方法一样，日冕中的波动现象也是诊断日冕大气结构参数的一种非常有力的手段，并由此逐步发展成了冕震学这一重要研究方向。但比地震学复杂的是，日冕磁化等离子体中存在多种波模，因此，一个很重要的步骤就是对其波模进行识别。

20 世纪 60 年代，人们发现耀斑爆发导致莫尔顿波。但是，这个在色球层观测到的波动现象却不能由色球磁声波解释，因此困惑了太阳物理界数年。至 60 年代末才被成功地解释为耀斑爆发产生的磁声波在日冕中传播，其足点扫过色球层，产生在 Hα 线翼观测到的波动。1997 年，SOHO 卫星搭载的紫外成像望远镜（EIT）发现，在日冕物质抛射及耀斑爆发后在日冕出现大尺度波动现象，通常称为日冕 EIT 波。目前，国际上较大部分同行认为它就是色球莫尔顿波对应的日冕磁声波，相当一部分同行认为该波动是由耀斑的压力脉冲产生的。然而，EIT 波的很多观测特征无法用这一理论来解释。为此，国内外同行提出一些新的机制来解释 EIT 波，如磁环拉伸模型及磁重联模型等。近期基于 SDO/AIA 的高分辨率空间观测展示了波和非波两个成分同时存在：即由磁环拉伸导致的足点扰动（非波）以及前面的快波，朝着解决 EIT 波机制的争论前进了一大步。未来几年中，有望在以下课题获得突破性的进展：①射电Ⅱ型暴（尤其是米波Ⅱ型暴）是由耀斑产生的还是日冕物质抛射驱动的？②莫尔顿波是由耀斑产生的还是日冕物质抛射驱动的？③日冕 EIT 波是快磁声波还是表观传播？④日冕 EIT 波和日冕物质抛射、耀斑及Ⅱ型射电暴的关系。

6. 冕环动力学

活动区冕环的横向振动是 TRACE 卫星的重大发现之一。这种振动很可能是由耀斑产生的爆炸冲击波或是快激波激发的，证据是所有振动环的初始移动方向都是远离耀斑源的，以及几乎所有振动事件都与 CME 关联。冕环振动的激发似乎具有选择性，即一组环中常常只有一小部分发生振动，其原因尚不清楚。TRACE 环横向振动的周期约为 2～10 分钟，已被解释为快模扭曲振动。然而它的快速衰减机制却颇有争议。目前学界比较接受的理论有与非均匀内部结构相关的共振吸收机制和与环弯曲相关的侧向波泄漏机制，也有人认为可能是由窄带观测的温度选择效应造成的。

与小（微）耀斑相关的热冕环纵向振动是 SOHO/SUMER 成像光谱仪的意外重大发现。周期为 10～30 分钟左右的多普勒速度振动在温度高达 6 MK 的 Fe XIX 耀斑谱线中观测到。结合 Yohkoh/SXT 的图像观测，以及强度和速度振动之间的相位关系，这些热环振动被解释为慢磁声模驻波振动。热环振动的衰减非常快，通常为 2～3 个周期。这与慢波耗散在高温下非常有效符合得很好。观测上尚不清楚热环振动是如何激发的（例如，是对称还是非对称激发）以及是否具有温度依赖性。随着太阳活动周期的来临，具有针对性的 Hinode/EIS 观测将有望带来突破。

四、太阳耀斑和日冕物质抛射

（一）太阳耀斑

太阳耀斑是太阳表面最剧烈的活动现象之一。20 世纪六七十年代，太阳物理学家主要对耀斑进行光学波段的成像和光谱观测，当时对耀斑的认识基本局限于色球部分的响应情况。20 世纪 70 年代 Skylab 的发射，开创了耀斑空间探测的新纪元。人们对耀斑的认识有了本质的提高，从简单的"云模型"拓展到"环状结构"。80年代SMM卫星的发射，开始了耀斑高能辐射研究的活跃阶段，人们充分认识到高能电子（质子）在耀斑中的重要性。随着对耀斑的观测从早期的单一波段发展成全波段，对耀斑物理机制的认识也在逐步发展。现在比较公认的物理图像是：耀斑产生于磁重联；耀斑中被加速的高能电子向下轰击低层大气，产生硬X射线；向上的电子可以产生射电爆发；耀斑是太阳高能粒子事件的可能来源。关于耀斑过程的一个比较流行的模型是所谓的CSHKP模型，或称为标准耀斑模型。

1991年发射的Yohkoh卫星和2002年发射的RHESSI卫星是两颗非常成功的太阳观测卫星，对耀斑的研究（特别是高能辐射方面）起到了极大的推动作用。与此同时，SOHO及TRACE等卫星也在不同波段上（主要是EUV）获得了耀斑的一些新的观测结果。2006年发射的Hinode卫星则展示了耀斑区域的一些精细结构。随着太阳活动又一个峰年的来临，对耀斑的研究也将步入一个新高峰。

1. 耀斑高能辐射和磁重联的观测证据

Yohkoh卫星对耀斑研究的最重要贡献在于，它揭示了磁场重联的一些观测证据，包括：耀斑软X射线环的高度和两足点的距离随时间增大，环顶区域具有尖角的结构；耀斑硬X射线辐射具有双源结构。特别是，在脉冲相时，除了双足源以外，软X射线环顶也会出现一个硬X射线源。这些结果被认为是磁重联的间接证据。

RHESSI卫星具有更高的时间、空间和谱分辨率，获得了一些新的观测发现，包括：硬X射线辐射除了环顶源以外，还存在一个位置更高的日冕源，并且两个源之间的温度最高，这意味着两个源中间是电流片的位置；随着耀斑的发展，环顶源的位置逐渐上升，而两个足点源则有分离运动，显示出一个倒Y型重联结构；耀斑爆发初期，环顶源有短暂的下降运动，之后才开始上升，这一现象后来被不同的观测者所证认，称为耀斑环的收缩。

2. 与耀斑相关的磁场变化

耀斑起源于磁场重联已成为共识。但是，有关耀斑爆发前后、爆发过程中的磁场如何变化却是一个有争议的课题。与耀斑相关的磁场变化可以归纳为三类：①耀斑前磁场的演化；②耀斑爆发时磁场的（永久）变化；③耀斑爆发时磁场的瞬时变化。耀斑前磁场的演化是一个传统的课题，包括磁场的非势性、磁场剪切、磁场梯度、磁场分形、磁流浮现、汇聚和剪切运动、螺度注入等，这些因素均已发现同耀斑的爆发有密切的联系。耀斑爆发时磁场的快速变化是最近几年发现的。观测表明，一些大耀斑发生时，磁场强度、磁通量、沿中性线的磁场梯度等会出现快速变化。一些事例中黑子半影会出现衰减，而本影变暗。最新的 SDO/HMI 空间矢量磁场的观测清楚地展示了耀斑爆发导致的中性线附近横场的增加。这些变化都是永久的，不随耀斑结束而恢复，因此很可能是磁重联的结果。耀斑爆发时磁场的瞬时变化则是一个很有趣的现象。部分耀斑区域甚至会出现磁极性的反转。但是，耀斑结束后，磁场恢复到耀斑前的状态。观测表明，这种磁场的瞬变现象与硬 X 射线源相关，因此可能是高能电子轰击以后产生的辐射转移效应。

3. 耀斑大气的加热和动力学

耀斑大气的动力学模型发展最快的时期是 20 世纪 80 年代。20 多年来已发表了几十个模型，根据能量传输机制的不同，它们可分为两大类：热模型和非热模型。辐射动力学模型是最近几年才开始发展的。由于将动力学过程和辐射转移过程耦合起来考虑，计算的复杂性较以往的动力学模型大大增加，辐射动力学模型揭示了一些新的现象。但是，从计算出的谱线轮廓来看，同观测相比差距仍较大。

近年来，一个重要课题是白光耀斑的研究。白光耀斑属于较强的耀斑，它的连续谱形成于低层色球和光球层。近几年有两项工作值得介绍。第一是在 1.56 微米波段观测到了强的白光耀斑；第二是在一些较小的耀斑中也探测到了白光辐射增强，使得白光耀斑的比例显著增加。白光耀斑的起源问题仍没有得到完全解决。高能电子或热传导的直接加热对白光辐射区的贡献很少。一个比较可能的方式是通过辐射转移的间接加热。近年来，有人提出了一种新的阿尔芬波传能机制，即耀斑爆发导致强的阿尔芬波，该波传播到低层大气并加速当地的电子。这个观点尚需要进一步的论证。

耀斑发生时另一种有趣的现象是日震波。第一个被发现的日震波发生在 1996 年 7 月 9 日。日震波是非常稀有的事例，仅出现在很强的耀斑中，其产生的条件比白光耀斑更严格。从观测角度看，日震波出现与硬 X 射线基本同步，说明它们的产生与高能电子密切相关。但是，如果是高能电子直接传输至光球层产生压力扰动，那么效率如何是个问题。如果是先在色球上层产生压力脉冲，再传播至光球层，就会导致一个时间差，与观测似乎不符。因此，有关日球日震波的解释仍是一个难题。

发展趋势：未来太阳耀斑的观测将进一步向高时间分辨率和高空间分辨率发展，展示时间和空间尺度上的精细结构，寻找耀斑爆发的微观过程和"元耀斑"的证据。随着空间卫星（Hinode 和 SDO）高精度磁场观测的发展，耀斑和磁场的关系将是一个比较热门的研究课题，包括：耀斑爆发前磁场的演化和爆发时的磁场的快速变化、活动区三维磁场重构和耀斑磁场的拓扑形态、磁重联的观测证据等。在高能方面，RHESSI 还将发挥余热。研究的重点将侧重于硬 X 射线谱的特征和高能电子束的反演、不同硬 X 射线源的产生机制、高能粒子的加速等。另一方面，在 Yohkoh 和 RHESSI 时代，对耀斑的研究主要集中在日冕部分。近来，由于 Hinode 和 SDO 可提供高精度的色球和光球的观测，相当一部分的工作将转移到耀斑的色球和光球物理过程的研究中。比较有意义的课题包括：色球谱线在高时间分辨率下对耀斑加热的响应、色球和光球的辐射动力学过程、低层大气的加热、白光耀斑和日球日震波的起源等。

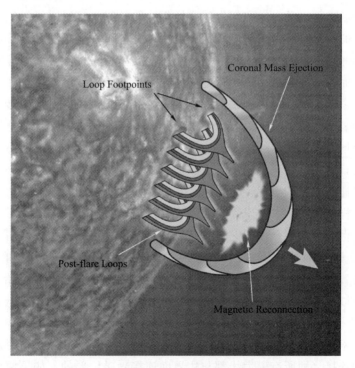

图 3-5　太阳耀斑和日冕物质抛射的模型

资料来源：http：//berkeley. edu/news/media/releases/2003/07/21 _ flares. shtml

（二）日冕物质抛射

日冕物质抛射（CME）是太阳系里最为猛烈的物质抛射和能量转换过程，也是最为剧烈的爆发过程。在此过程中，大量的高温物质和磁场被抛入行星际空间，对其中的物理环境和物理条件产生巨大的影响。尤其是对地的CME事件，等离子体和磁通量可能最终到达地球，并对地球周围的空间环境状况（也称为空间天气）造成强烈扰动。太阳爆发的主要特征在于其突发性：在极短的时间之内释放出巨大的能量。而驱动CME爆发的能量来自于日冕当中的磁场。由于日冕本身可能不会产生驱动太阳活动的能量，这些能量最终来自于光球以及光球以下的对流层。

1. CME模型

观测结果和理论研究都表明，由于光球物质处于不停的运动当中，带动其中的磁场一起运动，导致与光球磁场相连的色球和日冕磁场发生形变，而光球物质的动能转换为磁场能量缓慢但持续地输入日冕磁场。当日冕磁场的形变达到并超过极限之后，其进一步的演化或周围的扰动就可能使原先的平衡被破坏而储存的能量突然快速地释放出来。根据磁场结构，这种演化方式和磁场能量的转换和释放方式构建的CME模型被称为能量储存模型。

观测表明，对于CME或者有关的爆发模型而言，在任何爆发产生的时标内，磁场在光球表面的法向部分保持不变，即磁力线束缚或磁力线惯性束缚。而在日冕中，观测表明，日冕磁场（冕洞区除外）基本上都是以闭合的磁拱或磁通量绳结构出现，磁场是无力场，即日冕中的电流沿着磁力线流动。

当这样的磁结构中产生爆发，闭合的磁结构将向外延伸，有形成开放场的趋势。但是，从闭合场到完全开放场是一个能量增加的过程，而不是像能量储存模型所描述的是一个能量减少的过程。Aly（1991）和Sturrock（1991）指出，对于具有相同边界条件的无力场而言，完全开放场储存的能量最多。所以，能量储存模型似乎不能解释CME。这就是著名的Aly-Sturrock佯谬。

有以下几个方式可以克服这一限制：首先，Aly-Sturrock佯谬是针对无力场简单连接（即所有磁力线都与边界面连接）磁位形的，如果模型中涉及的磁位形不是无力场，或者不是简单连接，情况就可以有所不同；其次，上面提到的从闭合到完全开放的演化指的均是理想磁流体动力学过程。在实际爆发过程中非理想磁流体动力学过程，特别是磁力线重联可能会很重要；再次，理想 MHD 爆发发生时，闭合磁位形可能被拉伸得很厉害，但没有被拉到无穷远而成为开放场；最后，理想 MHD 过程仅将部分闭合磁场打开，而不是完全打开。值得注意的是，最新的数值模拟展示了另一种可能性：在三维情况下，不一定将闭合磁力线打开，而是仅仅向两侧挤压，即可产生爆发。

在研究某一具体模型时，上述几个方面可以同时被考虑，也可以只考虑几个方面。以下是几种类型的能量储存模型。

(1) 非无力场模型。在这类模型中，重力和等离子体压力被用来作为绕开 Aly-Sturrock 佯谬限制的途径。如果无力场被刚性导体墙束缚在一个固定体积的空间内，并受到类似刚性墙的挤压时，它的能量可以无限制地增加。在太阳大气中，非无力场中的等离子体重量可以像刚性墙一样来限制磁场，使得在闭合的磁场中可以储存多于开放场的能量。与重力不同，对于足够大的气体压力梯度，气压本身能将磁场和物质推出去。这类模型主要的困难在于日冕中的气压和重力很难超越磁压的事实。唯一的办法就是假定尽量弱的磁场。

(2) 理想 MHD 模型。这类模型建立在理想 MHD 的基础上。在磁位形的演化过程中，没有耗散发生，磁重联被禁止。因此，这类模型要受到 Aly-Sturrock 佯谬的严格制约，因此假定爆发时只有部分闭合场打开。但是，目前仍然不清楚是否只需借助理想 MHD 平衡的丧失就能从闭合场获得部分开放场。

(3) 理想-非理想混合模型。这类模型将日冕磁场演化过程中的理想 MHD 过程和非理想 MHD 特征有机地结合起来，使得模型中的关键部分能够合理地绕开 Aly-Sturrock 佯谬限制。在这些模型中，无耗散演化如电流片的形成和发展属于理想 MHD 过程，而磁重联则属于非理想 MHD 过程。这类模型大致可以分为剪切磁拱模型、爆破模型以及磁通量绳灾变模型。

前两类模型的核心磁结构是剪切的简单连接无力场磁拱，并且对它们的研究基本上是建立在数值模拟的基础上。而后一类模型则是以包含有磁通量绳的无力场为基本结构，对它们的研究以解析分析为主，但也有数值模拟。

磁通量绳灾变模型的基本磁场结构是一个包含有载流磁通量绳（用来模拟暗条或日珥）的无力场。当作用在通量绳上的磁压力和磁张力相互抵消时，暗条便处于平衡状态。大多数情况下，平衡是稳定的。但当暗条中的电流增加时，暗条的平衡位置也逐渐升高，直至电流超过阈值，平衡由稳定变为不稳定。最后，系统失去平衡而将暗条迅速抛出。这一模型描述了爆发产生时相关磁结构如何从慢时标演化进入快时标演化的主要特征，即灾变。灾变发生后，磁通量绳迅速向外运动。这个过程伴随着一个中性电流片的形成。在实际爆发过程当中，磁场的耗散总是不可避免的，当耗散引起的磁重联以一定的速率进行时，磁张力就不足以阻止磁通量绳的继续运动。

近期有较多的三维磁流体动力学模拟研究了这方面的问题，结果清楚地揭示了在一个背景势场中磁通量绳从对流区底部注入，然后上升直至日冕，最后由于不稳定性产生爆发的详细过程。这一类的模型已得到观测的论证。特别是近期的 SDO/AIA 的多波段观测，揭示了磁通量绳在爆发前和爆发时存在的证据，而它的不稳定性驱动了 CME 的爆发。

近年发展的磁爆裂（magnetic breakout）模型也得到了较多的重视。磁爆裂模型的基本拓扑是一个多极磁场，如取最简单位型的 4 极场。其在日冕存在一个 X 型磁零点。光球剪切核内的磁场演化，驱动磁零点处的磁重联，使剪切磁核向外膨胀而爆裂。

发展趋势：首先，要借助不断提高的观测资料的质量、精度和分辨率，构造出正确完整的光球表面，至少是局部的等离子体和磁场运动演化的理论模型，然后以此为边界条件构造相应的日冕磁场模型，提高模型演化的真实度；其次，寻求日冕磁场的直接观测资料和结果，用以限制日冕磁场模型的有关参数，让模型更接近真实情况；再次，将现有太阳风模型和上述日冕磁场结构有机地结合起来，让模拟的结果尽可能地接近实际情况；最后，为了了解 CME（ICME）传播到地球附近，与地球磁场相互作用并对地球产生什么样的影响，还需要将地球的磁场和周围的等离子体状态考虑进去。

2. CME 结构和质量

和磁重联电流片相关的 CME 的另一个重要的形态特征是爆发过程中快速增大的 CME 的泡状结构。如同耀斑环一样，这个包围着磁通量绳的以磁分界面为外围的 CME 泡和里面的高温等离子体一起都是磁重联的产物。随着磁重联将越来越多的等离子体和磁通量输送进泡中，这个泡以非常快的速度膨胀。进一步的研究指出，经过磁重联的等离子体和磁通量是从电流片的两端流出重联区的。向下流出的磁通量和等离子体最终到达色球层；向上流出的磁通量则最终被封入 CME 泡中，形成一个迅速膨胀的结构，观测上通常将其证认为磁通量绳；而这个 CME 泡的外壳是一个高温、高密度的结构。于是，在 CME 泡的内部形成高温高密外壳-低密度空腔-低温高密度核心的三层结构。这种结构很好地对应了许多 CME 具有的三分量结构，并且为观测所证实。

在 STEREO 卫星发射上天之前，对 CME 质量的测量和估算受到投影效应的影响，有很大的不确定性。有了 STEREO 的观测数据，投影效应的影响可以降到最低。除了日珥爆发之前所携带的等离子体之外，在爆发过程中，不断有新的等离子体被磁重联通过电流片送入 CME 当中。因此，CME 总质量随时间的变化可以给我们提供磁重联和电流片周围日冕等离子体及磁场性质的重要信息。CME 在传播过程中的总磁通量和总质量的变化是一个值得密切关注的参数，对构造太阳爆发模型以及进一步对空间天气的正确预警预报都具有重要意义。

3. CME 与耀斑的关系

磁重联的另外一个重要产物就是太阳耀斑。所以，耀斑和 CME 应该有某种内在的联系。耀斑和 CME 之间的相关性是在 20 世纪 70 年代根据 Skylab 的观测结果提出来的。SOHO 卫星发射上天后，又根据 LASCO 和 Yohkoh 的观测数据进行了研究。研究表明，CME 早期的脉冲加速阶段和与其关联的 X 射线耀斑的上升段一致，并且 CME 速度的增加总是与 SXR 流量的增加一致。人们习惯于将 CME 分为慢速（缓变的）CME 和快速（脉冲的）CME 两种。慢速 CME 与耀斑的关系不是太明显；而快速 CME 则通常与耀斑有明显的相关关系。于是，有许多人试图寻找并讨论和耀斑相关的 CME 及不和耀斑相关的 CME 之间的区别和相同之处。近来的结果似乎不支持存在两种性质截然不同（有/无耀斑）的 CME 的观点。平均而言，伴随着大耀斑的 CME 通常比没有耀斑的或伴随小耀斑的 CME 要更快更宽，这意味着爆发事件在这个问题上实际上是以"连续谱"而非"分立谱"的形式分布的。

五、太阳活动预报

太阳大气中剧烈活动现象（如耀斑、日珥爆发、日冕物质抛射）产生强烈的各波段电磁和高能粒子辐射，同时可向行星际抛射大尺度的等离子体结构。这些伴有巨大能量和物质释放的太阳活动现象可引起地球临近空间环境的剧烈变化，可使地球磁场、电离层、中高层大气发生强烈扰动，直接导致所谓空间天气学灾害性事件。因此，作为空间天气预报的首要环节，太阳活动的准确预报对航空航天、空间探测与科学研究、国防、国民经济等各个方面都具有极其重要的意义。

太阳活动预报模式按预报的时效可分为中长期和短期两种预报模式，按照所要预报的物理现象则可分成很多类别，如耀斑与日冕物质抛射预报、质子事件预报、黑子相对数预报、10 厘米射电流量预报等。除耀斑、日冕物质抛射等剧烈活动现象之外，日冕磁场结构与太阳风参量的预报也是太阳活动预报模式的基本组成部分。特别在太阳活动水平较低时，太阳风成为影响近地空间环境的主要因素。到目前为止，各类预报模式主要还是基于太阳活动现象与预报参量之间的统计关系，而依据物理规律的太阳活动预报模式依然处于探索阶段。

中长期预报模式主要依赖长期积累的观测数据，如黑子相对数、10 厘米射电流量等，业已形成数十种统计类模式。最近一个重要的热点是基于发电机理论的太阳活动周预报模式。然而，利用同样的理论，不同研究人员对 24 太阳活动周的峰值预报产生了严重分歧。有的人认为该周是强周，有的则认为是弱周，这也在很大程度上说明了当前空间天气预报技术的现状。

短期预报模式则主要依赖于对太阳活动的实时监测数据。由于短时间尺度内太阳爆发的随机性，短期预报模式一直是相关研究的热点和难点，同时在航天、通信等方面也有着最强烈的需求。较早的模式主要基于黑子及其磁场的形态分类与爆发现象的统计关系。近年来，由于相关的观测数据急剧增加，开始密切关注利用太阳磁场和等离子体的可观测参量建立耀斑、日冕物质抛射、质子事件以及高速太阳风的预报模式。短期预报的难点是时效短于24 小时的预报。虽然目前存在一些基于简化物理条件的数值模拟研究，但多数尚无法直接应用于太阳活动的实际预报，当然也不能称之为太阳活动的数值预报模型。

目前，国际上从事太阳活动预报研究的机构和团体主要集中在欧美国家。中长期太阳活动预报研究由于其技术支撑需求较低，许多发展中国家也有人展开相关研究。短期预报则往往与观测能力相关。凡是拥有较好太阳观测设备的机构，都在不同程度上从事短期太阳活动研究。国际空间环境服务组织的 11 个区域警报中心囊括了全球所有拥有重要太阳观测仪器的国家和机构，具有 24 小时不间断监测太阳活动和连续发布太阳活动预报的能力。中国区域警报中心是其中一个重要成员。

科学研究的最高境界是对自然现象的预测。太阳活动预报是太阳物理学研究中最困难、最富挑战性并直接造福人类的重要课题。目前太阳活动周的研究主要集中在中低纬度太阳活动的研究上。但是，近来也逐渐开展了一些高纬度太阳活动周的研究，这有利于对太阳活动周的全面认识。另一个有意义的研究是超长期太阳活动规律。其方法是构造太阳活动的代参数，一般是用受到太阳磁活动的影响且存储于自然界（如生物圈和冰层，以及月石、陨石等）中的且目前能测量的参量（主要是放射性核素^{14}C 和^{10}Be）来确定。目前已有 11 000 年长的太阳活动代参数，发现在过去 11 000 年发生了一些巨极大太阳活动时期和巨极小太阳活动时期，它们并不是长周期太阳活动变化的结果，而是由随机/混沌过程确定。除此以外，太阳活动的非线性动力学研究也取得了进展。一些非线性方法，比如交叉小波变换、小波调和、交叉循环画图、同步线等，也都用在了长期太阳活动的相位研究中。

目前比较重要的太阳活动预报研究包括以下几个方面：太阳黑子相对数预报、太阳 10 厘米射电流量预报、太阳耀斑和质子耀斑预报、日冕物质抛射预报等。

发展趋势：由于资料的时间跨度不够，对太阳活动周的认识还是有限的。随着观测资料的积累，以及数学分析方法的进步，一些不确定的太阳活动周的特征将越来越清晰，太阳发电机模型将进一步完善。随着非线性科学的发展，太阳活动的非线性动力学特征与规律也将被深入认识。未来太阳活动预报方法研究主要从以下三个方面发展：①以智能化技术为支撑的专家系统应对预报服务对象的多种需求。当代人工智能技术已经能够局部模仿人的智能活动，利用这些人工智能技术可以形成智力水平较高的专家系统。②寻求更完善的太阳爆发物理模型。太阳爆发物理模型研究依然处于初步发展阶段，随着探测手段的更新和理论研究的不断深入，更加符合观测实际的物理模型将会出现。③基于观测数据的数据驱动模拟方法。该方法把现有的太阳爆发物理模型与观测数据结合起来，通过数值模拟来分析日冕中磁场结构、自由能积累和分布、爆发触发。虽然目前这类方法还有待完善，但具有很大的发展潜力。

六、太阳和太阳系等离子体物理

宇宙空间 99% 以上的可观测物质处于等离子体态。太阳和太阳系等离子体及其动力学过程是离人类最近也是目前唯一能对其动力学过程进行实地探测和高分辨观测的宇宙等离子体现象。特别是近 10 年来，在空间环境与空间天气学研究推动下迅速发展起来的"日地联系过程全程追踪观测"显示，从太阳大气及其爆发活动到太阳风及其扰动传播，直至地球磁层-电离层响应，形成一个具有强耦合行为的日地系统链，而等离子体及其与磁场的相互作用在这一耦合链中起着关键性的重要作用。

太阳和太阳系等离子体物理的研究最早可追踪至 20 世纪 40 年代，当时发现太阳射电波段的辐射主要起源于太阳外层大气中的高温等离子体。随着

60 年代空间等离子体卫星实地探测跨越地球磁层进入外太空，由瑞典科学家阿尔芬（Alfvén）提出并由美国科学家帕克进一步研究预言的太阳风作为太阳不断吹出的高速磁化等离子体流得到了观测证实，并且太阳风等离子体中的阿尔芬波湍流、行星际无碰撞激波、间断面、电流片和磁通量绳等一系列新的磁等离子体结构与瞬变现象被相继发现。同时，自 70 年代以来的太阳空间天文观测还进一步揭示了太阳大气特别是日冕复杂的磁等离子体精细结构及其非均匀加热现象，而等离子体-磁场相互作用驱动太阳磁能释放和太阳爆发活动的思想也越来越普遍地被接受。

从太阳大气、太阳风到地球磁层、电离层，太阳和太阳系等离子体的密度、温度、磁场等参量变化跨越了几个甚至十几个数量级，并形成一个具有强耦合作用的动力学系统。其中包含了耀斑、日冕物质抛射等太阳等离子体爆发、日冕磁等离子体丝化结构及其非均匀加热、非热高能粒子的加速与扩散现象、太阳风加速及其阿尔芬波湍流、日冕物质抛射和高速流驱动的无碰撞激波结构以及太阳风扰动传播及其与磁层相互作用等一系列磁等离子体活动现象。这为等离子天体物理学的研究提供了一个无可替代的天然实验室。

1. 太阳磁大气精细结构与日冕加热中的等离子体物理过程

日冕加热机制一直是太阳物理乃至天体物理中最神秘的科学问题之一。在太阳表面几万千米范围内的过渡区及低日冕区是太阳大气中结构最复杂、活动最频繁的区域。近 10 年来，从光学、紫外到 X 射线、射电的高分辨观测都显示日冕加热作为一个高温磁化等离子体的能化现象，在空间和时间上都是高度非均匀的动力学过程。特别是随着观测分辨率的不断提高，观测研究已逐步揭示出低层大气及日冕磁化等离子体及其动力学活动呈现越来越复杂、越来越精细的空间丝化结构和时间准周期性振荡等现象。这不仅意味着太阳爆发活动可能是由一系列在不同时、空尺度上逐步"碎化"的能量释放"元"过程所组成，而且伴随这些精细结构与振荡过程的形成、演化和耗散的局部能量释放过程也必然伴随有小尺度的波动现象和波-粒相互作用过程，并与日冕等离子体的非均匀加热和瞬变增亮现象有着密切联系。

另一方面，日冕乃至太阳大气加热问题的长期观测分析和理论研究显示太阳低层大气中的湍流运动能提供足够日冕加热所需的能量，而加热过程与太阳磁场结构有密切关系。因此，阿尔芬波被认为是能量传递到日冕等离子体区的最有效和最适当的输运方式。问题的关键在于这些阿尔芬波能量如何有效地耗散为日冕等离子体能量，以及这一能量耗散过程与日冕非均匀磁化等离子体精细结构及其动力学演化间的相互联系。最近 Hinode 卫星的观测也进一步直接证实了太阳大气中阿尔芬波的存在，结合空间等离子体的观测研究结果，我们完全有理由相信阿尔芬波及其短波区域的动力学阿尔芬波在太阳大气的波能输运、耗散以及精细结构形成等现象中起着重要作用。

2. 太阳风及其扰动传播中的等离子体物理过程

在几个太阳半径上的延伸日冕则是太阳风加速与起源的重要区域。SO-HO 卫星的观测显示，这一区域中不同离子成分的加热和加速呈现显著的各向异性和质量-电荷依赖性特征。这一发现既对日冕加热、粒子加速以及太阳风起源的微观物理机制提出了相当严格的理论限制，也为构造具体的理论模型提供了更加丰富的物理信息。

自 20 世纪 70 年代以来，空间卫星的行星际实地探测发现太阳风具有间歇性湍流特征，而且其中的快速流可能由准平行于当地磁场的扰动主导，慢速流主要由准垂直的扰动主导。2006 年，针对太阳风湍流间歇性现象的各向异性效应，在相当宽的尺度和频率范围（$1\sim10^{-6}$ Hz）内进行了系统性探测。太阳风湍流的间歇性现象及其各向异性特征对太阳风湍流耗散和加热可能具有重要作用。理论推测，太阳风湍流间歇性现象的这种各向异性效应可能由阿尔芬波对重离子的加热而产生。同时，太阳大气和太阳风中湍流的产生机制也是非常重要的研究课题。如超扩散、磁重联、束流不稳定性和波-波相互作用等都可产生湍流。

3. 太阳风-磁层相互作用中的等离子体物理过程

太阳风及其扰动通过与地球磁层的相互作用导致大量能量进入磁层-电离层系统，是磁暴、亚暴以及电离层暴等空间等离子体环境变化甚至灾害性空间天气现象的最直接原因。在太阳风与地球磁层的相互作用中，由太阳风的冲压与地球磁场的磁压相平衡而形成的边界面称为磁层顶，通常能被很好地证认为切向间断面。

太阳风能量输入磁层主要是通过高纬度磁层顶边界层的开放磁力线区和磁尾两侧低纬度边界层的封闭磁力线区两种方式进行的。在开放磁力线区，具有南向磁场分量的大尺度太阳风扰动结构（如 ICME）撞击到向日侧地球磁层时与磁层顶北向磁场发生"重联"，从而导致太阳风能量沿高纬度的开放磁力线区直接输入磁层。在沿磁尾两侧的封闭磁力线区，由于太阳风流经磁尾边界层时的 Kelvin-Helmholtz 不稳定性而导致太阳风能量通过黏滞性相互作用传入低纬度磁尾的封闭磁层内，或者太阳风等离子体团通过对磁尾边界层切向间断区的穿越运动而进入磁尾封闭磁层内。

不过，由于太阳风-磁层相互作用过程是一个非常复杂的电动力学耦合系统，不仅涉及不同尺度等离子体过程间的相互耦合，还与磁层-电离层系统的响应状态和响应历史有关。因此，迄今为止，我们对于太阳风-磁层相互作用中能量输入、储存、转化、释放、耗散等诸多等离子体过程的物理机制仍然知之甚少。

4. 太阳和太阳系等离子体物理过程的实验室模拟研究

太阳和太阳系乃至其他天体等离子体物理现象研究的一个突出困难在于，我们对有关的局部等离子体参数和整体磁场结构缺乏有效的实验探测手段，而等离子体过程，特别是由于不稳定性驱动的等离子体爆发现象又敏感地依赖于这些局部等离子体参数和整体磁场结构。因此，通过物理过程可重复和物理参数可调节的实验室模拟，对太阳和太阳系等离子体活动现象和耦合过程的物理机制进行深入细致的实验研究具有天文观测和空间探测所不可替代的重要作用。不过，由于天体等离子体现象具有多尺度耦合和开放性系统的特征，实验室模拟需要大型的等离子体实验装置。直到 20 世纪 90 年代，国际上一些大型等离子体实验装置开始运行，人们在太阳和太阳系等离子体现象的实验室模拟研究方面才逐步取得一些实质性的进展。

磁场重联被认为是驱动太阳爆发活动的磁能释放最有效的等离子体物理过程。但是，重联过程中能量转化和耗散的微观物理机制一直是困扰建立自恰磁重联理论模型的主要难题。美国普林斯顿大学等离子体实验室针对磁重联现象也开展了一系列的实验室模拟研究。实验不仅证实了重联区的典型尺度为离子惯性长度或回旋半径的量级，而且显示，由等离子体波-粒相互作用引起的反常电阻及其反常耗散效应在重联过程中起重要作用。不过，有关等离子体波的产生机制及其波动模式和演化特性等问题仍有待更加深入的研究。

5. 发展趋势和前沿问题

太阳和太阳系等离子体物理是一个内涵丰富、前景广阔的研究领域，不仅对深入了解太阳高温日冕加热、高能粒子加速以及爆发活动等现象的微观物理机制极为重要，而且也是人类认识近地空间环境和空间天气现象物理规律最核心的理论问题。同时，也是研究宇宙其他天体等离子体现象无可替代的天然实验室。日冕磁等离子体精细结构及其有关的日冕非均匀加热现象，特别是等离子体波与波-粒相互作用引起的能量转移与耗散过程在其中的作用依然是最重要的研究课题之一。太阳风中湍流的研究也是目前研究的热点之一，包括湍流的反常输运和磁场的反常扩散以及间歇结构等重要方向。在太阳风与磁层相互作用过程中，从微观粒子动力学尺度的波-粒耗散到全球性的电动力学耦合，以及不同尺度间的多尺度耦合过程都将是未来相当长时期内的重点研究对象。另外，与磁重联相关的实验研究日益增多，特别是等离子体波激发与波-粒耗散在其中的作用将是未来的研究重点。而在日珥爆发和等离子体喷射的实验室模拟研究中令人鼓舞的初步实验结果也必将大大激发研制下一代大型等离子体实验设备的兴趣。

第三节 国内研究的现状、优势和特色

我国太阳物理学的研究在国际上具有一定的地位，在观测和理论研究方面都有自己的特色。按照《太阳物理学》（Solar Physics）杂志公布的统计，近年来，中国学者发表的论文比例超过 10%，与英国相当，仅次于美国。这充分说明了中国学者在国际太阳物理界的活跃程度。就平均引用率而言，近年来也有所提高，但与发达国家的论文相比，仍有较大差距，需要进一步努力。

一、仪器设备

我国已建成了一系列总体性能优良的观测设备，其中部分设备达到国际先进水平。这些主要的实测基地和观测设备列如下。

1. 怀柔太阳观测基地

为国际重要的太阳磁场、速度场、太阳射电观测研究基地，拥有世界一流的太阳多通道望远镜，该仪器分别获得国家科学技术进步奖一、二等奖各一次和中国科学院科学技术进步奖一等奖两次，可进行太阳光球和色球磁场和速度场观测。基地与美国大熊湖天文台在世界上首先成功地进行了太阳磁场的"日不落"观测，为太阳物理领域中的开创性研究课题。近期在怀柔建成的全日面矢量磁场望远镜系统，已经成功运行，开展全日面矢量磁场观测和研究工作，获得部委级科技一等奖。具有高时间（5～8 毫秒）、高频率（4～20 MHz）分辨率的中国太阳射电宽带动态频谱仪（1.0～2.0 GHz、

2.6~3.8 GHz、5.2~7.6 GHz 频段），与紫金山天文台、云南天文台联合获北京市科学技术一等奖，是目前国际上处于先进水平的射电宽带频谱仪。

2. 云南天文台太阳物理观测设备

0.6~1.5 GHz 频段射电频谱仪，频率分辨率 1.375 MHz，时间分辨率 5 毫秒。全日面望远镜和 Hα 单色像精细结构望远镜的观测资料一直是太阳物理、日地关系及相关学科研究的基础数据，先后参加了国内外色球活动巡视资料联合发布，它们也一直是全球太阳活动 24 小时监视网络当中的骨干仪器。50 厘米太阳斯托克斯光谱望远镜在第 23 太阳活动周的观测结果也已得到国际太阳物理界的承认和引用。

3. 紫金山天文台太阳物理观测设备

4.5~7.5 GHz 频段射电频谱仪，频率分辨率 10 MHz，时间分辨率 5 毫秒。赣榆 Hα 精细结构望远镜口径 26 厘米，线心 6563 埃，带宽 0.25 埃，该仪器可对太阳进行高时间分辨率成像观测。多通道近红外太阳光谱仪，同时对太阳活动及宁静现象进行 Hα、Ca II 8542 和 He I 10830 三条线的光谱观测和缝前 Hα 单色像观测。三条谱线的光谱（像元）分辨率分别为 0.055 埃、0.052 埃和 0.048 埃。

4. 南京大学太阳塔

塔高 21 米，定天镜口径 60 厘米，成像镜口径 43 厘米，焦距 21.7 米。目前在 Hα、Ca II 8542 和 He I 10830 三个波段配有成像光谱观测，光谱分辨率在 Hα 波段为 0.025 埃，在 Ca II 8542 波段为 0.059 埃。

二、日震学和太阳发电机

我国的日震学和太阳内部结构研究相对薄弱，几无科学积累和学术建树，需认真布局。对这些对相关学科发展有重要影响的领域，我们不应有空白。

我国关于太阳发电机的理论研究刚刚起步，但已有年轻学者在磁通量输运型发电机、非轴对称发电机和太阳活动周预报等方面发表部分原创性工作，引起国际同行的关注。我国学者对太阳活动的长周期和总体行为的统计研究有相当的优势，发表了大量的研究论文，在国际上有一定的影响。总体而言，相关研究队伍不大；对一些新的研究动向和新的观测事实，如异常的太阳活动及第 23 周谷期的行为等，尚未引起足够的重视；与恒星物理学家的合作研究依然较少。

三、太阳大气的磁场、结构和动力学

1. 磁场精细结构和演化

宁静区小尺度磁场结构、冕洞磁场演化和黑子精细结构的研究是我国太阳物理界的一个很有特色的研究方面。通过小尺度磁场观测，得到光球层内磁重联观测证据，发现冕洞内双极磁结构下沉等。怀柔观测站的太阳磁场望远镜在近 20 多年来获得了丰富的观测资料。以矢量磁场为基础，研究黑子的磁场演化、磁场非势性、电流和螺度，获得了一批成果，包括发现了黑子半影纤维向本影运动、黑子磁场的横向分量出现快速变化等重要现象。

2. 色球和日冕磁场的测量

国家天文台怀柔观测站利用 Hβ 线开展了多年磁场测量工作，但由于色球中辐射转移过程的复杂性以及很弱的横场偏振信号，因此色球磁场的测量仅限于纵向磁场。由于定标的困难，测量结果主要用于一些定性和形态的研究工作。我国在利用红外波段探测日冕磁场方面的研究尚处于初始阶段，相关的大型仪器如云南天文台 1 米红外太阳望远镜正在紧张建设中。近年引进的年轻学者中，有的长期负责夏威夷红外日冕仪的近红外（1～2.5 微米）光谱观测和日面活动区监视，对日冕磁场观测技术和红外光谱资料处理积累了一定的经验。目前，云台与国外密切合作，正开展日冕仪器和红外日冕磁场方面的研究工作。一些成果得到了国外同行的重视和高度评价，双方均有保持长期合作的愿望。

3. 色球和日冕加热

国内在色球加热和色球振荡方面的研究工作相对较少，但也取得一些重要结果。基于半经验色球模型比较了声波和运动学阿尔芬波对黑子上方色球的加热作用，发现声波在光球和低色球加热中起主要作用，而在 850 千米以上的高色球中运动学阿尔芬波则起主要作用。在日冕加热方面也取得了一些重要的进展。利用 SDO 资料，发现了宁静太阳旋转网络磁结构和极紫外龙卷风现象，可能是日冕加热的途径；与 BBSO 合作，发现了色球超精细结构，可能是日冕加热的能量传输通道。

4. 色球振荡

通过色球不同区域 C Ⅱ 1334 线资料分析发现，连续谱和谱线位移在日心及冕洞下的网络间区域具有 3 分钟的色球振荡特征，线心位移的振荡速度大约为 1.7 千米/秒，且与纬度无关。但连续谱的振荡幅度以及多普勒位移和连续谱振荡相位的差则随纬度略有增加。近年的 SOHO/SUMER 光谱仪的观测发现色球振荡的周期出现 3 分钟向 5 分钟的漂移，这可以解释光球中泄漏出来的 5 分钟振荡以及色球层的 3 分钟振荡对高色球层的磁重联过程有调制，从而使得这里的磁重联过程出现周期性，且其周期由固有周期（3 分钟）向驱动周期（5 分钟）漂移。

5. 微耀斑和过渡区爆发事件

目前，微耀斑以及过渡区爆发事件均是依赖于国外望远镜的观测资料，如 TRACE、RHESSI 和 Hinode 的空间观测资料，以及野边山射电日象仪的地面观测资料。国内的观测设备达不到微耀斑的观测要求，并且根本没有过渡区爆发事件资料（极紫外的观测）。但是，国内对微耀斑和过渡区爆发事件的研究方面仍旧能紧随国际研究现状，并且也取得一定的研究结果。研究发现没有微波辐射的微耀斑的热能和非热能具有相同的量级，过渡区爆发事件具有 4 分钟周期性。对一些样本的研究发现所有微耀斑都伴有物质运动，它们的一个显著光谱特征是 Hα 和 Ca Ⅱ 8542 谱线的线心发射。基于色球中的磁重联假设以及热和非热经验模型的计算表明，微耀斑中的低色球存在明显的加热过程。如果计入非热效应，温度增加将从只考虑热效应的 $1000 \sim 2000K$ 降低到 $100 \sim 150K$。微耀斑中的硬 X 射线辐射说明其中存在非热粒子加速过程。

6. 暗条和日珥

在暗条研究上，国内学者的工作主要集中在暗条不稳定性和暗条爆发方面，取得了一些原创性的重要结果。但由于缺乏必要的高分辨观测和直接的磁场测量，对暗条内部精细结构、物质运动和磁场的研究几乎为空白，对暗条形成和维持的研究也不多。

7. 日冕波动现象

国内在该领域的研究在国际上占有一席之位。紫金山天文台已经开始结合等离子体理论利用射电辐射来反演日冕局部磁场；南京大学自 2002 年便开始了针对日冕 EIT 波和莫尔顿波的数值模拟和观测研究，所提出的模型也得到了国际上很多同行的认同。国家天文台和云南天文台也于近年开始了这方面的数值模拟和观测研究。南京大学即将建成的 ONSET 望远镜也为这方面的研究提供了有力的观测基础。

8. 冕洞和高速太阳风

总体而言，国内学者在冕洞方面的研究工作不算太多，主要集中在冕洞内磁场特性、冕洞内外流速度、振荡和波的观测研究上，并取得了一些重要的观测结果。南京大学新建成的光学与近红外太阳爆发探测（ONSET）望远镜也为这方面的研究提供了有力的观测基础。

四、太阳耀斑和日冕物质抛射

活动区的磁场变化和拓扑结构：研究活动区的磁场特征以及和耀斑的联系是我国太阳物理界的一个很有特色的研究方面。怀柔观测站的太阳磁场望远镜在近 20 多年来获得了丰富的观测资料。以矢量磁场为基础，研究活动区的磁场演化、磁场非势性、电流和螺度，获得了一批成果，包括最近发现的耀斑爆发导致磁场的横向分量出现快速变化等重要现象。我国学者提出了三维磁场外推的边界元方法，并由此推导出耀斑的磁绳结构。近来，我国学者在磁零点的定义和证认等方面也做了新的研究。

1. 耀斑光谱观测和动力学

南京大学太阳塔和紫金山天文台的光谱望远镜能得到多波段的一维和二维耀斑光谱，包括 Hα、Ca Ⅱ 8542、He Ⅰ 10830 等谱线，这些资料很有特色。尤其在国际上致力于空间观测的同时，保持有特色的地面观测，是多波段研究耀斑的一个重要方面。即将建成的 1 米红外太阳塔也将致力于光谱的观测。通过多波段的观测，分析耀斑光谱的特征，再结合半经验模型和动力学模型的计算，从而对耀斑大气的加热机制、白光耀斑的起源进行诊断，也是国内较有特色的一个研究领域。紫金山天文台的精细结构望远镜近年来也获得了有意义的观测结果，包括发现耀斑带的退剪切运动与耀斑环的早期收缩有相关性等。

2. 耀斑高能辐射研究

紫金山天文台的高能太阳物理团组是国内最早开展耀斑高能辐射研究的

团组之一。最近几年，该团组做了很有特色的工作，包括率先提出了耀斑高能电子的低端截止能量较预期的高、发现射电和 EUV 波段的耀斑环具有收缩现象、某个耀斑的硬 X 射线出现准周期振荡等。

3. 耀斑的射电频谱特征和精细结构

国家天文台、紫金山天文台和云南天文台的射电频谱仪获得了丰富的观测资料，并由此产生了一系列的观测成果。在 2.84GHz 的太阳宁静射电观测方面取得了连续 3 个太阳活动周的完整的观测数据，近年来在分米-厘米波段发现并证认了一系列频谱精细结构，如微波斑马纹结构及其条纹内部的超精细结构、毫秒级尖峰结构、快速准周期脉动结构、慢频漂纤维结构等，并通过理论分析将上述结构用于日冕磁场及等离子体参数的诊断，取得了较好的结果。

4. 日冕物质抛射研究

我国学者在 CME 爆发的磁通量绳灾变模型、磁通量绳的观测证据、CME 爆发的数值模拟、日冕螺度积累和 CME 的发生、磁重联电流片的观测特征等方面做了一系列有深度的研究工作，在国际上有较大的影响。

五、太阳活动预报

1. 太阳活动周

国内开展了太阳活动周的研究，但人员不多，没有形成研究团队。研究主要集中在对太阳活动周特征与规律的认识上，在太阳发电机理论与太阳活动非线性动力学研究方面有零星的研究，基本上没人开展超长太阳活动规律的研究。在太阳活动周特征与规律的认识上，国内的研究是深入而广泛的，取得了较好的进展，和国际上同类研究同步，有一定的优势。太阳发电机理论研究在国内有一个较好的开端，尚需发展壮大。太阳活动非线性动力学研究方面，云南天文台在国际上是少数几个用非线性科学最新分析方法开展太阳活动相位研究的单位之一。

2. 太阳活动长期预报

过去数十年的时间内我国太阳物理工作者在太阳活动长期预报方面做了大量的研究工作。在太阳活动整体特征、太阳活动周预报、太阳 10 厘米射电流量预报、太阳发电机理论模型的预报应用等方面取得了独到的研究成果，已经形成了一个在国际具有影响的学者群体。我国学者关于太阳活动周的整体行为研究引起国际同行的高度重视；关于太阳发电机理论模型的预报应用在国际上产生了一定的影响；关于太阳活动周的统计预报模型也具有自己的特色。

3. 太阳耀斑和质子耀斑预报

怀柔观测站在近 20 多年来积累了丰富的太阳磁场观测资料。通过这些观测资料，在研究活动区磁场演化、电流和螺度等方面获得了重要进展。这些进展为太阳耀斑和质子耀斑预报提供了新型预报手段。国家天文台的太阳物理工作者将怀柔观测站的矢量磁场与 SOHO/MDI 的视向磁场相结合，并通过数万张磁图的综合分析，建立了基于太阳磁场参量的太阳耀斑和质子耀斑的预报模型，并在人工智能预报技术的预报应用方面取得重要进展。

4. 日冕物质抛射预报

我国太阳物理工作者在日冕物质抛射方面的研究工作为日冕物质抛射预报奠定了良好的基础。国家天文台的太阳磁活动研究团组对日冕物质源区和初发机制的研究为日冕物质抛射预报提供了有效的预报因子。南京大学、中国科学技术大学和云南天文台的太阳物理工作者提出的日冕物质抛射模型具有重要预报应用价值。

5. 太阳活动预报服务

国家天文台、紫金山天文台、云南天文台和南京大学的地基太阳观测仪器为我国的各项重大工程和特别服务项目提供了良好的观测数据。国家天文台太阳活动预报中心作为中国区域警报中心的成员之一，长期向国际上其他区域警报中心提供太阳活动预报信息。我国太阳活动预报研究人员在我国重大工程的空间环境保障任务中发挥了重要作用。

六、太阳和太阳系等离子体物理

国内太阳和太阳系等离子体物理方面的研究，主要集中在太阳射电暴的辐射机制、等离子体波及其波-粒耗散在日冕加热现象中的应用以及太阳风湍流现象等问题上（仅天文领域、不包括空间领域专家的工作）。由于太阳射电辐射问题在本书中另有专题讲述，下面仅就日冕加热和太阳风湍流现象中的

有关研究工作简述。

1. 日冕加热现象的研究

日冕加热现象的长期观测分析和理论研究显示，低层大气的阿尔芬波湍流能输运足够日冕加热所需的能量到日冕层，关键的困难在于阿尔芬波在日冕等离子体中缺乏有效的耗散机制。动力学阿尔芬波是波长接近粒子微观动力学尺度的短波长色散阿尔芬波，可以提供波-粒能量转移的有效机制。近年来，国内紫金山天文台相关研究团组进一步发展了动力学阿尔芬波及其波-粒耗散理论，并应用到日冕非均匀加热现象中，不仅很好地解释了冕环、冕羽等日冕磁等离子体结构亮度分布的观测特征和黑子上色球层反常加热现象，而且成功地解决了长期困扰日冕加热问题的波能耗散困难，使这一问题的研究取得了重要的突破性进展。同时，他们针对 SOHO 卫星的重要科学发现——延伸日冕中少量重离子成分各向异性和质-荷依赖性"加热"现象，提出基于动力学阿尔芬波的重离子加热模型，自洽、合理地解释了延伸日冕中重离子成分这一反常加热现象及其随日心距离的变化特征。这对日冕、恒星冕、吸积盘冕等天体磁大气加热问题的研究具有重要的理论意义和科学价值。

2. 太阳风湍流现象的研究

太阳风中观测到的湍流谱主要是阿尔芬波各向异性谱耗散后的残余。北京大学有关学者提出阿尔芬波湍流反向串级理论，能很好地解释湍流谱的主要观测特征。同时，太阳风卫星实地探测的分析显示，质子速度分布相空间密度的等值线正是理论预计的回旋共振投掷扩散形成的。这为太阳风中质子回旋共振过程及其湍流耗散理论提供了重要的观测证据。另外，分钟级的卫星观测资料显示，湍动太阳风中磁场频繁地突然下降大多与磁场某方向的突然变化180°相对应，这正是湍动磁重联的重要特征。

第四节　未来5～10年发展布局和规划

一、仪器设备

前几年，我国太阳物理领域提出了重点发展"两天两地"项目的思路，其中包括中法合作太阳爆发探测小卫星（SMESE）计划和空间太阳望远镜计划（SST）的预研、云南省抚仙湖观测基地（包括 1 米红外塔、南京大学

ONSET 望远镜）和内蒙古明安图天文站的太阳射电频谱日象仪（CSRH）的建设。目前看来，射电日象仪已成功完成第一期的建设，抚仙湖观测基地也完成了前期建设。"两地"项目有望在 3～5 年内顺利完成。相比之下，"两天"项目却举步维艰。SMESE 项目已暂时停止。在这样的形势下，为确保我国太阳物理学的发展和在国际上的地位，未来 10 年，我们在确保"两地"成功建设的同时，有必要提出新的建设目标。这个目标包括空间和地面两部分：空间以深空太阳天文台（DSO）为主，带动小卫星的发展，并且争取在未来建立一个先进的空基太阳天文台；地面以建设一个先进的地基太阳天文台为主，带动一批中小型望远镜的建设。

（一）望远镜发展项目

1. 建设中的设备

1）云南抚仙湖太阳物理观测基地

该基地位于云南省澄江县抚仙湖东北岸，这里经论证为世界上最好的太阳物理观测站址之一。目前计划主要有两个项目：1 米红外太阳塔和 ONSET 望远镜。1 米红外塔（YNST）为 973 资助的大型仪器设备，是 21 世纪初我国太阳物理和空间天气预报的主要观测仪器。科学目标为在 0.3～2.5 微米波段对太阳进行高分辨率成像和高精度偏振光谱观测（包括测量太阳磁场的精细结构、高时空分辨率的演化过程），以研究太阳磁场和动力学流场的关系；建立更合理的活动区演化模型并实现对太阳活动的多波段多层次预报，以及其他小尺度磁流管的动力学演化、黑子本影点模型、半影纤维结构、微耀斑模型，等等。其设计考虑了我国未来 20 年的观测需求。ONSET 望远镜是由南京大学负责建设的光学及近红外太阳爆发监测望远镜，也将安装在抚仙湖东北岸。包括 27.5 厘米口径的镜筒观测 Hα 线心及线翼（波长可调）的全日面像、27.5 厘米口径的镜筒观测 He I 10830 全日面像，以及一个 20 厘米口径的镜筒观测白光全日面像。将为我国监测莫尔顿波、He I 10830 波等与 CME 相关的波动现象及代表甚强爆发的白光耀斑提供常规观测。

2）内蒙古明安图天文站

目前国家天文台正在研制太阳射电频谱日象仪（CSRH），其设计工作频率为 400 MHz～15 GHz，由 100 面口径为 2.4/4.5 米抛物面天线组成螺旋阵列，预计其空间分辨率为 1.3～50 角秒，时间分辨率为 300 毫秒左右。建成以后将首次实现在厘米-分米波段上同时以高时间分辨率、空间分辨率、频率分辨率对太阳活动的动力学性质进行成像观测，其科学目标包括太阳瞬变高能现象、日面磁场和大气结构、确定耀斑和 CME 的源区特性等。通过与太阳射电宽带动态频谱仪、太阳磁场望远镜等设备的联合观测研究，可望在日冕物理研究中取得重要原创性的研究成果。该设备已于 2008 年 9 月正式开工建设，目前已完成一期建设。

2. 提案阶段的设备

1）DSO 项目和空基太阳天文台

DSO 项目是前期 SST 项目的继承，最早由艾国祥院士于 1989 年提出，主要科学目标是实现高空间分辨率磁场和速度场观测，以 0.1～0.15 角秒的空间分辨率获得高精度的磁场结构，从而在国际上首次实现对太阳磁元的精确观测，建立低层大气磁场演化与日冕高层结构变化的关系，以及探讨小尺度磁场结构与太阳爆发之间的物理联系。目前，经过概念性研究、国际合作评估、关键技术攻关，并完成了从原理样机到工程样机的大部分工作，具备工程立项基础，力争早日发射上天。DSO 的主要载荷包括：1 米磁场望远镜、极紫外成像仪、Hα 和白光成像仪、高能辐射谱仪和粒子探测包、太阳和行星际射电频谱仪、Lyα 成像仪等。空间探测方面的中长期目标是建立一个综合性的空基太阳天文台，对太阳进行多波段的探测，引领太阳物理前沿研究。

2）地基太阳天文台

太阳物理的观测愈来愈向高空间分辨率发展。因此，建设大口径的地面光学/红外望远镜是发展太阳物理研究所必需的。目前国际上运行的或研制中的大型太阳望远镜都集中在美国和欧洲。因此，我国具有明显的地域优势。另外，我国在西部地区具有潜在的优质台址，为建设大型太阳望远镜提供了良好的先天条件。太阳天文台拟包括 8 米级的环式（等效口径 5 米）光学/红外望远镜、日冕仪和射电频谱日象仪。

（二）与望远镜后端设备有关的技术创新

1）CCD 芯片和 CCD 照相机技术

电荷耦合输出器件（CCD）已经成为太阳物理地面和空间观测的主要探测器。天文观测用的 CCD 与民用数码相机 CCD 有相同的原理，但技术指标完全不同，特别是工作波长有较大差别。天文学领域需要截止波长更长的红外 CCD，波长响应至少能达到 2.5 微米。另外，红外 CCD 由于军事原因，西方国家严格禁运，必须自主研发。通过自行研制 CCD 照相机，可大大降低整机价格。云南天文台已有单片 CCD 系统集成和拼接的成熟技术，并同云南大学及昆明物理研究所等单位开展了合作。针对目前产业化急需解决的 CCD 材料制备问题，提高红外 CCD 的响应率，开发探测器件的产业化应用是非常必要的，可打破西方国家的封锁，早日实现我国高水平红外天文观测，并在红外预警等技术领域有广泛的应用前景。

2）紫外成像望远镜技术

紫外成像观测是我国今后太阳物理观测设备发展的一个重点。紫外成像望远镜技术在国外已经比较成熟，而我国仍然处于起步阶段，与国际水平还有较大差距，应该加强对紫外成像望远镜研制技术的支持，以期我国在紫外观测设备和研究能力方面有一个大的突破。

二、日震学和太阳发电机

鉴于国内现在尚无广泛开展日震学研究的现状，比较现实和可行的计划是同国外尤其是美国合作，培养人才和引进人才。美国国立太阳天文台和斯坦福大学都可以为国内培养少数联合培养博士生和博士后。另外，应当加强与国外机构的合作。由于日震学研究经常需要多个国家或地区的参与，这样，与地理位置邻近的亚太国家加强合作就显得非常实际和重要。在未来几年，我们可能的选择是：①在条件成熟和经费许可的情况下，与美国国立太阳天文台共同资助和拥有 GONG 联测网；②最好在国内建立 HMI 和 AIA 的数据镜像点，及时获得完整的日震学观测资料用于研究；③尽量参与日本 Solar-C 的预研或者准备工作，以便将来可以获得其高分辨率日震学的观测资料；④扩展国内已有的优势研究与日震学研究相结合，如活动区动力学螺度与磁螺度的关系，太阳长期演化及活动周期预报问题，耀斑中产生日震波及相应的耀斑模型问题，冕震学研究等；⑤鼓励研究人员重视太阳中微子变化的研究进展，并在可取得原创性成果的方向部署研究力量。

未来 5 年，应组织起关于太阳发电机和太阳活动周理论研究队伍，在物理探讨和数值模拟两个方面形成研究力量。为了这一目的，培养研究生和优秀青年学者是当务之急。①我国在太阳磁场观测和太阳活动事件研究中有优势，应与发电机理论等研究结合，发展系统的研究成果。②进一步强化太阳周行为的统计研究力量，开拓思路，从太阳磁场和太阳活动的总体行为入手，加强统计检验、随机过程数值模拟等研究，更扩展地使用地球物理、地质、空间物理和大气物理等年代久远的资料，发展独创性研究成果。③与恒星物理研究结合，理解太阳从初生到晚期的完整演化过程，以及在这一演化中地球和行星环境的变化，从而理解恒星的长周期演化和生命史。

三、太阳大气的磁场、结构和动力学

太阳小尺度磁场和黑子精细结构的研究是我国太阳物理学比较有特色和地位的研究方向，需要保持观测和理论研究的投入。包括：小尺度磁场演化和三维结构，小尺度磁场和太阳活动之间的因果关系；在不同波段（包括射电、光学、X射线）上观测黑子的精细结构；通过辐射动力学模拟、磁流体力学模拟等方法研究黑子结构演化与耀斑和日冕物质抛射的关系等。

色球加热和色球振荡的研究工作在我国开展得不太多，需要多培养这方面的人才和鼓励从事该领域的科研工作，加强理论和观测的研究。色球磁场测量需要探求新的谱线和测量方法，包括色球谱线的辐射转移计算。通过耦合分析多层大气（光球及色球）的矢量磁场，了解磁场的三维空间分布特点。未来对微耀斑和过渡区爆发事件的研究将在更小时空尺度上进行，因此有必要建设自己的高空间高时间分辨率的观测设备。同时，我们可以利用国外资料，研究微耀斑的观测特征，特别是能量方面，以及过渡区爆发事件的能量来源以及转化过程。探讨微耀斑和过渡区爆发时间在色球和日冕加热中的作用。

在日冕层，除了会出现很多磁爆发现象外，日冕本身也呈现很多结构及波动。这些日冕中的波动现象为宁静日冕及爆发现象提供了丰富的信息，是一个具有深厚潜力的研究方向。而主导各种爆发现象的日冕磁场本身也是一个目前还比较难测量的物理量。与美国、英国等国相比，我国目前在这方面的研究比较少。希望国内同行未来5～10年在以下方面进行深入研究。

（1）日冕仪的选址和研制：迅速发展新型日晕光度计设备，为确定我国地面日冕仪的最佳台址服务；开展日冕仪设计工作、开展日冕仪台址候选地点的数据监测，继续进行日冕仪设计、制作和方案论证，确定日冕仪台址，安装日冕仪并利用日冕仪开展科学工作。

（2）日冕磁场诊断：通过红外波段直接测量日冕磁场，或者利用射电观测进行诊断，也可以利用冕环振荡、莫尔顿波、EIT波等波动现象进行磁场反演。

（3）研究暗条的形成、振荡及爆发：首先，拓展暗条爆发研究的深度，特别注意太阳物理与日地空间物理的结合和补充；其次，充分利用越来越多的暗条高分辨观测资料，拓展暗条物理研究的领域，开展对暗条内部精细结构、物质运动和磁场的研究；最后，利用当前的多种太阳观测资料，对暗条形成和维持进行研究。

（4）日冕波动现象：目前的数个卫星提供了非常丰富的日冕波动现象，值得我们从理论和观测两方面对这些现象进行深入细致的研究，以解决上面提到的相关问题。

（5）冕洞和高速太阳风：研究中、低纬冕洞内的磁场特性，中、低纬冕洞及瞬现冕洞的形成和消失过程，以及冕洞边界的演化、冕洞的刚体自转之谜等。

（6）日冕加热问题：鼓励对这一问题进行探索性的研究。

四、太阳耀斑和日冕物质抛射

太阳耀斑的研究是我国太阳物理学比较有特色和地位的研究方向。需要保持观测和理论研究的投入，拓展研究领域和深度。包括：研究活动区的三维磁场结构，研究与耀斑爆发相关联的磁场变化以及它们之间的因果关系；在不同波段（包括射电、光学、X射线）上观测耀斑的精细结构；通过辐射动力学模拟、磁流体力学模拟、粒子模拟等方法研究耀斑的能量释放和传输、粒子加速、动力学演化、白光耀斑和光球日震波的起源等课题。

利用国家天文台、紫金山天文台和云南天文台的宽带快速射电频谱仪所获取的高时间分辨率、频率分辨率数据，深入研究微波的Ⅲ型爆发、尖峰爆发、斑马纹、脉动、纤维等精细结构的观测特征、物理机制和参数诊断，及其与太阳耀斑和日冕物质抛射的关系；发现一批新型的射电精细结构或新的特征。进一步利用射电和其他波段的成像观测，研究各类射电爆发及其精细结构的源区位置、日冕磁场和高能电子在射电爆发源区的分布、耀斑环中的射电辐射和物理参数的统计规律等，将成为我国正在研制的新一代射电频谱日象仪的主要科学目标。

继续通过解析、数值模拟等方法研究CME爆发的机制、CME与太阳耀斑的联系，研究磁重联时的电流片的观测特征，特别是将太阳爆发的理论模型推广到不同天体的爆发现象中。

五、太阳活动预报

太阳活动周的研究不仅能促进太阳物理自身的发展，其成果还具有实际应用价值。由于研究需要观测资料的长期积累，需要保持观测和理论研究的投入，拓展研究领域和深度。未来5～10年，太阳活动周的研究要集中在对第24太阳活动周的认识上。第24太阳活动周很可能是一个特别的活动周，对它的认识会推动对长期太阳活动规律的认识。超长太阳活动规律的研究非常重要，它能深化对全球气候变化的认识，而国内没人开展这方面的研究，因而要重点布局。国内有很多冰层（芯）和古树年轮的资料，先以经验方法开展研究作为起步，进而借助一些物理模型，深入开展这方面的研究。

太阳活动预报研究是与我国重大战略需求密切相关的研究方向，需要建立空基和地基太阳活动监测体系，并在预报方法方面加强研究。未来着重发展的领域包括：①逐步形成仪器种类齐全的地基太阳活动监测网络。我国地基太阳活动观测初具规模，但观测仪器种类依然不全，需要增添日冕仪等仪器。②争取早日实现空间太阳活动磁场和多波段单色像成像观测。我国目前只有"风云"系列卫星有一些太阳X射线流量观测和高能粒子观测仪器，急需有太阳磁场和其他波段的空间成像观测仪器。③建立新型太阳爆发预报模型，初步实现局部数值化太阳活动预报。可以考虑运用太阳爆发的物理模型，利用我国长期的太阳磁场观测资料，进行数据驱动数值模拟个案研究，为最终实现数值化太阳活动预报打下基础。④建设全新的太阳活动预报信息平台。太阳活动预报信息服务要进一步向可视化方向发展，有利于形成综合预报服务能力，其中建设全新太阳活动预报信息平台是关键一环。

六、太阳和太阳系等离子体物理

太阳等离子体物理尽管在国际太阳物理研究中已经有了相当大的进展，但是在我国仍然是一个比较薄弱的研究分支。随着观测精度的不断提高和理论研究的逐渐深入，等离子体物理过程在太阳物理中必将起到越来越重要的作用。结合该领域的国际发展趋势和国内研究现状，我们建议以下两个方向作为未来5～10年发展布局和规划的重点方向：①日冕加热和精细结构现象中的等离子体动力学过程，特别是等离子体波和波-粒耗散机制的研究。一些以日冕加热问题为重要科学目标的高分辨太阳观测卫星（如Hinode）为这一研究提供了新的发展机遇。②太阳等离子体活动现象及其微观动力学机制的实验室模拟研究。这是一个近十几年来正逐步兴起的新兴研究领域，也是我国有可能迅速发展并跻身国际先进行列的研究领域。

第五节　保障措施

积极参与国际大型仪器的研制对发展我国太阳物理研究是十分重要的。

以我国为主研制的一些大中型设备，也要争取和发达国家进行合作，借鉴国外成功的经验。现有的观测设备，尽量纳入国际联测网，如 SOLIS、GONG、"日不落"等观测计划，或和国际空间和地面望远镜开展联测工作。前几年中法合作的 SMESE 项目是一个典型的案例，双方展开了几十次科学和技术的研讨会，可以说很好地完成预研的目标。虽然 SMESE 项目最终未能继续下去，但这种中外合作的经验和合作的模式为今后我国的空间项目提供了很好的借鉴。

对一些我国目前薄弱的理论研究环节，也可以采取国际合作的模式。例如，日震学的研究，我国目前几乎是空白。可以考虑和美国斯坦福大学联合培养研究生。太阳发电机的研究，我们也刚刚起步。前几年和印度学者联合培养研究生的举措，取得了很好的效果。

未来我国太阳物理的研究需要一大批既有扎实的理论基础，又能熟练操作仪器和进行数据处理的年轻学者。特别是大型设备和空间项目的研制，需要一大批年轻的技术骨干。一方面，可以通过高校和天文台的合作与交流，积极发展和完善适合太阳物理学发展需求的研究生基础理论课程的教学体系。采取联合培养的模式，由高校推荐理论基础扎实的学生，首先在学校完成基础理论课程的学习，然后到天文台进行实际课题的研究，天文台提供良好的实测和研究平台。另一方面，可以通过和国际天文机构联合培养的模式，选拔一些素质优良的学生到国外学习和工作，特别是针对目前我国太阳物理学的薄弱环节进行针对性的培养。这样，我国太阳物理研究可望得到均衡和持续的发展。

致谢：本章作者感谢陈鹏飞、邓元勇、黄光力、季海生、姜杰、姜云春、黎辉、李可军、林隽、刘煜、宁宗军、屈中权、谭宝林、王华宁、王同江、吴德金、颜毅华、杨磊、张捷、张军和赵俊伟等提供相关资料。

参考文献

[1] 方成，丁明德，陈鹏飞. 太阳活动区物理. 南京：南京大学出版社，2008

[2] Aly J J. How much energy can be stored in a three-dimensional force-free magnetic field? The Astrophysical Journal，1991，375：L61-L64

[3] Aschwanden M J. Keynote address：outstanding problems in solar physics. Journal of Astrophysics and Astronomy，2008，29：3-16

[4] Aschwanden M J. Physics of the Solar Corona：An Introduction with Problems and So-

lutions. Springer，2005

[5] Choudhuri A R，Chatterjee P，Jiang J. Predicting solar cycle 24 with a solar dynamo model. Physical Review Letters，2007，98：131103

[6] Christensen-Dalsgaard J. Helioseismology. Reviews of Modern Physics，2002，74：1073-1129

[7] De Pontieu B，McIntosh S W，Carlsson M，et al. The origins of hot plasma in the solar corona. Science，2011，331：55-58

[8] Forbes T G，Linker J A，Chen J，et al. CME theory and models. Space Science Reviews，2006，123：251-302

[9] Lang K R. The Sun from Space. Springer，2009

[10] Parker E N. Dynamics of the interplanetary gas and magnetic fields. The Astrophysical Journal，1958，128：664-676

[11] Priest E R，Forbes T G. The magnetic nature of solar flares. Astronomy and Astrophysics Review，2002，10：313-377

[12] Schrijver C J，Zwaan C. Solar and Stellar Magnetic Activity. Cambridge University Press，2000

[13] Solanki S K，Usoskin I G，Kromer B，et al. Unusual activity of the Sun during recent decades compared to the previous 11，000 years. Nature，2004，431：1084-1087

[14] Stix M. The Sun：An Introduction. Springer，2002

[15] Sturrock P A. Maximum energy of semi-infinite magnetic field configurations. The Astrophysical Journal，1991，380：655-659

[16] Wang J X. Vector magnetic fields and magnetic activity on the Sun. Fundamentals of Cosmic Physics，1999，20：251-382

[17] Wedemeyer-Böhm S，Scullion E，Steiner O，et al. Magnetic tornadoes as energy channels into the solar corona. Nature，2012，486：505-508

[18] Zhao J，Kosovichev A G，Thomas L Duvall Jr. Investigation of mass flows beneath a sunspot by time-distance helioseismology. The Astrophysical Journal，2001，557：384-388

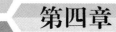

第四章
行星科学与深空探测

第一节　在天文学科中的地位、发展规律
和研究特点

　　行星科学是天文学一个二级学科，主要研究行星及其卫星、矮行星、小行星、彗星、流星等太阳系小天体性质、构造、运动过程及其起源和演化，同时搜寻系外行星系统和研究其特征；涉及行星物理学、行星化学、行星地质学和行星生物学等分支学科。国际天文学联合会（IAU）专门为行星科学设立了行星系统科学部（Division Ⅲ），2010 年有注册会员 1167 名。行星系统科学部涉及 IAU 下属 7 个科学专业委员会（Commission）和两个工作组（Working Group）。特别地，为应对近地天体（near Earth objects，NEO）对地球造成碰撞灾害，IAU 执行委员会还专门下设了"近地天体灾害咨询委员会"。

　　随着众多深空探测计划的相继实施和系外行星的不断发现，人们获得了更全面的测量数据资料，有关行星科学的新发现和新的研究成果日益增多，将行星科学的研究推进了一个新的发展时期。行星科学在天文学科中的地位主要体现在以下几个方面。

（一）天体形成和演化的重要类型

　　行星是在宇宙演化到一定时间后形成的，它是天体形成的重要类型。与星系宇宙以及恒星不同，行星由于其质量相对小，因此其演化也有其特殊的过程，比如，总体来讲没有星系宇宙和恒星物质运动与性态变化那么剧烈。所以，行星是天体演化的重要类型。行星科学研究是人类在全面认识宇宙演化过程中不可缺少的环节，它是国际天文学的重要分支学科。

（二）天文学与其他学科交叉的典型代表

1. 与地球科学的交叉

地球是太阳系内一颗特殊行星，与其在物质性态和结构类似的大行星还有水星、金星和火星，通常将它们一起称为类地行星。研究其他类地行星形成和演化过程，有助于人们从更宽的角度认识地球，例如，通过类地行星的比较研究，可以加深对地球大气环流产生和维持机制的认识；反之，地球是人类观测和研究最深入的类地行星，在地球科学研究中形成的理论和方法可以用于其他类地行星的研究。

2. 与空间科学的交叉

行星形成和演化与其所处的空间环境密切相关，例如，行星际分子和尘埃含量会直接影响到行星形成问题、行星际磁场变化也会直接影响到对行星内部磁场结构的反演结果；反之，行星内部磁场变化将对行星磁层形态产生直接影响。行星科学与地球科学和空间科学相互促进和发展。

（三）推动天文空间测量技术进步主要动力之一

行星科学研究除了基于地球上的观测设备，目前最有成效的观测手段是基于空间探测器直接飞临行星对其开展探测，由此可以获得更全面、更直接和更可靠的数据资料，可以说行星科学的发展离不开天文空间测量技术的发展。天文空间测量技术包含卫星发射技术、卫星地面跟踪技术、卫星平台和有效载荷（科学探测仪器设备）技术等。人类对行星科学中未知问题的探求，对天文空间测量技术不断提出新的需求，从而推动了天文空间测量技术的不断进步。

行星科学研究发展是与测量技术和理论研究方法的进步以及人类社会发展需求不断增高紧密相连和相互促进的。

在光学望远镜发明使用之前，人类依靠目视观测，仅知道了类地行星、月球以及木星和土星存在，但对其表面形态的了解也甚少。直到1609年，伽利略自制了天文望远镜，才真正开启了天文学观测新时代。伽利略观测到月亮表面的坑洞，并根据其边缘影子的长度测算了它们的高度；伽利略发现了木星的四颗卫星和金星的相，即金星也跟月球一样有相位的变化，会从新月状逐渐变为满月。可以说，伽利略通过利用望远镜技术，开启了行星科学乃至天文学观测研究的新时代。基于开普勒 1618 年从行星运动观测资料总结出的行星运动三大定律，牛顿于 1687 年在他的论著《自然哲学的数学原理》中建立了万有引力定律和牛顿力学三大定律，奠定了经典力学基础，由此牛顿也建立了行星轨道和形状理论。可以说，牛顿通过建立经典数学物理基本理论，开启了行星物理乃至天文学理论研究的新时代。

在以后的几个世纪里，随着望远镜技术的发展，太阳系其他行星也相继被发现，如 1781 年 3 月 13 日威廉·赫歇耳爵士宣布他发现了天王星，这也是第一颗使用望远镜发现的行星，从而在太阳系的现代史上首度扩展了已知的界限；奥伯斯分别于 1801 年发现了谷神星和 1802 年发现了智神星，使人类认识到太阳系除了行星外还存在质量较小的行星。在古代，尽管人们可以通过目视知道彗星的存在，但由于缺乏科学知识，彗星往往被人们视为灾星；直到 1864 年英国格林尼治天文台第二任台长爱德蒙·哈雷利用牛顿力学成功预言了哈雷彗星回归日期，人们才得以知道彗星也是太阳系内的一类天体，只不过它的物质性态与行星不同，由此人们认识到了彗星运动的周期性，这是新理论方法在行星科学研究中首次应用的成功范例。而海王星是人类首先通过轨道摄动理论预言其存在，后来由观测证实的第一颗太阳系行星。

1882 年照相技术进入天文学，给天文学的发展带来了巨大的推动，人们不仅可以较容易确定天体的位置，而且随着底片的感光度的增强使人们得以观测到比较暗的天体。照相技术的引入使得小行星被发现的数量增长巨大。特别是 1990 年 CCD 照相技术的引入和计算机图像分析技术的建立，给太阳系小行星观测带来了极大的技术支持，到目前已发现的小行星数量已达 70 万颗，但这可能仅是所有小行星中的一小部分，根据理论估计数目应该可达数百万颗。

1957 年，苏联发射了第一颗人造地球卫星，为人类从地面天文学观测进入空间天文学观测提供了基础，人们开启了深空探测时代。与行星科学相关的深空探测计划开始于 20 世纪 50 年代末，重点是离地球距离最近的月球。苏联相继实施了"月球号""宇宙号"和"探测器号"月球系列探测计划，美国相继实施了"先驱者号""徘徊者号"以及"勘探者号"等系列月球探测计划，尽管由于技术问题，大多数探测计划并没有完全实现预定探测目标，但还是使人们获得了一些有关月球表明物理和重力场等方面的首批宝贵探测数据资料。早期深空探测计划的典型代表是美国的阿波罗月球探测工程，它是美国 NASA 从 1961 年到 1972 年实施的系列载人航天飞行计划，主要目标是用 10 年的时间实现载人登月并安全返回。1969 年"阿波罗 10 号"宇宙飞船圆满达到了这个目标。阿波罗计划详细地揭示了月球表面特性、物质化学成分、光学特性并探测了月球重力、磁场、月震等。可以说，上述月球系列空间探测计划开启了人类后续深空探测计划的大门。

到目前为止，人类先后相继发射了约 250 多个空间探测器，分别对月球、大行星及其卫星、小行星和彗星进行探测，获得了众多科学新发现。在已进行的深空探测计划中，大多数是针对月球、火星与金星（约占所有深空探测计划的 80%），其中典型代表是："火星环球勘测者号"（Mars Global Surveyor）（NASA，1996）"火星探路者号"（Mars Pathfinder）（NASA，1996）"火星快车号"（Mars Express）（ESA，2003）"伽利略号"（Galileo）（NASA，1989）"旅行者 1 号"（Voyager-1）（NASA，1977）和"卡西尼-惠更斯号"（Cassini-Huygens）（NASA&ESA，1997）。

需要提及的美国哈勃空间望远镜在行星科学的研究中也发挥了重要作用，它长时间高精度对太阳系内行星的光学观测，使得人们得以研究行星一些物理特征的时变性。

人类社会发展需求主要有两个方面：一是人类对宇宙形成和演化规律渴求深入了解的精神需求；另一个是人类生存发展的经济、物质和安全需求。行星是宇宙演化的重要环节，对其研究不仅涉及太阳系的形成和演化，而且可以推动数学、物理学、地球科学和空间科学等的进步，它是人类探知未知世界的一个重要窗口。人类社会发展到今天，一些高技术是从空间探测计划发展起来的，如火箭技术、卫星技术、测量技术、通信技术和高精度成像技术等，这些技术的发展极大地带动了相关经济产业的发展，产生了巨大的经济效益；同时，人类社会在不远的将来一定面临资源严重短缺问题，特别是能源和矿物，而行星可能是人类获取这些短缺资源可行来源。因此，人类需要对行星有深入、全面的和科学的了解。太阳系小天体撞击行星事件无论在其他行星上还是在地球上均有发生，人类为了自身的安全，需要对行星撞击事件加以研究，提出减少灾害的办法。

行星科学的研究特点是观测、理论和实验三者相结合，它们相互依赖和相互促进，但基础是观测。基于对行星直接或间接测量数据资料分析处理，人们可以获得有关物理参数、元素组成、地形地貌等科学性质；基于这些性质，人们通过数学、物理和化学理论方法可以研究其形成和演化规律；也可以通过实验的方法研究其物质性态和含量。需要指出的是，随着计算机技术的发展和目前行星科学关注的热点问题，行星计算机模拟研究越来越成为一个重要的研究手段，对某些行星科学问题，计算机模型可以说是主要研究手段，如行星动力学演化问题。

行星科学研究的另一重要特点是比较研究，为此形成了"比较行星学"研究方向，特别是系外行星的不断发现，为比较行星学研究提供了更大的研究样本。截至 2012 年 2 月底，人们已经发现了 760 颗系外行星，其中包括100 个多行星系统。人们可以通过不同行星的比较研究，更全面了解它们形成和演化过程。

第二节　国际现状和发展趋势

行星科学主要由行星物理学、行星化学、行星地质学和行星生物学组成，它的数据资料来源主要依赖于深空探测器的探测结果。地球是一颗特殊的行星，从比较行星学的角度，人们对其研究的方法和结果可以扩展到其他行星的研究上去；特别地，深空探测手段一般来说第一个探测对象就是地球，所以，用深空探测或天文的方法研究地球动力学运动，对行星科学的发展是非常有益的。下面将就行星物理和行星化学、太阳系小天体探测、太阳系深空探测和天文地球动力学四个方面描述它们近年的研究现状和研究动态。因行星地质学与地球科学内容较为相近，行星生物学的研究进展不大，所以在这里将不作叙述。系外行星的内容其他专题报告部分已有较多涉及，故在这里将其放到行星物理部分仅作些内部动力学方面的叙述，不再单列。

（一）行星物理和行星化学

IAU 对于行星物理和行星化学有关的研究设立了三个专业委员会：彗星与小行星物理研究（commission 15，正式会员达 404 名），行星及其卫星物理研究（commission 16，正式会员达 314 名），流星、流星雨和行星际尘埃（Commission 22，正式会员达 149 名）。

根据太阳系行星物质的主要性态和大小，人们通常将其分成行星（类地行星和类木行星）、卫星、小行星、彗星和流星体。类地行星为水星、金星、地球和火星；类木行星为木星、土星、天王星和海王星；质量较大的小行星和卫星内部结构与类地行星相似，质量较小的小行星和卫星以及流星体主要由岩石和金属组成；彗星是含有太阳系形成时期物质且没有经过太多物理和化学演化的冰态小天体。IAU 在 2006 年第 26 届大会通过了新的行星定义决议，将冥王星降级，与谷神星、Eris 星一起归类为"矮行星"，其余的大行星称为行星。也可将矮行星、小行星、彗星等质量较小的天体统称为"小天体"。

行星内部结构与重力场是行星物理研究的基础性科学问题，主要研究类地行星内部在静力学平衡下物质分布状况。行星内部结构与行星内部动力学密切相关，不同性质的内部结构将导致不同的内部动力学过程，从而导致不同的磁场性态。利用探测器轨道变化、行星磁场等资料以及摄动理论和平衡潮形状理论可以获得其与内部结构有关的物理参数，如引力场、潮汐形变、惯量矩以及速度场等。这些参数，不仅可以反映它们的内部分层结构，还可以反映出物质的密度和性态。例如，对火星的大地测量得到了火星的总惯量矩 I 和潮汐二阶洛夫数 K2，它们在现有的关于火星内部矿物学组成及其相变、温度结构等研究中提供了非常关键的全球性约束。基于对资料的随机反演方法，人们可以从电导率剖面和总惯量矩等资料反演求出了上述内部参数。尽管目前人们认为火星核至少是部分液态的，但它究竟是完全液态还是存在固态内核仍然是一个没有定论的问题。关于类地行星内部流变学状态、核的大小、矿物学特征（如轻元素的组成及比例）等是类地行星内部物理学中重要的未解问题。

行星的重力场反映行星内部物质的分布，高精度重力场的测定可以提供关于行星的壳和幔物理特征的有用信息，在均衡补偿假设下，结合重力场和高精度行星地形数据可以确定壳的厚度，并进而研究行星壳厚度的地理差别及其演化意义。精确的行星重力场模型对确保探测计划的成功也是必不可少的。由于对行星重力场的测定并不需要在卫星上增加任何有效载荷，而仅仅需要对其轨道变化进行跟踪测量，因此深空探索的早期阶段就已经开展了行星重力场测定和内部密度反演工作并一直持续到目前，它是深空探测的基本科学内容。

行星重力场研究重点集中于月球和火星。与地球重力场不同（二阶球谐系数量级为 10^{-3}，其余为 10^{-6} 或更小），月球重力场的球谐系数大多数量级为 10^{-4}。测轨资料的观测精度直接决定了重力场测定的精度。以美国 Lunar Prospecto（LP）计划测轨资料精度为例，LP 的 2-way Doppler 测速精度为 0.2 毫米/秒，测距精度为 50 厘米。若采用月球半径 1738 千米和月球表面逃逸速度 1.6 千米/秒作为特征距离和特征速度进行无量纲化，则 LP 的测轨精度量级分别为约 10^{-7} 和 10^{-6}。LP 在进行重力场解算时主要采用了较高精度的 Doppler 测速数据，其精度都足以探测月球重力的大多数球谐展开项。我国月球探测计划事后处理定位精度可达米级（或 10^{-6}），可以用于探测月球重力场的部分球谐系数并进而开展月球内部物理的研究。

到目前为止，最好的火星重力场模型是 MGS75D，它是基于美国 NASA 的"水手 9 号"（Mariner 9）"海盗 1 号""海盗 2 号"（Viking 1 & 2）和 MGS 不同高度飞行的地基测轨和测高数据综合得到的。其空间分辨率约 180 千米，精度在两极约为 10 毫伽（1 伽＝1 厘米/秒²），在赤道区约为 20 毫伽，在 Tharsis 和 Olympus 等大尺度地形显著变化地区约为 100 毫伽。目前的火星重力场建立主要依赖于近极轨（轨道倾角在 90 度左右）和近圆形轨道上探测器的测轨数据。因此，在测定重力场时，高阶带谐项与同为偶数或同为奇数的低阶带谐项系数高度统计相关。误差协方差分析表明，若能将两颗或两颗以上具有不同轨道倾角、不同偏心率的轨道数据结合起来，则可有效降低偶阶项和奇阶项、高阶项和低阶项的统计相关，从而提高火星重力场的测定精度。

行星内部动力学是行星物理研究一个热点问题，主要研究行星磁场和大气动力学。一般来说，行星均具有以下基本性质：近球形、分层结构、快速自转以及存在大气、液核和磁场。从整体上看，目前人们对行星物质组成和分布结构以及所属演化阶段等方面已有了一定的了解，但对于大行星内部复杂的流体与磁流体动力学过程仍然知道不多。复杂性主要表现在：①流体运动受球面曲率的影响；②流体在快速旋转，其运动受科里奥利力的强烈影响；③流体运动快，导致强非线性效应；④流体导电，从而产生磁场，导致流场和磁场紧密耦合和不断相互作用；⑤流体运动呈现多时空尺度。

根据其产生机制，观测到的行星磁场可分为两类：一类被称为固有磁场，它是由行星内部磁流体运动过程导致的发电机效应而产生的，在此过程中流体运动的能量转变成磁场能量；另一类叫剩余磁场，它是由行星过去的（现在已停止）固有磁场对其外部岩石圈磁化造成的。大多数太阳系行星在过去都存在固有磁场，其中有些行星的发电机过程已经停止，只有剩余磁场，比如火星、金星（以及月球）；而地球、木星、土星、天王星目前仍有固有磁场，并且不同行星的磁场有不同的物理特征和结构（图 4-1）。木星磁场的偶极轴与它的旋转轴之间有一个大约 10°的夹角，反映了旋转效应对磁场的影响，这与地球磁场的特征很相似；土星的偶极轴几乎与其旋转轴重合，它的磁场相对其赤道平面具有高度对称性；天王星和海王星的磁极与其旋转轴之间的夹角很大，大约 50°～60°。虽然金星和火星的内部结构与地球相似，但它们现在并没有固有磁场。行星固有磁场是目前能提供行星内部结构以及动力学过程研究有效的途径之一，可以利用磁场性质对行星内部物质运动及其物理性质给出有效推断。

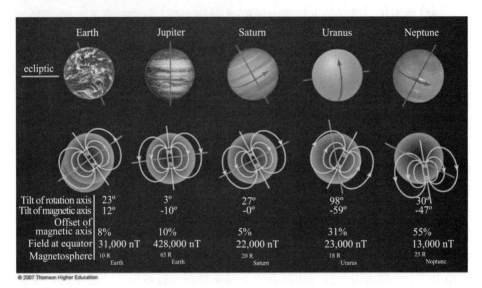

图 4-1 太阳系行星磁场示意图

资料来源：http//ifa. hawaii. edu

　　行星磁场问题是目前国际上非常活跃并且可能取得突破性进展的研究领域。20 世纪 50 年代，爱因斯坦将行星磁场产生问题列为五大没有解决的物理问题之一。近年来，宇宙飞船对太阳系行星的探测使人们对行星内在磁场有了新的认识和理解。例如，"伽利略号"对木星及其卫星系统的观测，发现了木卫一（Io）的固有磁场和木星内部流场的变化，使得国际上对行星磁场问题的关注程度日益加强。尽管对于较强内在磁场的产生、维持和变化国际上已有较多研究，但是到目前为止，行星固有磁场是如何产生的、为什么不同的行星有不同的磁场结构、行星磁场与其内部动力学的关系等仍然是没有解决的重要科学问题。

　　对于剩余磁场以及为何行星发电机会停止运行的研究国际上处于刚兴起阶段。最新研究结果表明，火星内部存在液核，但为什么地球目前仍有较强的内在磁场，而火星现在却只有剩余磁场？目前对水星有限的来自"水手 10号"（Mariner 10）的观测资料表明，水星具有较弱的内在磁场，其表面平均强度只有 450 纳特（还不到地球的 1%），它为什么与地球磁场强度相差这么大？目前国际上对火星的探测处于一个高潮期，未来 3 年 Messenger 和 Bepi-Colombo 两个空间探测器将对水星进行全面的观测。因此，对于火星和水星的磁场研究在未来 5 年内也将成为国际行星动力学的热点问题之一。

木星是太阳系最活跃的行星之一,是研究行星大气动力学的代表性天体,其表面大气运动的显著特征是:①位于不同纬度的,方向交替的,稳定的带状环流;②位于带状环流之中或之间的大小涡流,丝状结构;③尺度更小的风暴和闪电等。但是我们至今仍然不清楚形成环流、涡流这些流体动力学特征的原因。对木星的观测、理论、实验和数值模拟研究表明,木星内部(尤其是分子氢层的)流体动力学机制,极大地影响或决定了木星大气在其最外层的表现形式,例如,在其表面观测到的带状环流和涡流(漩涡)。但是直到目前为止,观测还仅限于最外层的几百千米深度,这对于一个半径约 7 万千米的行星来说,我们对它的了解还远远不够,对于木星带状环流的形成机制和它的垂直结构,目前还存在较大争议。近年来,哈勃空间望远镜和"卡西尼-惠更斯号"对木星与土星大气的结构以及随时间的变化进行了有效观测,虽然人们过去对行星大气较差环流已作过不少理论分析,但新的观测结果不断给研究人员提出新的挑战。"卡西尼-惠更斯号"的图像数据表明:土星大气的小尺度涡动与大尺度带状平均流是高度相关的;通过 1996 年与 2004 年两次对土星大气观测发现,其赤道带环流速度在明显变慢,从 1996 年的 400 米/秒到 2004 年的 275 米/秒,目前的理论还不能对此给出合理的解释。

行星磁层物理是行星物理与空间物理学科相互交叉的科学问题,主要研究行星外层空间物质性质和动力学变化规律。太阳风与地球磁场相互作用产生磁层的各个层次结构的理论预测,都逐一为空间飞船的观测所证实。但是地球磁层现象不是地球独有的,太阳系其他行星也有相同或类似的磁层结构。

木星磁层是太阳系中除地球磁层以外,人类了解得最多的行星磁层。由于木星比地球距离太阳远得多,因此太阳风与木星磁层的相互作用比地球的要弱得多。二氧化硫正离子和电子是木星磁层中等离子体的主要成分。这些等离子体吸附在木星磁层的磁力线上,随之一起绕木星旋转。由于木星磁偶极子与其自转轴有约 10 度的夹角,因此在木星赤道面运动的木卫一不断穿越木星磁层的不同壳层,从而在距木星 5~6 个木星半径处形成一个等离子体环。木星的磁偶极矩相当大,因此其磁层延展很远(大约 100 个木星半径),等离子体环可认为处于磁层的核心处。由于木星磁层的大尺度及快速自转(10 小时转一圈),从随木星一起旋转的坐标系上看,等离子体环具有很高的离心势能。木星磁层中的这种质量分布是不稳定的。

国际上对木星磁层中等离子体对流机制的研究主要出现过三种观点,即由漩涡弥散、共转对流和输运对流引起。目前的观测结果与磁层的径向输运理论结果符合的较好。磁层径向输运理论采用的基本模型是莱斯（Rice）对流模型，该模型中假设木星磁场为简单的偶极场，同时它也忽略了动量方程中的惯性项，所以是准静态的。"伽利略号"的测量结果表明木星磁层中新产生的等离子体大部分集中于木卫一附近，而不像由目前输运对流模型给出的大致均匀地分布在木卫一等离子体环上，因此需要从动力学过程加以考虑。

金星、火星全球性的固有磁场强度较弱，因此它们与太阳风的相互作用过程与地球与太阳风的相互作用有很大的不同。火星与太阳风相互作用形成的感应磁层无论是从尺度或结构上都与地球磁层有着根本性的区别。金星和火星一样没有固有磁场，与太阳风相互作用产生的磁场结构非常稳定，金星、火星大气为我们研究空间等离子体基本过程提供了一个独特的天然实验室。2006 年发射的欧洲空间局"金星快车"探测到了金星弓激波以及太阳风被金星大气的吸收现象。与地球一样，火星附近的磁场分布对火星附近的粒子分布起着关键的作用。要研究火星附近等离子体的分布、火星离子的逃逸（与水消失有密切关系）、太阳风传入火星电离层、火星磁尾内粒子的加速机制、火星磁尾电子的沉降等都需要了解火星附近的磁场分布。将金星、火星、地球进行比较研究，才可以深入了解太阳风与磁化和非磁化行星大气相互作用的基本特征。

行星表面物理是行星物理的重要问题，主要研究小行星表面岩石类型、反照率和反射光谱性质以及行星在小天体撞击过程中物质分布性态。按表面的反射光谱，小行星可以分为 S 型、M 型、K 型、C 型和 D 型等。小行星表面的反射光谱反映了本身的物质组成。例如，S 型小行星的表面主要成分为硅酸盐与金属铁，M 型主要为金属铁，C 型的化学成分与太阳的平均组成很相似（挥发性组分除外）。不同类型的小行星是由于其内部发生了不同程度的熔融分异的结果，反映了太阳的演化历史。小行星在漫长的太阳系演化过程中，相互发生碰撞并破裂成众多碎片。有些碎片进入地球引力范围而陨落为陨石。因此，陨石是研究小行星以及太阳系的珍贵样品。目前全世界已收集到 4 万多块陨石样品，其中 80％是普通球粒陨石，其余为碳质球粒陨石、顽辉石球粒陨石和分异陨石（无球粒石陨石、石铁陨石和铁陨石）。长期以来，人们试图寻找陨石与小行星的关系，如果能确定某种陨石来自某一类特定类型的小行星，那么研究这些陨石样品就能了解小行星的形成、内部分异和演化历史。按常理，普通球粒陨石的小行星母体应该普遍存在于小行星带内，因为普通球粒陨石是最常见的陨石样品。然而长期以来的天文观测并没有在小行星带中找到与普通球粒陨石的反射光谱相似的小行星，这是行星科学面临的一大困惑。因此，寻找普通球粒陨石的小行星也成为行星科学的一大目标。目前有两种理论来解释普通球粒陨石的小行星母体的失踪问题。一种理论认为，普通球粒陨石的小行星过去曾经主导小行星带，后因受热作用而发生熔融分异，其表面被硅酸盐和金属覆盖，形成了 S 型小行星。另一种理论认为，目前说观测到的所有 S 型小行星，其中 25％～50％是普通球粒陨石物质组成，但是由于受到空间风化作用的影响，其表面的反射光谱发生了变化，并不像普通球粒陨石的反射光谱，反而与 S 型小行星的相似。因此，S 型小行星的物质组成研究成为一个关键问题。小行星反射光谱与陨石实验室分析成为行星物理的重要问题。

类地行星和月球表面所呈现的大尺度多环盆地已是行星科学界公认的重要行星地质学结构。地质史上小行星曾经多次撞击地球，留下了巨大的陨击坑，造成全球性的灾害，引起旧物种的灭绝和新物种的诞生，从而推动了生物的进化。早期撞击在各星球上形成的多环盆地是太阳系中尺度最大的地质构造，由于撞击过程中温度、压力等物理参数由中心向外的不同分布，造成了不同矿物生成的条件，因而对撞击问题的深入研究也许还能为地球矿产资源勘探提供重要依据。近年来的太阳系探测在火星和一些卫星（如木卫二、木卫三、木卫四等）的表面也发现有多环盆地结构。Fielder 于 1963 年最早从月球的观测数据发现多环盆地有明显的特征——环间距均匀且为中心盆地直径的 2 的平方根倍；后来的学者发现火星和水星上的很多碰撞盆地也都如此。过去对其解释有两种理论模型：海啸模型和浅水波理论模型，但它们的理论假设均与实际情况有较大不符。近年来提出了深水波理论模型，该方法在计算环半径效果明显，且无须用到浅水波理论必需的假定。

行星化学是利用现代化的实验技术和仪器设备，分析地外物质（陨石、宇宙尘埃和回收采集的月球样品和彗星样品）的矿物岩石组合、化学成分、同位素组成、有机物种类和含量，探索早期太阳系的形成和演化过程。全世界目前已收集到了 4 万多块各种类型的陨石，它们绝大多数代表了太阳系内众多小行星的样本，如第 4 号小行星灶神星。由于陨石的母体较小，自形成以来没有发生重大地质变化，较好地保留了太阳系史前分子云和早期形成和演化的信息，为研究元素的起源、星际介质和分子云的空间环境、恒星的诞生和发育、太阳系原始星云分馏凝聚与化学演化过程、行星系统的形成和内部熔融分异过程提供了珍贵的第一手材料。

近年来，行星化学研究领域取得的重要进展包括：①在原始球粒陨石中发现了各种类型（金刚石、石墨、氧化物、碳化物、氮化物、硅酸盐等）的前太阳系尘埃颗粒，这些尘埃的化学和同位素组成特征表明，它们来自红巨星、AGB 星、新星和超新星。恒星尘埃使我们对元素的起源、宇宙化学演化趋势、恒星的演化、内部核反应和对流机制有了更深入的认识，也为研究原始太阳分子云的物质来源提供了科学依据；②原始球粒陨石中的难熔包体和球粒被确认为太阳系中最古老的物体，它们在太阳系最初的两百万年内形成，是早期所发生的重大天文事件（如双极喷流和猎户 FU 型星爆发）的产物，是研究恒星和太阳形成和早期各演化阶段的重要样本；③在原始球粒陨石中找到了短寿期放射性核素（如 ^{26}Al、^{41}Ca、^{36}Cl 等）的证据，有些核素（如 ^{60}Fe）是恒星内部核反应的产物，它们随强劲星风注入太阳分子云，并诱发了原始太阳分子云核的塌缩，在极短的十几万年内形成了原太阳；有些核素（如 ^{10}Be、^{36}Cl）则受早期原太阳的高能粒子辐射而产生，它们反映了原太阳的活动强度和物理化学环境；④对无球粒分异陨石和铁陨石开展微量元素和放射性同位素年代学的研究，深入了解行星内部的融熔分异过程和演化历史，获得了高精度的年代学数据，发现小行星和大行星（如地球）的内部熔融分异过程发生得很早，在太阳系形成初期的几百万年到几千万年内就完成了；⑤对月球样品、月球陨石和火星陨石的研究工作，全面了解月球和火星的地质演化历史；⑥在碳质球粒陨石中发现了多种氨基酸和糖分子，为研究生命起源提供了新的线索；最近，美国科学家在一块火星陨石（ALH84001）中发现了火星生命迹象，为研究地外生命提供了新的证据。

（二）太阳系小天体探测

太阳系小天体探测研究与 IAU 两个专业委员会研究内容有关：小行星、彗星和卫星的位置与运动（Commission 20，正式会员达 234 名）、流星、流星雨和行星际尘埃（Commission 22，正式会员达 149 名）。

小行星和彗星是太阳系在 45 亿年前形成时遗留的原始残骸，包含太阳系早期物质物理和化学信息，对研究太阳系起源和行星系统形成具有重要科学意义，同时精密确定其轨道动力学演化又是目前空间环境和地球安全方面的重要现实需求。小行星和彗星主要分布在火星与木星轨道之间和海王星轨道之外，特别是 20 世纪 90 年代起陆续发现的位于海王星之外的柯伊伯带（Kuiper 带，海王星轨道外的小天体）小天体，到目前已经达到 1300 余颗，对揭示太阳系大行星的轨道迁移历史提供了一个新的样本，同时该带也是短周期彗星的来源地。另一方面，轨道运行过程中有机会和地球交会的近地天体（NEO）能够来到地球附近甚至与地球相撞，其中直径在 200 米以上，今后 200 年内将到达距离地球 750 万千米以内、威胁最大的一类叫做潜在威胁天体（potential hazardous objects，PHO），这类天体总数估计在几万颗以上，目前已经发现的不到 1000 颗。研究表明直径大于 200 米的近地天体撞击地球的事件平均每 47 000 年发生一次。近年来也多次发现小行星在月球距离或更近的距离上掠过地球，目前已知的碰撞危险程度最高的 3 个小行星是 2004VD17、2004MN4 和 1997XR2，但仍需要更多的观测资料来改进它们的轨道，并进行更高精度的危险评估。彗星或小行星瓦解喷发出来的流星体也同样会造成航天器的损坏。例如，在英仙座流星雨期间，Mir-1 空间站的太阳能帆板被流星体撞击损坏；欧洲空间局的 Olympus 卫星失踪也是英仙座流星雨撞击的结果。1998 年 11 月 18 日，为躲避可能出现的狮子座流星暴，我国航天部门也对正在运行的航天器采取了保护措施。

小行星和彗星探测与危险评估是太阳系探测研究的重要内容，已受到世界各国的高度重视。美国 NASA 支持下开展的 LINEAR 和 Spacewatch 等小行星探测项目是近地天体领域最具有发现能力的探测项目。美国 NASA 每年花费 400 万美元用于资助完成"空间防卫"的科学目标，计划在未来 20 年内，对绝大部分直径大于 50 米的 PHOs 进行编目，特别要发现直径大于 1 千米的 NEOs 达 90% 以上。据该计划目前报告说，目前已经发现了 800 余颗直径大于 1 千米和 4000 余颗直径较小的近地天体，但是其中发现的彗星不到 100 颗。另外，由于国际航天任务的日益增多，流星群研究重点转向了对航天安全的影响，特别是对流星群在地球引力场内的动力学结构和流星体进入绕地球轨道均需要进行深入研究。

对近地小天体的探测，目前国际上不仅基于地面设备，也实施了一些深空探测计划，如美国 NEAR 项目探测目标（433）Eros 是一个 Amor 型近地小行星，欧洲空间局 ROSETTA 项目探测目标木星族彗星 46P/Wirtanen 是一个近地彗星，日本 Hayabusa 项目探测目标（25143）Ikotawa 不仅是 Apollo 型近地小行星，还是一个对地球构成潜在威胁的 PHO。目前，更高精度观测设备和更多观测时间投入是近地小天体探测研究的核心问题，由此可以确定更精密的轨道，为其撞击地球的危险性评估提供更可靠依据。

（三）行星深空探测

国际上从事深空探测计划的工程技术和科研人员众多，主要分布在美国、欧洲、俄罗斯、中国和日本几个航空航天大国。从 20 世纪 60 年代，人类开始了对月球和太阳系其他行星进行空间飞行器探测（简称深空探测）。到目前为止，以美国 NASA 为代表的国际航空航天组织或机构先后实施了深空探测计划基本涵盖了太阳系内各类天体：行星、卫星、小行星、彗星等。特别是每颗行星均有探测器达到过，还有探测器在月球和火星上成功着落并开展有效的探测工作。下面对几个具有代表性的深空探测计划及其新发现作简要叙述。

1. "火星环球勘测者号"（NASA）

该探测器于 1996 年 11 月 7 日发射，1997 年 9 月 11 日进入火星轨道，2006 年 11 月 2 日结束工作。主要科学目标是：火星上是否有水或生命迹象、火星气候特征、火星地质特征、为未来人登陆火星作准备。于 2001 年完成火星地质地貌图，建立了精度更高的重力场模型，通过地表物质变化观测比对推断了火星气候变化特征。根据观测资料推测，火星可能存在一个液体的核。

2. "火星探路者号"（NASA）

该探测器于 1996 年 12 月 4 日发射，1997 年 7 月 4 日探测器在火星上着落，它携带的索杰纳号火星车，是人类送往火星的第一部火星车。主要科学目标是：探测器进入大气层过程探测、近距离和远距离地表图像。探测器发回了 16 000 余幅探测器着落图像和大量清晰的火星表面图像资料，对火星表面土壤或岩石进行了 20 多种元素成分和含量的分析，拍摄到因风暴产生的尘埃在空中流动现象等。通过地表观测资料分析推断，火星过去可能是温暖和湿润行星。

3. "火星快车号"（ESA）

该探测器于 2003 年 6 月 2 日发射，同年 12 月 25 进入火星轨道，并释放了"猎犬 2 号"登陆器，不久登陆器失去联系，设计寿命 1 个火星年，但实际工作约 2 个火星年。主要科学目标是：绘制火星地图、表面物质探测、寻找水存在的证据等。探测器在火星赤道附近发现大片氧化铁沉积层，其氧化铁含量是火星其他区域的近 5 倍；探测到火星地表下有一些潮湿环境甚至潮湿、较温暖的空间存在的迹象；绘制出了火星极光图；进一步对火星上曾经有河流存在有关假说的证实。

4. "伽利略号"（NASA）

该探测器于 1989 年 10 月 18 日由航天飞机亚特兰蒂斯号运送升空，于

1995 年 12 月 7 日接近木星。"伽利略号"是首个围绕木星公转，对木星大气作出探测的航天器。设计寿命在木星工作 2 年，但它实际达 8 年之久。由于燃料的消耗，"伽利略号"被安排撞向木星摧毁，于 2003 年 9 月 21 日以每秒50 千米的速度坠落木星大气层，结束它长达 14 年的任务。

1993 年 8 月在前往木星的旅程中，"伽利略号"发现了艾达 245 号小行星（Ida）的卫星 Dactyl。在 1994 年的彗星撞木星天文奇观中，"伽利略号"观测了舒梅克·利维九号彗星的碎片撞入木星的过程。在长达 8 年对木星及其卫星的观测中，"伽利略探号"获得了木星磁层和大气运动的较全面的测量数据，新发现了多颗卫星。首次发现了木卫一（Io）和木卫三（Ganymede）有内在磁场。根据观测资料推断出木卫二（Europa）可能存在一个大约 10 千米厚的内部海洋。特别是在其坠落木星大气过程中测量到了 57 分钟 0～22 巴（1 巴＝10^5 帕）的大气速度变化值，极大地提升了人们对木星大气的了解程度。

5. "旅行者 1 号"（NASA）

该探测器于 1977 年 9 月 5 日发射，截至目前仍正常运作，现时已经进入太阳系最外层边界，并即将飞出太阳系，目前处于太阳影响范围与星际介质之间，探测器上电池可以工作到 2020 年。主要科学目标：初定探测木星和土星及其卫星与环；后增加行星际和星际探测。1979 年 3 月 5 日起离木星中心349 000 千米处近距离对木星的卫星、环、磁场以及辐射环境作深入近一个月的探测和高分辨率成像观测，首次发现木卫一上的火山活动。1980 年 11 月12 日最接近土星，距离土星最高云层 124 000 千米（77 000 英里）以内，探测到土星环的复杂结构，并发现了土卫六拥有浓密的大气层。在接近土卫六的过程中，探测器轨道在行星摄动，开始了飞离太阳系的行程。

"旅行者 1 号"上携带了一张铜质磁盘唱片，内容包括用 55 种人类语言录制的问候语和各类音乐，旨在向"外星人"表达人类的问候。

6. "卡西尼-惠更斯号"（NASA&ESA）

该探测器于 1997 年 10 月 16 日发射。主要科学目标是探测土星大气、环、磁场及其卫星。2004 年 6 月，它首度近距离地飞越土卫九并送回了高分辨率的图像数据资料。2004 年 7 月 1 日，探测器进入土星轨道。2005 年 1 月14 日，探测器将"惠更斯号"释放到土卫六，它在大气层下降过程中和着陆以后送回了大量的有关土卫六大气和地面测量数据从 2005 年初,科学家通过分析由卡西尼探测器传回土星上闪电数据资料,发现这些闪电释放出的能量比地球上的闪电强了 1000 倍。在 2006 年 3 月 10 日,美国 NASA 宣布,由"卡西尼-惠更斯号"的影像分析发现,土卫二上间歇泉喷发出的物质中含有液态水的证据。在 2006 年 9 月 20 日,"卡西尼-惠更斯号"探测到 G 与 E 环之间仍存在一个行星环。在 2006 年 7 月,"卡西尼-惠更斯号"首度证明在土卫六的北极附近存在碳氢化合物的湖,并在 2007 年 1 月再次证实。在 2006 年 10 月,观测到土星的南极侦发生一个直径 5000 千米并有眼墙的飓风。2006 年,太空船发现并证实了四颗新的卫星。"卡西尼-惠更斯号"设计的任务在 2008 年完成第 74 圈的环绕土星之后结束,但它仍工作正常。因此,美国 NASA 于 2008 年 4 月 15 日宣布"卡西尼-惠更斯号"探测计划将延长两年。

未来一段时间内,由于人类社会发展的需求,使得月球、火星、小行星和彗星将是国际深空探测的主要对象。

(四)天文地球动力学

天文地球动力学是一门新兴交叉学科,它以空间测量技术为实验手段,从天文的角度,更精确地监测地球整体以及地球各圈层的物质运动,更全面地研究整个地球系统的动力学机制。它的研究目标是评估和减轻严重危害人类健康和安全、国家安全、经济发展的自然灾害。其要解决的主要科学问题是:如何从技术和方法上提高空间对地观测的精度和时空分辨率;如何把地球整体和地球各圈层的运动作为一个完整的体系,全方位研究其相互激发、驱动和制约的动力学关系。这些科学问题的研究涉及天文学测量技术、行星动力学和地球科学等学科的交叉。

探索对地观测系统的新技术新方法,使测量的精度、时间和空间分辨率不断地提高,是天文地球动力学研究主要内容之一。全球导航定位系统、海洋测高和重力卫星是天文地球动力学研究发展出的三个代表性的卫星测量技术。重力卫星 CHAMP、GRACE 和 GOCE 的成功发射和应用,将进一步全方位地监测地球系统物质运动变化。通过重力卫星 GRACE 测量数据,科学家确定地球两极的冰川融化速度,由此结合海洋测高数据,给出了由于冰川融化引起的全球海平面升高量,引起了国际社会的高度关注。全球地壳形变卫星检测,具有高效和高精度特点,人们已可以检测到因地震引起的地面测站间基线变化量,为研究地震造成的板块移动提供了可靠数据。根据无线电测量信号经过大气将产生延迟现象,人们可以高精度测量地球大气电子和水汽含量，由此人们得以建立全球电离层模型和大气模型，该测量方法可以用于对行星的大气测量。

目前国际上在这些研究领域内活跃的主要机构有美国 NASA 的喷气推进实验室（JPL）、戈达德空间飞行中心（GSFC）、美国得克萨斯州大学的空间研究中心（CSR）、美国海军天文台（USNO）和德国的地球科学研究中心（GFZ）等。他们都积极从观测战略、技术开发、机制研究等方面全方位展开对地球系统的监测和研究。特别是美国 NASA 于 2002 年为固体地球科学制定了一个科学的、可操作的战略规划——"NASA 固体地球科学计划"，更是为未来 25 年最优先的研究领域确定了主要的科学挑战问题。

第三节 国内现状

（一）行星物理和行星化学

我国大陆 IAUcommission 15 正式会员不到 10 名，但国内从事行星物理和行星化学研究的近 40 余人，包括来自上海天文台、紫金山天文台、南京大学、中国科学技术大学以及国家空间科学中心等科研院所和大学的专家学者。主要研究方向有：行星内部结构与重力场、行星大气与磁场动力学、行星磁层物理、行星化学、宇宙撞击研究、彗星物理以及流星群研究等。

上海天文台行星物理学研究小组开展行星内部动力学基础研究已有数年，在理论和大规模数值模拟研究方面已取得若干突破性进展：发现了旋转球形流体动力学中百年来一直没有解决的著名的 Poincare 方程完整分析解，由此开展了系列研究工作；发现天体的流体扭转振荡现象可以由单纯的热对流产生；建立了一个新的拟地转流模型，由此首次揭示了行星大气中大尺度对流和小尺度对流的能量变化关系，为解释行星大尺度环流的强度随时间的这一深空探测事实提供了一个理论依据；自主初步建立了高效的行星动力学发电机并行计算数值模型，并对类地行星和类木行星的磁场进行了富有成果的数值模拟研究。上海天文台与美国和英国有关科学家有良好的国际合作关系。

紫金山天文台在行星科学基础研究方面做了大量的工作。在哈雷彗星回归、彗木碰撞事件、海尔-波谱彗星、狮子座流星群等研究中做出了重要贡献；在行星化学方面，相关研究人员在《科学》（Science）、《自然》（Nature）、《美国科学院院刊》（PNAS）、《天体物理学杂志》（The Astrophysical Journal）等期刊上发表了有影响的学术论文。例如，在原始碳质球粒陨石中首次发现了短寿期放射性核素^{36}Cl（半衰期为 30 万年）的证据，提出并论证了太阳系早期高强度高能粒子的辐射是产生^{36}Cl 的主要原因，得到了国际学术界的广泛认同。

空间中心是著名的空间物理和空间探测研究单位，目前主要从事探月工程、地球空间双星探测计划、"萤火一号"火星探测计划和多颗应用卫星的有效载荷和相关支持系统的任务，以及空间物理基础研究国家重大项目、多项863 项目、中国科学院知识创新工程方向性项目的研究工作。拥有"空间天气学国家重点实验室"，两位从事研究的中国科学院院士及一批卓有建树的年轻研究员。在行星探测研究方面与国际上著名的行星探测研究机构，欧洲空间局空间技术中心（ESTEC/ESA）的太阳系研究室（Solar System Division）、俄罗斯空间物理研究所、美国加利福尼亚大学洛杉矶分校地球与行星物理研究所（IGPP），美国加利福亚大学伯克利分校、奥地利科学院空间研究所、瑞典科学院空物理研究所、英国帝国理工大学、伦敦大学学院Mullard 实验室、法国空间辐射研究中心（CESR，Toulouse，France）建立紧密的合作关系，共同研制空间探测器和分析探测数据。

中国科学技术大学地球与空间物理系行星磁层研究小组已在等离子体对流机制研究方面取得了国际关注的研究成果：创造性地将磁细丝运动理论应用到了地球和木星磁层中，成功地解释并模拟了由卫星观测到的地球磁层中的爆块流，提出了地球磁层中对流的新模式，从根本上解决了长期存在的压力平衡不自洽难题；将拉扯法应用到 Fuch-Viogt 磁场模型中，把原来模型中的压力平衡不自洽降低两个数量级。

（二）太阳系小天体探测

我国大陆 IAU commission 20 正式会员 5 名，但国内从事相关研究的近30 余人，主要集中在紫金山天文台和国家天文台的专家学者，开展太阳系小天体探测与撞击危险性评估研究。

紫金山天文台在小行星和彗星观测研究成绩突出，发现了很多这类小天体，并且进行了初轨计算和轨道改进；20 世纪 70 年代开始了太阳系动力学模型的研究，用改进的 Cowell 积分方法研究了小天体的长期轨道演化。该模型给出大行星的位置，在 100 年内，误差不大于 1 角秒，内符合计算精度高于 10^{-12}。1994 年，紫金山天文台利用自己建立的历表独立预报彗木碰撞事件中各个碎块撞击木星的时刻，精度与美国 NASA JPL 的预报相当。在此基础上，参照已公开发表的 DE/LE 历表的数学模型和初始数据，改进了太阳坐标处理方法和后牛顿效应模型，引进地球章动和月球天平动的影响，精确考虑地球和月球形状的摄动，建立了 PMOE2003 历表框架。该框架预报大行星位置的精度已与 DE405 历表相当，预报月球位置的精度接近 DE405 历表。特别地，紫金山天文台在盱眙观测基地建成了 1.04/1.20 米近地天体望远镜，专门用于搜索发现近地天体近。几年来，完成了 863-703 课题"小天体的危险评估和利用"，并与多个欧美国家的相关研究机构建立了交流与合作，参与他们的工作。

（三）行星深空探测

与国际上相比，我国从事深空探测的工程技术人员不少，但从事探测数据科学研究的人员却相对少得多，主要集中在中国科学院和各大学，特别是从事行星物理和行星化学的研究人员就更少，与我国目前航空航天在国际上的地位非常不符，我国深空探测起步晚是其客观原因。目前，当务之急是培养和发展从事深空探测科学研究的队伍，否则将极大地影响我国未来深空探测计划开展的水平和质量。

我国分别于 2007 年 10 月和 2010 年 10 月，成功发射了"嫦娥一号"和"嫦娥二号"月球探测器，国家天文台利用其携带的激光高度计测量数据，成功地绘出了完整月球三维地形图。中国科学院上海天文台参加了"嫦娥一号"和"嫦娥二号"工程并承担了相关的测定轨任务，在地球卫星精密定轨工作的基础上，开发了相关软件系统处理地月距离（40 万千米）以内探测器的 USB 和 VLBI 测轨资料，圆满完成了"嫦娥工程"的测定轨任务。

（四）天文地球动力学

国际从事天文地球动力学的人员主要分布在空间大地测量界，国内主要研究单位是上海天文台、武汉测量与地球物理研究所以及武汉大学和郑州测绘学院。

我国早在 20 世纪 70 年代就开始瞄准天文地球动力学这个国际前沿的领域，积极参与国际竞争。在大型国际研究计划中，不仅参与了主要空间对地观测计划［如国际地球自转服务计划（IERS），国际 GPS 地球动力学服务计划（IGS）、国际激光测距服务计划（ILRS）、欧洲 VLBI 观测网（EVN）、美国 NASA 的固体地球和自然灾害研究计划（SENH）等］，而且倡导并组织了由中国、美国、日本、俄罗斯、韩国、印度、德国等十几个国家参加的亚太地区空间地球动力学（APSG）国际合作研究计划，使我国成为国际天文地球动力学研究的重要基地。

自 20 世纪 70 年代起上海天文台相继建成了卫星激光测距技术（SLR）、甚长基线干涉测量技术（VLBI）和全球卫星定位技术（GPS），使上海天文台成为同时拥有这些设备的重要测基地，同时也开发了相应的独立自主的资料分析软件系统，拥有了综合处理多卫星和多技术测量资料的能力，使其在国际相关学术组织中占有重要学术地位。上海天文台的 SLR 站 20 世纪末成功实现了对激光卫星的白天常规观测；对全球 VLBI 资料归算结果的精度居全球 17 个分析中心中前 3 位，达到国际先进水平。上海天文台利用空间大地测量数据，在国际上首次得到了精度达毫米级的中国大陆及其周边区域地壳运动完整的运动图像，为地球科学部门研究中国大陆地壳运动机制提供了最可靠的约束条件；在地球自转变化与海气运动和厄尔尼诺（El Nino）事件相互关系研究方面，在国际上首先提出了对厄尔尼诺事件预测的天文学方法，并最先成功地利用地球自转的日长年际变化预测到引起全球自然灾害频发的1991 年厄尔尼诺事件（此成果已在《自然》杂志上发表），并成功预测了1993 年、1994～1995 年、1997 年及 2001 年底前后出现的厄尔尼诺事件，为国家减灾防灾提供重要信息；在国际上率先从理论上解决了广义相对论框架下卫星精密定轨难题，该研究结果已成为 IERS 空间测地资料归算规范之一，供全球对地观测资料处理参考使用。

近年来，中国科学院测量与地球物理研究所在重力场的精细频谱特征及其地球动力学意义研究、中国大陆绝对重力基准建立、卫星测高在中国近海地球物理与海洋动力环境中的应用和测量误差理论的拓展——拟稳平差和测量抗差估计理论等方面取得了不少的成果。建立了武汉国际重力潮汐基准，为国际重力网提供了亚洲大陆的重要基准，为国家大型科学工程提供重要参考；精密确定了全球不同地区重力潮汐参数；发展了大气对重力场观测影响的理论，检测到大气变化导致的微小重力场变化的时频特征等。此外，在低轨卫星精密定轨、重力卫星观测方案模拟、有效载荷的精度模拟、卫星重力技术恢复地球重力场的精度和空间分辨率的影响因素分析、恢复的地球重力场的地面检核和标定、CHAMP 和 GRACE 重力卫星观测资料反演地球重力场模型、全球陆地水与海水质量时空分布等方面的研究中取得了重要进展。

第四节　优先发展领域和重点研究方向

根据国际行星科学与深空探测的发展趋势，结合我国目前科研和工程技术水平的实际状况，建议在未来 5～10 年在中国科学院国家天文台、紫金山天文台、国家空间科学中心和上海天文台以及南京大学、北京大学、中国科学技术大学和北京师范大学等科研院所和大专院校建立行星科学研究组（部），针对月球、火星和小行星深空探测计划，以凝练提出我国未来深空探测计划科学目标为主攻方向，重点开展深空探测技术方法、探测资料分析应用和前沿行星科学问题等方面研究，同时积极开展天文地球动力学研究。在行星物理和行星化学方面，优先开展行星内部结构与动力学、行星表面物理、行星磁场物理和行星化学研究；在小行星探测方面，优先开展近地小天体探测和危险性评估研究，完善地面监测网功能和提升测量水平和效率；在行星深空探测方面，优先开展探测器轨道或在行星表面位置测定的技术和方法研究，提升探测数据分析处理和科学应用的水平；在天文地球动力学方面，优先开展现代重力卫星跟踪测量技术，其中高精度距离测量方法将为我国未来的深空探测计划提供坚实的技术基础。相关领域的具体重点研究方向如下。

（一）行星物理和行星化学

1. 行星内部结构和重力场

类地行星的内部结构比较研究，火星内部液核的存在性，热分布对类地行星内部结构的影响，高精度月球重力场，高精度火星重力场，重力场与地形的相关性，火星重力场的时变性，重力场反演方法，类地行星的形变。

2. 行星内部动力学

行星内部对流及其产生机制，快速旋转流体与磁流体动力学基本理论，月球内部热演化与磁场消失的关系，水星和火星内部热演化及其磁流体动力学，木星和土星大气动力学，自然卫星内部流体动力学，较差转动产生及其对行星内部动力学的影响，系外共旋行星内部热对流，潮汐作用与行星内部物质运动，行星内部弹性动力学。

3. 行星磁场物理

行星际空间等离子体与太阳风相互作用基本理论，水星磁层物理，金星磁层物理，火星磁层物理，木星磁层物理，类地行星空间环境辐射模拟平台，火星大气参数的测定与模型建立，金星大气参数的测定与模型建立，类地行星大气水输运过程及其消失。

4. 行星表面物理

小行星反照率和反射光谱特性,小行星表面物质特性统计比较研究,行星表面陨击坑和多环盆地的形成,彗星物质喷发性态,流体行星表面撞击及风暴的形成,行星表面地形,小行星物理参数反演方法和形状重建。

5. 行星化学

太阳系早期短寿期放射性核素搜寻,原始球粒陨石中的恒星尘埃的同位素组成,球粒陨石中的难熔包体和球粒的成因,无球粒分异陨石和铁陨石中的微量元素和同位素组成,月球陨石和火星陨石的矿物岩石学,碳质球粒陨石中有机物的种类和含量。

(二) 太阳系小天体探测

1. 地面探测设备

现有地面光学探测终端设备工作性能,小行星无线电探测技术方法,海量测量资料数据库建立、管理与应用,测量数据资料分析处理方法,近地小天体轨道的精密确定和预报。

2. 空间探测设备

小行星空间探测器光学和无线电载荷关键技术方法,空间探测资料的分析和处理,空间探测具体小天体目标的遴选。

3. 撞击概率与危害评估

小天体撞击地球概率,小天体撞击地球危害性模拟和评估,流星的形成和演化,流星群对航天安全性评估。

(三) 行星深空探测

1. 探测器跟踪测量技术方法与位置和轨道确定

高精度测距技术,高精度测角技术,高进度测速技术,高精度行星表面定位技术,测量数据系统误差分析,测量数据融合,实时数据处理分析,无拖曳航天技术，行星际自主导航技术，编队飞行技术，高质量测量数据传输，卫星姿态变化与控制，探测器轨道设计。

2. 深空探测科学载荷关键技术

光学及红外成像，光谱测量，雷达测量，干涉测量，星间链路无线电和激光测量，高能粒子探测，磁强度测量，掩星无线电测量。

3. 深空探测科学数据处理

数据库的建立和管理，数据分析处理。

4. 深空探测科学目标遴选

月球探测，火星探测，太阳系其他天体探测。

(四) 天文地球动力学

1. 卫星对地观测系统的新技术和新方法

导航系统的精密定轨和时间同步，多波段、多倾角干涉测量模式的研究，对流层延迟误差改正，InSAR 技术，GNSS 掩星观测，卫星重力测量技术、卫星测高技术，测量数据综合分析处理。

2. 空间大地测量前沿科学问题

地球海洋质量分布与迁移，地球陆地表层大质量水迁移，地球大气参数运动模式，地球电离层模式，地球重力场的时变及其机制，地球自转动力学，地球内部圈层相互作用动力学，高精度地球参考架建立和维持，冰川融化和冰后地壳回弹，垂线变化与大地水准面形变。

3. 在深空探测中扩展应用

月球和类地行星参考架的建立与维持，月球和类地行星大地水准面的测定，月球和类地行星重力场测定，月球和类地行星电离层的测定，月球和类地行星自转参数测定，月球和类地行星内部结构反演，空间大地测量技术方法的扩展应用。

第五节　对未来发展的建议

我国行星深空探测工作刚刚起步，行星科学研究的基础有待加强，在思想、技术、设备、管理、经费和人才资源等方面与国际空间大国均有一定差距。目前，月球、火星和小行星是探测的热点，国际上已实施和筹备了很多探测计划，想做和能做的工作都已经做了或已在计划中。就我国目前深空探测能力，要想在这个领域完成其他空间大国想做但目前还做不了的工作，难度较大，所以提出的探测科学目标自主创新内容不多。我国应扬长避短，集中有限的物力、财力和人力，开展全新的深空探测活动。在这方面日本经验可以借鉴，日本把探测目标最先定向与近地小天体（小行星和彗星）。事实上，小行星和彗星是太阳系早期行星系统形成过程中的残留物，包含了丰富的原始太阳星云物质和太阳系早期形成时的重要信息。当时在这个领域美国和俄罗斯虽然实施了几个探测计划，但各小行星和彗星的物理特性、地质环境和化学组成互不相同，可做的工作仍然很多，不会有太多的重复性，创新意义重大。日本的"隼鸟"号探测器首次回收采集了丝川小行星（S-型小行星）的岩石样本，整个工程耗资仅 127 亿日元（约合 8 亿元人民币），比"嫦娥一期工程"（14 亿元人民币）还要少，尽管它在实施的过程中出现了一些技术性问题，但它的科学探测结果却是创新意义重大，首次给出了丝川小行星土壤和岩石成份和地表图像。

我国行星科学与深空探测目前主要不足是：探测器跟踪测量技术能力还达不到国际先进水平；探测器上科学测量设备精度和水平与国际同类设备仍有差距；深空探测资料的分析处理和科学应用研究水平还有待进一步提高。克服这些不足要立足自身科技发展的进步，同时需积极开展国际合作交流。结合目前国内相关科研院所已有的国际合作关系，建议我国行星科学研究人员充分利用国际行星探测资料，重点开展与美欧日等主要行星科学研究所或者机构在月球、火星和小行星探测数据分析和科学应用等方面的研究，同时也积极开展行星科学前沿问题国际合作研究，积极参与国际近地小天体探测计划，加强观测数据库的建立。

国内的行星科学研究力量主要集中在紫金山天文台、国家天文台、上海天文台、国家空间科学中心、南京大学和中国科学技术大学等单位。与我国深空探测技术相比，目前我国从事行星科学研究人数是明显不足，研究力量较为薄弱。为此建议在基础研究方面急需大力加强人员培养和人才引进工作。在人才队伍建设上要有所倾斜，加大资助力度和范围，以重点项目或者创新群体等方式推动行星科学队伍建设，在明确科学目标的前提下，给予较长期的稳定支持。支持召开和参与行星科学领域国际学术研讨班和相关国际会议。国家自然科学基金委员会层面加强与国外对口机构（如 NSF）的战略合作，如制定双方该领域科学家的合作研究计划。

致谢：本章作者感谢黄乘利、吴斌、徐伟彪、马月华、季江徽、赵海斌、陈出新和王赤等人提供相关资料。

参考文献

[1] 中国科学技术协会，中国天文学会. 2007—2008 天文学学科发展报告. 北京：中国科学技术出版社，2008

[2] 国家自然科学基金委员会数学物理科学部. 天文学科、数学学科发展研究报告. 北京：科学出版社，2008

[3] Acuña M H，Connerney J E P，Ness N F，et al. Global distribution of crustal magnetism discovered by the Mars global surveyor MAG/ER experiment. Science，1999，284：790

[4] Anderson D L. New Theory of the Earth. Cambridge：Cambridge University Press，2007

[5] Bloxham J. Sensitivity of the geomagnetic axial dipole to thermal core – mantle interactions. Nature，2000，405（6782）：63-65

[6] Busse F H. Thermal instabilities in rapidly rotating systems. J Fluid Mech，1970，44：441-460

[7] Connerney J E P，Acuña M H，Wasilewski P，et al. Magnetic lineations in the ancient crust of Mars. Science，1999，284（5415）：794-798

[8] Christensen U R. A deep dynamo generating Mercury's magnetic field. Nature，2006，444：1056-1058

[9] Glatzmaier G A，Roberts P H. A three-dimensional self-consistent computer simulation of a geomagnetic field reversal. Nature，1995，377：203-209

[10] Gubbins D，Bloxham J. Morphology of the geomagnetic field and implications for the geodynamo. Nature，1987，325：509-511

[11] Heimpel M，Aurnou J，Wicht J. Simulation of equatorial and high latitude jets on Jupiter in a deep convection model. Nature，2005，438：193-196

[12] Lundin R，Barabash S，Andersson H，et al. Solar wind-induced atmospheric erosion

on Mars: first results from ASPERA-3 on Mars Express. Science, 2004, 305: 1933-1936

[13] Margot J L, Peale S J, Jurgens R F, et al. Large longitude libration of Mercury reveals a molten core. Science, 2007, 316: 710-714

[14] Porco C C, Baker E, Barbara J, et al. Cassini imaging science: initial results on Saturn's atmosphere. Science, 2005, 307: 1243-1247

[15] Sarson G R, Jones C A, Zhang K, et al. Magnetoconvection dynamos and the magnetic fields of Io and Ganymede. Science, 1997, 276: 1106-1108

[16] Schubert G, Zhang K, Kivelson M G, et al. The magnetic field and internal structure of Ganymede. Nature, 1996, 384: 544-545

[17] Stevenson D J. Mars' core and magnetism. Nature, 2001, 412: 214-219

[18] Stewart A J, Schmidt M W, vanWestrenen W, et al. Mars: a new core-crystallization regime. Science, 2007, 316: 1323-1325

[19] Yoder C F, Konopliv A S, Yuan D N, et al. Fluid core size of Mars from detection of the solar tide. Science, 2003, 300: 299-303

[20] Zhang K, Schubert G. Teleconvection: remotely driven thermal convection in rotating stratified spherical layers. Science, 2000, 290: 1944-1947

第五章
基本天文学

第一节　基本天文学在天文学科中的地位、
　　　　发展规律和研究特点

天体测量学与天体力学历史上是天文学的两个二级学科，其中天体测量测定天体位置和运动，天体力学研究天体的力学运动规律和形状，时间频率研究标准时间的产生、保持以及播报等，均具有悠久的发展历史。目前国际上将天体测量与天体力学、时间频率研究等领域统称为基本天文学（fundamental astronomy）。IAU 的 Division I 为基本天文学，有注册会员 674 名．Divison I 下设历书、天体力学与动力天文学、天体测量、地球自转、时间、基本天文学中的相对论等 6 个专业委员会，以及目前隶属该 Division 的三个工作组：国际天球参考架的实现、基本天文学的数值标准（更新 IAU 最佳估计值）、小地面望远镜的天体测量。此外，还有两个交叉的工作组：测绘坐标与自转根数、自然卫星。基本天文学是天文学可以直接服务与国民经济的重要学科之一。随着天文学发展，基本天文学在不断地丰富学科内涵，拓展研究对象，进一步明确了在天文学乃至国民经济发展中的重要地位和作用。

基本天文学的战略地位主要体现在以下几个方面。

1. 提供人类探测宇宙最基本的知识和方法

天体测量为天文学的各项研究提供天体位置、距离、速度等基本数据，并且为地球科学、空间科学所广泛应用。20 世纪 90 年代以来，依巴谷空间天体测量计划取得成功，以此建立的依巴谷星表给出了大样本的亮星天体测量数据，以前所未有的精度提供了一个均匀的准惯性天球参考系，并为银河系天文学的研究提供了极为重要的观测资料。

2. 研究天体系统动力学形成与演化、行星内部结构与物理

天体物理主要研究天体演化中非常剧烈的物理过程，而天体系统在引力作用下的形成和长期演化过程，则是天体力学的研究范畴。天体力学研究以牛顿引力为主的天体系统的长期动力学演化和稳定性，对人类认识太阳系稳定性、系外行星系统的形成与起源、探索地球以外可居住行星提供理论依据。

3. 为社会经济发展，特别是航天、国防等部门提供天文学方面最直接的支持

人造天体是基本天文学的重要研究对象之一，涉及轨道的精密确定和预报，目前人造天体已在社会发展、航天和国防等领域得到充分发展和应用。高精度时间频率的确定，为基础研究（物理理论和基本物理常数等）、工程技术应用领域（信息传递、电力输配、深空探测、空间旅行、导航定位、武器实验、地震监测预报、地质矿产勘探、计量测试等）以及关系到国计民生的诸多重要部门（交通运输、金融证券、邮电通信、能源等）提供服务。

4. 促进数学、物理学、地球科学以及非线性科学等相关学科的发展

历史上天体力学的发展一直与数学的发展紧密联系。自20世纪六七十年代起，天体力学为非线性科学保守系统的研究提供了重要的范例，对非线性科学的发展作出了巨大的贡献。天体测量学的发展与天文学中其他分支学科以及相邻学科的发展紧密联系，例如，地球科学和空间科学的需求极大地推动了天体测量的发展。天体测量的成果为天体物理、天体力学、地球科学和空间科学的研究工作提供了必需的基本参考架和丰富的天体测量参数数据库。此外，基本空间参数的测定、广义相对论天体力学的研究促进物理学特别是引力理论的发展。

第二节　基本天文学的国际现状和发展趋势

20世纪90年代以来，随着行星际探测的不断深入，欧洲空间局空间天体测量卫星依巴谷的成功发射（1989）、太阳系海王星轨道外大量小天体的发现

（1992）、太阳系近邻主序星行星系统的发现（1995）、时间和频率测量精度和要求的不断提高，基本天文学研究领域得到了迅猛地发展，具体体现在以下几个领域。

一、天体测量

通过天体在天球上角距的测量，导出天体的位置、自行和视差，并建立天文参考系是天体测量的主要任务。天体测量方法为天文学各领域的研究提供了重要的基础理论和观测数据，所有的天文观测都离不开天文参考系的应用。近一二十年来，由于空间和新探测技术的应用，天体测量精度、观测效率、探测深度等都得到了极大提高。随着航天事业的发展，在欧美等发达国家，新天体测量技术得到高度的重视。一方面，空间和地面高精度和高分辨率的天文观测离不开天体测量方法的技术支撑；另一方面，观测技术的进步使得传统的天体测量位置观测与天体物理的光谱和测光观测相互交融，形成了新天体测量方法和技术；再一方面，观测技术的进步、观测精度的提高，也大大促进了天体测量研究自身的发展，高精度天体测量参数更是为天体物理相关研究提供了极为珍贵的观测数据。例如，毫角秒精度水平恒星自行所提供的横向速度在 1kpc 尺度上已经与视向速度观测精度相当，而目前 VLBA 的观测精度更是达到亚微角秒；高精度绝对三角视差成为直接校准造父变星周光关系零点的主要手段。在人造卫星和太阳系天体运动的监测、恒星结构与恒星物理、银河系结构与演化等方面，新天体测量越来越显示出巨大的作用和产生重要贡献。

在天体测量研究领域，高精度天体测量要求与观测精度相适应的新参考系理论和观测资料处理方法。为适应航天和天文观测应用的需求，大型多波段天体测量星表的研究一直是天体测量工作的重要领域。正在实施并很快即将发射卫星的第二代空间天体测量计划必将对整个天文学产生巨大的影响。高精度天体测量数据在诸如银河系天文学等领域发挥了重要作用和贡献。

（一）天文参考系理论研究

近 20 年来，天文参考系研究发生了重要变革，以基本星表系统（如 FK5 系统）为代表的动力学参考系已被新的国际天球参考系（ICRS）取代，新的 ICRS 不依赖传统的动力学分点而直接与河外致密射电源相联系。新的 ICRS 与国际地球参考系（ITRS）之间的联系必须通过新的岁差章动理论来实现；高精度参考系和天体测量观测要求基于相对论理论来建立；在微角秒精度水平上，除了相对论效应之外，银河系运动对参考系的影响已经成为不可忽视的重要因素。值得一提的是，在近 20 年 IAU 大会的决议之中，与参考系理论直接相关的决议占有很大的比例，凸显出参考系研究领域所获得的巨大进展和参考系理论对天文学研究的基础作用。

岁差章动理论是联系天球参考系和地球参考系的必经途径。在岁差理论方面，长期以来依赖 Newcomb 模型。直到 2003 年，利斯克（Lieske）所提出的 Newcomb 岁差表达式一直被采用。IAU 1980 章动理论是建立在一个固体内核、外部为液体核及弹性外层的地球模型基础之上的。从 2003 年起，新的岁差章动模型 IAU 2000A 和 IAU 2000B 取代了 IAU 1977 岁差理论和 IAU 1980 章动模型。IAU 2000A 岁差章动模型所给出的精度为 0.2 毫角秒，而 IAU 2000B 的精度为 1 毫角秒。模型中采用了非刚性地球模型的章动序列，并改正了黄经合交角岁差量，同时给出了在 J2000.0 时平赤道系和地心天球参考系之间的差值，岁差量仍然采用了 Lieske 的表达式。而章动序列中，给出了周期大于 2 天和振幅大于 15as 的 678 个日月项和 687 个行星项。对于周期小于 2 天的变化项，都被归结为极移。考虑到过去几种岁差章动模型的动力学一致性等问题，以及日后对于岁差章动模型精度进一步改进的需要，在 IAU 2000A 模型基础上，IAU 2006 决定采用卡皮泰纳（Capitaine）等人（2003）提出的 P03 新岁差章动模型。在 IAU 2006 的决议中，过去长期使用的日月岁差和行星岁差的概念不再使用，而用黄道岁差和赤道岁差的概念来取代。

随着天体测量精度的提高，要求把天文参考系理论从牛顿框架拓展到广义相对论的框架。为此，IAU 在 2000 年做出决议，把广义相对论 1 阶后牛顿的多参考系理论作为太阳系参考系的标准。面对未来测量精度可达微角秒量级的空间天体测量计划，如 GAIA 和 SIM，以及太阳系内的深空激光测距计划，原有的参考系理论框架将会面临新的问题。与此同时，随着天文观测技术的不断发展，宇宙加速膨胀的发现使得经典的广义相对论在解释"暗能量"上遇到了问题。加之对宇宙早期以及高能标下基本物理理论研究的进一步深入，各种各样的引力理论层出不穷。精度达到微角秒量级的空间天体测量计划为在太阳系这一弱场低速环境中检验这些引力理论提供了绝佳的机会。为此，在原有的广义相对论 1 阶后牛顿理论的基础上提出了"参数化的 1 阶后牛顿"体系。对应于不同的引力理论，发展和建立起参数化后牛顿框架下的多参考系理论是目前研究的重要方向。这一理论为高精度天体测量数据的归算与处理、太阳系大行星和月球的高精度历表、月球与深空探测计划、大地测量和导航提供理论基础和支持。

众所周知，与静止坐标系相比，在运动坐标系中观测到的天体位置含有光行差成分。传统上，不论是经典光行差或者是相对论效应光行差，所指的都是由于观测者相对质心坐标系运动而引起的天体位置的改变。但在毫角秒观测精度水平上，银河系自身的运动对观测结果的影响已经无法忽视。研究发现，太阳绕银心的轨道运动（银河系自转），会引起观测自行的误差，这种误差被称为长期光行差。长期光行差在数值上取决于观测天区和恒星在银河系中的位置。对一些天区，该误差达到 4 角秒/年。同时，对身处于银河系中的天体，恒星自身的绕银心轨道运动也同样对长期光行差有贡献。当恒星位于距银心 500pc 处，长期光行差将达到约 60 角秒/年，而对近银心天体的，这一误差将会更大。这些因素对未来参考系的建立都将产生作用，并带来对未来参考系问题的更多思考。

（二）天体测量星表研究

与依赖于动力学春分点为代表的传统基本参考系（如 FK5）所不同的是，现今参考系建立的基础是假定宇宙在整体上是无旋转的，因而由遥远的河外天体所构成的参考架是准惯性参考架。在这一参考架中观测银河系天体，能够准确反映银河系自身的状态和其运动，所以这种参考架被称为运动学参考架。IAU1991 决议中，建议未来参考系采用河外射电参考系来取代光学观测的以动力学分点为基础的基本参考系。作为 ICRS 的实现，IAU1997 推出了包含 212 个定义源、294 个需要进一步观测的致密源和 102 个具有特殊天体测量意义的源，构成射电波段上的国际天球参考架（ICRF），并在 1998 年正式启用。在 J2000.0 历元，ICRF 的零点与动力学系统及 FK5 系统的零点重合。

在光学波段，由于 ICRF 射电源都比较暗，几乎无法对其进行天体测量绝对测定。依巴谷以其卓越的观测性能，完成了对 117 955 颗恒星的高精度观测。依巴谷通过对两个不同视场中约成 58°的两颗恒星的同时观测，给出恒星在天球上的角距，但无法直接测定参考架的坐标指向。结合地面多种技术的综合，依巴谷参考架实现了向 ICRF 的连接，在其平均观测历元，连接的位置精度和自行精度达到 0.6 毫角秒和 0.25 毫角秒/年。根据 IAU 决议，依巴谷星表从 1998 年起，被推荐为 ICRS 在光学波段上的实现。依巴谷掀开了天体测量一个崭新的时代，它所获得的成果不仅为天体测量学自身的发展开辟了广阔前景，更是对整个天文学的发展起到了巨大的推动作用。利用依巴谷天体测量观测数据，全世界共发表了 3000 余篇研究论文，研究领域几乎涉及天文学的所有方向。相信依巴谷科学意义的后续效应将在未来 GAIA 时代被更为广泛的认知。值得一提的是，在刚发表的新依巴谷星表中，由于改进了卫星观测随扫描高度变化而引起的处理误差，重新处理后的天体测量精度对亮星而言得到了较大幅度的提高。

建立高密度星表是天体测量的重要研究内容，可用以满足各种地面和空间观测的任务的需求。由于依巴谷星表恒星密度仍然非常稀疏，平均每平方度约只有 3 颗星。在依巴谷空间项目中，已经考虑了进一步向暗星星表的扩充问题，其中第谷计划就是出于此目的。根据第谷计划的观测结果，同时结合近百年来的地面天体测量观测数据，Erik Hog 等人经过多年的努力，编制了 Tycho-2 星表。Tycho-2 星表是在依巴谷参考架上的直接扩充，含 2.5 百万颗星，位置和自行精度分别达到 100 毫角秒和 0.25 毫角秒/年。Tycho-2 星表不仅为亮源的观测提供了一部参考星表，更重要的是，作为 ICRF 进一步向更暗星表的过渡，提供了不可或缺的参考。同时，该星表和研究工作发表 10 年来，已经成为近 40 年中 40 篇引用率最高的天文研究论文。

为了满足各种大型天文巡天观测的需要，暗参考星表的研究尤其重要。GSC 星表是目前最大的一部天体测量星表，由 Space Telescope Science Institute 编制完成。该星表主要是根据 Palomar 和英国施密特巡天底片资料的处理完成的，共包含约 10 亿颗星，完备至 RF＝20 星等。GSC 星表研究最初是为了哈勃空间望远镜导星而开展的项目，随后版本不断更新，以适合更多的需求，现在最新的版本为 GSC2.3.2（2008 年发表）。该星表已被许多重大巡天观测项目所使用，以提供相应的技术支撑。例如，GEMINI、VLT、GAIA 等都计划用 GCS 作为参考星表或导星星表。

另外，两部重要的高精度自行星表是 PPMX 和 UCAC3，分别发表于 2008 年和 2009 年。PPMX 有德国海德堡天文历算所编制，含有约 1800 万颗星，极限星等达 15.2mag（星的亮度），其中 66％的恒星自行精度好于 2 毫角秒/年。2009 年底发表的 UCAC3 星表由 US Naval 天文台编制，含 1 亿颗星，主要覆盖了 8～16mag 的天体，对亮于 14 mag 的星，位置精度好于 20 毫角秒，对于亮星部分，其自行精度优于 2 毫角秒/年。UCAC3 是在原 UCAC2 的基础之上，补充了北天部分天区的星而成为一部全天星表。目前，我国的 LAMOST 已采用 UCAC 作为导星星表。由于 PPMX 和 UCAC3 都具有高精度的自行观测，对许多研究工作也具有非常重要的意义。

（三）空间微角秒天体测量

目前光学天体测量，无论是地面小角度 CCD 照相天体测量或是依巴谷空间大角度天体测量，观测精度都已达到毫角秒水平。VLA 对少数源的相对观测精度已经超过毫角秒水平。在参考系方面，ICRS 现在依赖于 VLBI 对数百个河外源的观测。作为距离尺度的基本阶梯的三角视差测量方面，依巴谷仅能观测约 11 万颗星，而相对误差好于 10% 的只有 2.8 万颗，且多为距太阳 500pc 以内的亮星。尽管 VLA 的距离测量精度要远好于依巴谷，但能观测的源十分有限。然而，依巴谷空间天体测量的成功，为下一代天体测量空间观测奠定了非常好的基础和展现出极为辉煌的前景。目前，欧洲、美国、日本都在积极开展下一代空间天体测量计划，其科学意义将会远远超出天体测量范畴。

图 5-1 以毕星团为例，分别表明地面、依巴谷和第二代天体测量卫星 GAIA 的观测精度区别，其中误差棒代表距离观测的精度水平。从图中我们可以看到，未来空间测量的精度，几乎达到完美的程度。

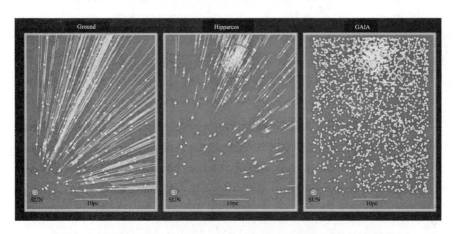

图 5-1 地面望远镜、依巴谷卫星和 GAIA 卫星对毕星团的观测模拟

GAIA 的天体测量原理几乎与依巴谷相同，即在严格固定角距的两个望远镜视场中同时观测不同天区的目标，其焦距精度的控制水平比依巴谷望远镜高 3 个量级。同时，采用大阵面的 CCD 来取代依巴谷的光电扫描探测器，大大提高了观测信噪比和探测效率。按计划，ESA 的 GAIA 卫星将在 2013 年发射，早期观测结果可望在 2015 年发表，而最终星表将在 2020 年前后公布。另外 GAIA 空间观测还配备了两种带宽的测光系统和一架分光望远镜，以提供 4 个宽带测光观测和 11 个中等带宽测光观测。分光观测将获得亮于 17 等恒星的视向速度，从而与天体测量参数一起，构成 6 维恒星分布场的银河系全景结构。经过 5 年的观测，GAIA 将完成亮于 20mag 约 10 亿颗星的天体测量观测，位置精度分别可达到 4as（V=10 mag）、11as（V=15 mag）和

160as（V=20 mag），对其中的 2600 万颗星的视差测定的相对精度好于 1%，视向速度精度达 1~10 千米/秒（V<17mag），而大多数星的横向速度精度将超过视向速度精度测定。在参考系研究方面，GAIA 将提供一部每平方度含 25 000 颗星的高密度参考架，由于能观测大约 50 万颗河外天体，GAIA 参考架将直接建立在河外惯性参考架之上，其整体惯性精度可达 0.5 角秒/年，使得现今的天球参考架重新由射电波段回归到光学波段。同时，GAIA 将观测 1 百万颗太阳系天体，直接实现动力学参考系和 ICRS 的连接，连接的精度将达到 1 角秒/年。在天体力学、天体物理等研究方面，GAIA 也将一改天体测量传统研究领域，并为相关学科研究提供极其珍贵的大量高精度观测数据。例如，平均每天 GAIA 将会发现约 100 颗新的小行星、30 颗新的地外行星系统、50 颗新的超新星、300 颗新的河外类星体等。

微角秒天体测量参考架和天体测量参数对整个天文学乃至物理学都将产生深刻的影响，因而该领域也是各发达国家竞争非常剧烈的前沿领域。包括日本、俄罗斯等国都提出了或正在实施其空间天体测量计划。微角秒精度水平的天体测量对许多基础理论的研究，都提出了新的要求和开辟了新的研究方向。例如，观测精度达到微角秒量级后，其归算也必须在相对论框架下进行。鉴于此项工作的重要性，2006 年第 26 届 IAU 大会上成立了"基本天文学中相对论专业委员会"（第 52 专业委员会），其科学目标为在相对论框架内确定基本天文的几何和力学概念，并给出基本天文中所用的数学和物理公式。

（四）高精度天体测量的应用研究

对太阳系所处的银河系的研究一直处在天文学科最新发展的前沿，位于银河系内的天体及其相关的天文现象距离我们地球上的观测者最近，因而也成为任何一个先进的天文观测仪器的主要目标，所得的最新观测结果又将极大地带动理论研究的发展。而且，对银河系自身的详尽研究必然可以增进人们对河外星系等的认识。其中，对银河系的大小、结构和演化的观测研究是当代天体物理中极具挑战意义的研究课题，它还将对人们认识星系的形成、演化和结构产生影响。

依巴谷计划的成功实施，不仅建立了光学波段的高精度国际天球参考系，同时为银河系天文学研究提供了极为珍贵的第一手观测资料。依巴谷自行和视差资料，对银河系运动学和动力学研究、银河系精细结构、银河系距离尺度等研究工作都给予了极大的推动。伴随空间天体测量发展的同时，CCD 和底片处理技术的进步，为海量天体观测测量数据的运用提供了更广泛的前景。

其中，包括从数百万星的各类天体测量星表（如 Tycho-2），到包含几千万星的星表（如 UCAC3），乃至数亿星的 GSC 星表等，都给出了高精度的恒星运动学资料。结合测光和光谱巡天观测数据，这些天体测量观测资料为大尺度的银河系结构研究提供了更丰富的样本。

目前，第二代空间天体测量卫星计划 GAIA（ESA）正在实施，并将于未来几年内发射升空。GAIA 卫星将实现对几乎整个银河系的"扫描"，其观测涵盖了角距测量、多波段测光和光谱观测，将得到微角秒精度的六维银河系结构资料（三维空间结构、三维速度场），是迄今最为雄心勃勃的银河系巡天计划，几乎实现对银河系结构观测的"一览无余"。这些空间计划的实施，将得到巨量的银河系巡天资料，不仅对银河系的结构、形成和演化研究有重大意义，同时对基本物理学问题也将发挥特殊作用。

VLBI 天体测量观测被认为是研究银河系结构和动力学的强有力手段，高精度 VLBI 天体测量就是利用 VLBI 相位参考观测对银河系内致密且明亮的各类脉泽辐射源进行天文学中基本的三角视差测量，精准地定出源所在处的周年视差和它们的绝对自行，由此不仅可以确定距离，还可以通过测定脉泽的绕转速度来研究整个银河系的动力学结构。原则上，如果我们能知道位于银河系各个旋臂上一些天体的精确距离，我们就能够构架起银河系的正确模型。

近几年，高精度 VLBI 相位参考测量能够以极高的精度确定银河系旋臂上大质量恒星形成区中脉泽所代表的恒星的周年视差，视差测量精度可达 10 微角秒，绝对自行测量好于 1 千米/秒，显现了 VLBI 相位参考观测技术对精密射电天体测量的潜在意义。将这类高分辨率 VLBI 天体测量延伸到一个与贯穿于银河系中的大质量恒星形成区成协的脉泽的大样本，就能够摒弃模型假设，直接测量银河系的大小及其运动学。对银河系多个旋臂中的甲醇脉泽的多历元的 VLBI 相位参考观测，将可描绘出银河系的整体运动学结构，并估算银河系内的暗物质分布和检验密度波理论。

近年来，通过高精度 VLBI 观测，银河系的结构和动力学特征正逐渐显露出来，已有的结果表明银河系的质量大约是之前所知的 1.5 倍，其旋转速度也比过去预计的快，约为 250 千米/秒。然而，仍然有一些重要区域尚未被很好地观测研究，如 10kpc 以外的银河系恒星盘的边缘和银河系的内区域（5kpc 环）。最新的 VLBI 观测初步确定外部旋臂的结构几乎是个以银河系中心为圆心的圆，半径约为 13kpc。这个尺度可能就是银河系星盘的大小。

但是，相对于我们关于银河系旋臂的观测研究，对银河系星盘边缘的尺度及速度场的测量还存在很大的误差。由于银河系星盘的边缘只有水脉泽被观测到，水脉泽是目前唯一可以用来对银河系星盘最边缘开展周年视差测量的射电源。对于这些距地球 10kpc 以外的源，预期的测量精度可达 1kpc，是目前已有的天文观测设备所能给出的最高精度测量。由此，将有望精确给出对应的银河系星盘的尺寸，并获得在距银心 10kpc 以外的旋转曲线（速度场），通过与现有的银河系动力学模型比较，推算普遍认为存在于银河系中的暗物质分布。

考虑到银河系的旋转，测量到的近处和远处的脉泽源的自行方向是相反的，一般每年可相差几个毫角秒。通过 VLBI 观测，我们将高精度测量这些脉泽相对于河外类星体的绝对自行。这些自行不仅包含了脉泽源的本动及其绕银河系中心旋转的信息，而且可以用来估计脉泽源到太阳系的距离，解决"运动学距离疑难"问题，并获得比过去更清晰的银河系内集聚了大量的恒星和分子云 5kpc 环的结构和动力学信息。

（五）太阳系内天体测量研究

目前，星际空间探测和导航仍然是太阳系行星和卫星天体测量观测的主要驱动力，但也有更深层次的科学意义。高精度的观测资料可以构造高精度的历表，这种历表可以用来开展卫星系统的物理研究（如潮汐加速、共振和混沌等）、参考系研究等。在过去的十几年中，除了 CCD 技术被广泛使用，还出现众多技术上的新进展：哈勃空间望远镜已用于土星、天王星和冥王星内部暗卫星的天体测量研究；在木星、土星系统内部采用红外技术被证明是有用的。此外，雷达技术和 VLA 技术也可获得高精度的观测资料。

二、天体力学

利用人类现有知识去理解太阳系天体、系外行星的起源和稳定性是现代天体力学的重要任务。通常，人们将实际天体系统（如太阳系行星）简化为在牛顿引力作用下的 N 体（质点）模型。由于系统的不可积性，人类无法了解任意初始条件下解的形式和稳定性。天体力学定性理论对少体系统给出天体运动的允许区域。基于太阳系大行星和小天体基本共面并大多在近圆轨道运动的特点，人们发展了天体力学摄动理论，研究天体在小扰动下偏离二体运动的轨道。历史上，摄动理论的成功范例包括对海王星存在的预言。20 世纪中叶以来，高速计算机的广泛应用，并以此发展起来的天体力学数值方法使得人类研究对天体系统的动力学演化的手段有了极大的改进，同时也在人造卫星轨道力学等领域产生了广泛的应用。

伴随着 20 世纪 60 年代非线性科学的发展，人们对 N 体问题复杂性的认识有了长足的进步。以天体系统中有序与混沌运动为主要内容的非线性天体力学迅速发展起来，并应用到太阳系小天体的运动研究，同时为非线性动力系统中保守系统的研究提供了重要的范例。精密行星、月球历表的研究一直是天体力学学科的重要分支，特别是进入空间时代后，由于计算机技术的发展、太阳系天体雷达测距和月球激光测距的实现以及空间探测的需要，行星历表研究得以较快的发展。90 年代以来，来自高精度天体测量和高精度空间计划的需求，促进了以研究偏离牛顿引力的引力理论所带来的效应为主的后牛顿天体力学的发展。

目前，国际天体力学研究的主流方向在于行星系统（太阳系 Kuiper 带天体动力学、系外行星系统动力学）的研究。尽管如此，在非线性天体力学、后牛顿天体力学、行星月球历表等方向的研究，仍取得了一些重要进展。以下分别就几个主要领域介绍近年来的国际动态与研究特点。

（一）天体力学基础理论

经典天体力学的研究对象集中在太阳系，包括太阳系大行星、小行星带天体以及彗星等。20 世纪 90 年代 Kuiper 带和系外行星系统的发现，不仅给天体力学带来的大量崭新的研究对象，也给天体力学的研究方法带来了变革。由于这些行星系统与太阳系在轨道特征上有极大不同，如许多行星位于较大偏心率的轨道上，一些 Kuiper 带天体具有较高轨道倾角，并且轨道倾角不同的小天体在物理性质（如颜色等）上也可能不同。这些行星系统的研究促进了天体力学和太阳系演化理论的发展，如现代天体力学发展了适用于高偏心率和高轨道倾角的摄动理论等，并促进了天体力学与天体物理在行星起源等领域进行交叉融合。

在非线性天体力学方面，目前该方向的主要研究保守系统的轨道扩散规律并应用到具体天体系统。如对保守系统不变后面附近轨道扩散黏滞性效应的研究，对保守系统各种扩散机制的研究，包括由共振重叠引起的快速 Chirikov 扩散、一般保守系统的缓慢 Nekhoroshev 扩散、高维哈密顿系统中处处存在不变环面但仍能进行扩散的 Arnold 扩散、扩散中相点在空间分布不满足高斯分布的反常扩散等。关于 Nekhoroshev 扩散的研究已经应用到太阳系主带小行星的稳定性问题，但由于天体系统的退化性，离最终解决还有一定的距离。

太阳系稳定性问题则是该天体力学基本问题之一。近年来的研究使得人们对太阳系天体混沌运动的产生机制有了进一步的了解。例如，现在认为，全局混沌主要是由于共振重叠引起的。通过与海王星平运动轨道共振以及长期共振，从 Kuiper 带平均每年产生一颗"新"的短周期彗星。此外，大行星本身的运动也存在混沌。例如，积分平均化的方程发现水星可能在 50 亿年内与金星会有密近交会。对外太阳系行星（木星、土星、天王星、海王星），三体混沌（例如，木星、土星、天王星之间的 3：5：7 共振，土星、天王星、海王星之间的 3：5：7 共振）可能导致系统在 10 亿年混沌。最近拉斯克（Lasker）等考虑了月球摄动和广义相对论进动后，对非平均化的轨道进行数值积分，结果表明，水星在 50 亿年内与金星会有密近交会的概率大约为 1%。

鉴于天体力学问题的不可积性，天体力学数值方法发展迅速，对于不同的具体问题，发展了不同的数值方法。传统的轨道积分方法包括 Ronge-Kutta 方法、Hermit 方法、Lie 级数方法等。20 世纪 80 年代开始发展起来的辛算法，可以很好地保持长期动力学演化中能量和辛结构。目前，国际上许多通用的行星系统演化模拟软件，如 SWIFT，以及由此发展以来的 MERCURY 等，有不少是基于辛算法的原理。但由于辛算法不可变步长，在处理碰撞、吸积等问题时，通常还需要其他处理方法，如正规划变换等。此外，N 体程序与流体程序开始一定程度上相结合，以研究行星系统早期同时存在行星盘和行星胚胎等特殊条件下的计算要求。在人造卫星与航天器轨道测、定轨道方面，根据不同的精度要求，形成了一些专门的算法．

高精度天体测量和空间计划的需求促进了后牛顿天体力学的迅速发展。目前该方向研究领域主要有：N 体问题多参考系的后牛顿天体力学、双星系统的后牛顿天体力学、其他相对论性引力理论的后牛顿天体力学等。近年来国际上主要进展有：在 Brumberg、Kopejkin、DSX（Damour，Soffel，Xu）等人的努力下，1PN（1 阶后牛顿）的理论已经完成，IAU 在此基础上形成了具体应用的决议，然而 2PN 的理论却只有单参考系的，多参考系 2PN 理论的建立还面临很多困难。在脉冲双星的高精度观测和引力波的探测方面，目前已经建立了 3.5PN 的理论公式。引力波的信号十分微弱，它的检测需要建立理论的波形模板以与观测相比较，因此在什么情况下存在混沌显得分外重要。双星系统混沌现象的研究也是近年的热点之一，至今的结论并不清晰，甚至还有相互矛盾之处。目前的观测还不能排除广义相对论以外的其他相对论引力理论。为了和观测相比较，每一种理论都要推导后牛顿近似。做得最为完整的有科佩金（Kopeikin）等建立的多参考系的 1PN 标量-张量理论。

（二）Kuiper 带天体、系外行星的探测与理论研究

Kuiper 带天体结构的形成与动力学是近年来天体力学的热点前沿领域之一。1992 年耶维特（Jewitt）和 Luu 观测到第一颗位于海王星轨道外（除冥王星外）小天体 1992QB1。此后，在太阳系 30～50 天文单位处发现了一批小天体，到目前已经超过 1200 颗，大小在几十到几百千米，最大的比冥王星略大，被称为 Kuiper 带。由于 Kuiper 带天体是太阳系早期星云盘的残存物，研究其动力学对揭示太阳系演化有重要意义。马尔霍特拉（Malhotra）等为了解释 Kuiper 带天体的动力学结构，提出了太阳系大行星形成后，行星在与星子盘作用下经历了大型的径向迁移。2003 年，为了解释太阳系行星形成后约 650 百万年内行星经历的一场小行星轰炸（later heavy bombardment），法国 NICE 小组的研究者提出了大行星迁移的 NICE 模型，该模型的核心内容是，大行星形成后结构较为紧致，行星与星子盘相互作用导致木星、土星迁移并经过 1∶2 轨道共振。在共振穿越时木星、土星的轨道偏心率被激发，导致对小行星带的摄动大大加强，诱发了小行星散射到内行星轨道上，形成对内行星轨道的轰炸。该模型较为成功地解释了太阳系 4 个大行星目前的轨道构形、内太阳系的晚期大型轰炸、木星和海王星的 Trojan 小行星形成，巨行星的一些不规则卫星的形成，以及相当多的 Kuiper 带天体分布特征。目前仍然存在的问题包括，轨道倾角在 4°以内的所谓冷群和 4°以上物质不同颜色、大小的形成机制，太阳系原始星云盘的边界等问题。

对系外行星系统的观测和研究是近年来国际天文界的另一个热点前沿领域。第一颗围绕主序恒星的行星是 1995 年由梅厄（Mayor）和奎洛兹（Queloz）发现的。截至 2010 年 5 月，用各种方法已经探测到的系外行星超过 450 颗。最近对恒星掩星时产生的 Rossiter-McLaughlin 效应的观测，表明有不少热行星（非常靠近主星的行星），其公转轨道面与恒星自转轴并不垂直，其中大约有 1/4 的热木星可能处在在逆行轨道上。

随着系外行星探测的开展，行星系统形成的理论研究也在不断深入。近年来，国际上行星系统形成与演化理论研究在上述部分问题上取得了一些重要进展，例如，湍流与引力不稳定机制下的星子的凝集，原恒星盘的黏滞性产生机制，行星胚胎在 I-型迁移下的停留机制等。蒙特卡罗方法模拟的行星形成与演化，在 I-型迁移的速度比线性估计小一个量级左右的前提下，可以得到与观测基本相符、气态巨行星的周期与质量理论分布。2009 年上天的美国 Kepler 空间探测器，在两年多的观测中已经发现超过 2300 颗系外行星候

选体，其中有 20%以上的行星在多行星系统，最小的行星半径与地球相当。48 颗行星候选体位于其主星的可居住区。

（三）航天器轨道理论及应用、行星与月球历表

人造卫星的测、定轨是天体力学的重要研究课题，并在国民经济、军事等有广泛应用。近年来，人造卫星的利用被提上议事日程。美国、法国、德国利用卫星动力学的知识建立了各自独立的地球引力场模型，美国、法国和俄罗斯还建立了独立的地球高层大气模型。这些模型的建立大大提高了人造卫星与碎片精密轨道确定和预报水平，也推动了其他相关科学的进步，比如精密对地测量卫星的定轨精度已达到厘米量级，对地球的形状进行精确化，检验了相对论理论，发现了太阳光压的作用力。空间碎片对于人造卫星的威胁也日益受到人类的重视。国外对高价值应用卫星，特别是对载人航天均进行发射预警和在轨碰撞预警。对可跟踪空间碎片实施碰撞预警的基础是对空间碎片进行监视、编目和预报。美国和俄罗斯为空间目标编目建立了主要由地面雷达和光电设备组成的强大的空间目标监视网。欧洲也计划建立自己的空间监视系统。

精密行星月球历表的研究一直是天体力学学科的重要分支，特别是进入空间时代后，由于空间探测的迫切需要，在美国、俄罗斯、法国等航天大国得到了长足的发展。20 世纪中叶以前，行星月球历表是以纽科姆（S. Newcomb）和布朗（E. W. Brown）的分析理论为基础的。60 年代电子计算机和计算技术的迅速发展，以及太阳系天体雷达测距和月球激光测距的实现，使得发展新的以运动方程数值积分为基本方法的精密行星月球历表成为可能。美国 NASA 喷气推进实验室（JPL）在此基础上推出了 DE/LE 系列行星月球历表。其中影响较大的有 1975 年的 DE/LE 96、1977 年的 DE/LE 102、1982 年的 DE/LE 200、1995 年的 DE/LE 403 和 1998 年的 DE/LE 405。DE/LE 200 历表是拟合处理 50 000 个以上位置观测数据的结果，在拟合中考虑了广义相对论时延、太阳日冕和对流层电子密度等因素引起的改正。根据 IAU1976、1979 和 1982 年大会的决议，从 1984 年起，DE/LE 200 数值历表取代分析理论，成为世界各国编算天文年历的基础。DE/LE 403 和 DE/LE 405 历表进一步改进了数学模型，增加了更多的观测数据；DE/LE 405 还考虑了影响较大的 300 颗小行星的摄动作用，成为当今通用的行星历表。从 2005 年起取代了 DE/LE 200 的天文年历编算基础的地位。2003 年推出的 DE 410 历表是一个覆盖 1960～2020 年的短期历表，对火星和土星位置有所改进。

除 DE 历表之外，国外还有一些重要的历表工作。法国巴黎天文台天体力学和历算研究所和巴黎经度局在 DE200 和 DE 403 历表的基础上，使用频谱分析方法发展了半分析半数值太阳和行星历表 VSOP 87、VSOP 2000、PS-1996 和月球历表 ELP 2000。俄罗斯科学院应用天体物理研究所发展了与 DE 403 相当的 EPM 1998 历表和与 DE 405 相当的 EPM 2000 历表，并在此基础上进行了确定天文常数的研究。他们更精密地考虑小行星环带的摄动，拟合了新的测距数据，发表了 EPM 2002 历表，其精度已较 DE 405 略好。

三、时间频率领域

时间服务（授时）主要有 4 个部分组成，首先是用什么样的"钟"来产生并保持一个稳定的时间尺度，即产生时间基准的时间频率源是什么。目前主要用各种原子钟作为时间尺度产生的源。其次是时间频率测量，主要包括本地测量和远距离时间同步。本地时间测量主要是本地原子钟间时间差、频率差的比对测量，当前采用的技术主要是时间间隔和相位比对测量方法。远距离时间同步主要用于将全球的钟和不同的时间尺度同步到国际标准时间上来。第三个方面是时间尺度如何产生，以及将什么时间作为国际标准参考时间，如何得到标准参考时间。第四个方面是标准时间和频率信号的广播，即授时。时间作为 7 个基本物理量之一，其显著特征是可以直接将国家时间频率基准广播出去，授时方法和技术是时间频率领域的一个重要的研究方向。

（一）时间频率标准源

时间频率标准源是独立自主时间频率服务（授时）系统及卫星导航定位系统的核心，是多学科的交叉集成，它涉及原子分子光物理、固体物理、电子物理、激光技术、微波技术、电子技术、真空技术、计算机技术、材料、光学、化学等学科。当今信息时代，精密的时间频率信号已成为社会不可或缺的战略资源。如卫星导航、现代通信、天文观测、大地测量、地质勘探、电网调配、电子对抗、交通管理、精密测量、股票买卖、科学研究等领域都离不开精密的时间频率信号。开展高性能时间频率标准源（基准型原子钟、守时型原子钟、星载原子钟、前瞻性原子钟）的研究，是保障我国时间频率服务、提高导航定位系统精度的关键。

传统时间频率标准源（原子钟）有铷钟、氢钟和铯束频标（包括光抽运 Cs 束频标）。十几年前，作为各国时间频率基准的铯束频标，其准确度和日

稳定度均在 1×10^{-14} 附近。近十几年来，随着半导体激光技术、原子的激光冷却与囚禁的理论与技术（1997 年诺贝尔物理学奖涉及的研究内容）、离子囚禁技术、相干布居囚禁理论、锁模飞秒脉冲激光技术（简称飞秒光梳，2005 年诺贝尔物理学奖涉及的研究内容）、原子的光晶格囚禁理论与技术、超稳窄线宽激光技术等新概念和新技术的应用，原子钟处于飞速发展阶段。原子钟的性能指标被不断地刷新，精度平均每 10 年提高一个量级。目前，精度最高的铯原子喷泉钟的准确度为 $(4 \sim 5) \times 10^{-16}$。近几年来，光钟的发展速度更是惊人，光钟研制对所涉及的现有物理理论和技术水平具有相当的挑战性。高精度时间频率基准研究的突破，可积极推进基础科学和应用科学的发展。

（二）时间频率测量

时间频率标准源的研究是对精密与准确的不断追求，而时频信号的计量和精密测量带动超高精度的原子钟发展。时间频率的精密测量不但为量子计量、等离子体诊断、天文学观测、激光通信、生物、化学、物理等领域的发展提供了其所需的原子、分子数据，也是目前精密检验物理学基本理论和定律（如量子力学、相对论、引力场等）、精确测量物理常数（如精细结构常数 α，郎德因子 g 等）的重要方法。在诺贝尔物理学奖的历史名单中，迄今已有 14 位获奖者的贡献涉及频率的测量。

基于原子钟的超高精度时间频率量测量需求随着原子频率标准等频率源研制水平的不断提高和应用范围的不断扩大，要求更精密的测量技术，带动了时间频率测量的发展，同时由于社会发展的需要，对信息传输和处理的要求愈来愈高，也需要更精密的测量技术。

（三）守时理论与技术

随着科学技术的发展，守时技术有了长足的进步。目前各个国家时间实验室普遍采用的守时模式是守时钟组、主钟和相位微调仪的模式。这种模式一方面有利于频率驾驭，使得频率的驾驭容易实现；另一方面由于有独立运行的钟组作参考，所计算出频率调整量可靠、经驾驭的频率更加接近标准频率。由于不同原子钟长期、短期稳定度有较大差异，原子时尺度稳定度是由原子钟本身的性能决定的，为了获得长稳与短稳都很好的原子时尺度，国际上正在开展不同类型原子钟联合守时方法研究。原子时尺度算法研究主要集中在原子钟频率预测、信号噪声分析、取权方法等方面。国际权度局（BI-

PM）目前使用的经典加权算法（ALOGS算法）是国际原子时计算研究的代表。在原子钟噪声模拟、取权方法研究方面，意大利国家标准计量研究院（INRIM）的研究活动相当活跃。我国在此方面主要开展原子钟噪声模拟与分析、地方原子时计算取权方法等方面的研究。

毫秒脉冲星自转非常稳定，其自转周期的变化率很小，典型值小于10～19秒/秒（即脉冲周期在单位时间内的变化），分布于空间各个方向的脉冲星能够提供高稳定度的时间频率信号，脉冲星的空间位置和自行能够以非常高的精度测量（许多毫秒脉冲星的空间位置精度达±0.0001"）。因此，通过对脉冲星的计时观测，可以建立高精度的时空参考架。用多个脉冲星钟采用合适算法构成的综合脉冲星时，具有更高的频率稳定度，并能检测原子时的误差，是时间频率研究领域发展的重要方向；同时，脉冲星时间标准及其导航的应用研究，已经成为时间频率研究的新兴领域。

（四）授时方法与技术

授时体系是一个国家的基本技术支撑，为满足不同用户的需求，目前我国的授时系统包括：卫星导航系统授时、长波授时、短波授时、低频时码授时、数字电视系统授时、电话与计算机授时、网络时间戳授时等手段，其中短波授时、电话与计算机授时系统已经发展成为较为成熟的产业。

基于卫星的导航授时方法是目前精度最高的单向授时方法，目前应用广泛的如美国的GPS系统、俄罗斯的GLONASS系统和我国的"北斗一号"导航定位系统。这类系统原理是用户通过测量卫星信号伪距，利用三角定位原理计算接收机位置和时间，以达到导航授时服务功能。

低频时码授时技术是陆基无线电授时的重要技术之一，其所利用的低频频段电波具有传输稳定、有效覆盖范围广、使用十分方便等特点，适用于大区域的标准时间频率传输，用户设备价格低廉，可工业化生产，在国防、科研、通信、交通及国民经济多个领域都可发挥重要的作用。

数字电视系统是建立在现代通信技术、信号处理技术、网络技术及现代多媒体技术基础上的一项高新产业技术。数字电视授时系统利用在电视垂直消隐期间的空行插入标准时间和频率信号，能实时实现时间同步。

这三种授时方式覆盖了高、中、低精度的用户，可以满足大部分用户的需求，是授时方法和技术发展的主要方向。

第三节　国内状况

一、天体测量研究领域

IAU 天体测量专业委员会（commission 8）的正式成员达 232 名，其中我国大陆成员有 17 名。国内活跃在天体测量领域的研究人员近 80 余人，包括来自上海天文台、紫金山天文台、国家授时中心、南京大学、北京师范大学、暨南大学等科研院所和大学的专家学者。主要研究方向有以下几个方面。

（一）多波段天球参考架研究

近期我国没有计划发射天体测量卫星要求和具备独立发射的条件，但是国家自然科学基金"十五"重点课题"依巴谷参考系的扩充及其应用"通过努力己与意大利都灵天文台（GAIA 参与单位）进行合作，争取介入 GAIA 的工作。改变过去仅利用依巴谷观测资料开展研究工作的情况，进入国际前沿的研究领域。

依巴谷向暗星方向扩充，国家自然科学基金"十五"重点课题"依巴谷参考系的扩充及其应用"通过 LAMOST 输入星表和标准天区的两项工作正在进行，将对局部天区进行暗星的加密。与意大利都灵天文台和美国空间望远镜研究所合作编制 GSC2.4 将为我国在暗星参考架的建立和研究打下基础。"九五"重点课题曾开展河外射电参考架与光学参考架联系的工作。

多波段参考架的研究。上海天文台是 IVS 的成员，通过国际合作参与射电参考架 ICRF-2 的合作研究、对流层的模型和短期波动的改进，为配合我国航天事业的发展，提出黄道射电星表的编制。我国还没有开展红外参考架、X 射线和 γ 射线源的光学对应体的证认工作。计划与乌克兰主天文台以阿尔卡季·哈林（Arkadiy Kharin）为首的小组进行这方面的合作。

微角秒天体测量参考架的研究，曾开展过相对论框架下长度方面研究，现在开展这方面工作的有南京大学、上海天文台、紫金山天文台，但是没有一个团组和核心，而是各自解决工作中有关相对论方面一些问题。

（二）银河系结构高精度天体测量研究

近年来，国内在利用高精度天体测量参数研究银河系结构方面，形成了较具特色的研究方向。尤其近年来银河系结构高精度 VLBI 天体测量技术的发展，取得了突破性的成果，同时具有进一步发展的广阔前景。在国际上首次利用 VLBI 技术精确测出了银河系英仙臂与太阳系距离（误差只有 2%），成为 2006 年 1 月 6 日出版的《科学》杂志的封面文章。这也是以中国天文学家为第一作者的研究成果第一次出现在该杂志的封面上。通过对银河系中心超大质量黑洞候选体人马座 A*（Sgr A*）的高分辨率毫米波 VLBI 观测研究等，发现了支持"银河系中心存在超大质量黑洞"这个观点迄今为止最令人信服的证据，研究结果 2005 年 11 月发表在《自然》杂志上并引起重大反响，被评为 2005 年度中国基础研究十大新闻。

从依巴谷空间观测资料公开发表开始，对其参考系的特征（运动学资料）研究就取得了重要成果。国内学者根据多年来的研究，分别在观测理论和方法及观测资料的特征，利用观测资料研究在银河系尺度上的结构、运动学和动力学及其演化等领域，取得了许多重要进展。特别是在天体测量参数研究方面，所发表的研究工作得到国际同行认可，并在欧洲空间局重大空间观测项目依巴谷和 GAIA 科学项目负责人迈克尔·佩里曼（Michael Perryman）新著的《关于依巴谷空间观测的重要研究成果》中得到引用。另外，在利用高精度观测资料研究在银河系尺度上的结构、运动学和动力学及其演化等方面，精确测定出相关的结构与演化等特征参数，并且指明了过去这类测量方法的不足和存在的问题，成为国际相关研究的重要引用文献。

在国内，目前银河系结构领域的研究队伍正不断壮大。银河系星团方面的研究起步较早，也有很好的研究基础和人员队伍。在疏散星团研究方面，对年轻星团质量分层效应与动力学演化研究，银河系薄盘结构及其演化、运动学特征和性质、银河系基本参数、动力学模型和旋臂形成及演化等问题做了深入研究。这些工作都将对未来开展 GAIA 和 LAMOST 观测银河系结构和演化研究奠定了良好的基础。

近期，在利用 LAMOST 开展银河系研究方面，完整制定了利用 LAMOST 进行银河系疏散星团巡天的观测计划，拟将充分利用 LAMOST 的优势，高效率地获取最完备的银河系疏散星团成员视向速度数据和金属丰度资料，进而获得疏散星团样本的运动状况和动力学-化学演化信息，开展银盘大尺度结构和化学演化的研究，为银河系结构和演化的模型提供关键性的约束。

（三）太阳系天体测量

我国真正意义上从事太阳系行星及其卫星的观测与研究是从 20 世纪 80 年代中期开始的。首先通过照相方法从事土星卫星的定位观测和轨道理论研究，在不断取得新成果的基础上又增加了对天王星卫星的观测与研究，观测方式也从照相底片过渡到了 CCD 成像观测。90 年代中期，中国科学院云南天文台重点在天体测量的观测方法和图像处理技术方向从事研究工作。随着研究队伍的扩大和国家对科研投入的不断增加，该方向研究成果日渐突出。目前，除原陕西天文台研究组外，暨南大学的研究组也多年从事该方向的研究，上海天文台的相关研究团组近年来也开始了该方向的研究。

我国从事太阳系大行星及其卫星天体测量观测和研究既具有理论研究价值，又具有前瞻性的意义。一方面，国际行星探测非常需要地面高精度的及时的观测资料配合，以便不断更新行星和卫星的轨道理论。另一方面，我国空间探测和研究正在蓬勃发展，如"神州"系列宇宙飞船的成功发射、"探月工程"的实施以及 2008 年中俄开始联合探测火星计划等。我们有充足的理由相信，在不久的将来以我国为主要力量的深空探测指日可待！我们非常有必要扩大自己的基础研究队伍和发展自己的研究力量。

目前，我国在该研究领域的工作可分为轨道理论和观测技术两个大的方面。轨道理论研究包括从事土卫系统中 Iapetus、Phoebe 以及天王星卫星轨道的数值积分研究，这些研究工作得到了国际同行的肯定和积极评价。同时，通过长期不懈的观测，获得了大量珍贵的 CCD 图像，观测资料已经在国际重要刊物陆续发表。观测技术方面，主要工作在软件技术的开发和资料归算方法两个方面。暨南大学研究团队开发了一套处理行星和卫星的软件，可以方便地测量大行星（木星、土星和天王星等）的中心位置、行星晕的去除以及卫星像素位置的精确测量等；同时开发了小视场 CCD 图像重叠曝光观测精确求解定标参数的方法，并成功应用到了土卫九的精确定位观测。

值得一提的是，本领域的研究有与国际同行密切合作和交流的优良传统。目前，我国研究人员与美国、法国、英国、俄罗斯等国的学者有着频繁的学术交流和合作研究。随着我国综合国力的增强，太阳系行星及其卫星的观测与理论研究必将在国际合作的大环境下不断发展壮大。

二、天体力学与动力天文学

IAU 天体力学专业委员会（commission 7）的正式成员有 275 名，其中我国大陆成员有 22 名。国内活跃在天体力学理论及其应用领域、系外行星系统探测的研究人员近 50 人，包括来自南京大学、北京师范大学、中国科学技术大学、中国科学院紫金山天文台、中国科学院上海天文台、中国科学院国家天文台、中国科学院云南天文台等的专家学者。主要研究方向有以下几个方面。

（一）天体力学基础理论

在非线性天体力学方面，近年来的工作集中在保守系统的轨道扩散及其在太阳系小天体的应用。以二维和三维保测度映射为模型研究了保守系统中轨道扩散规律，提出了双曲结构是引起保守系统轨道扩散的黏滞性效应的本质原因的观点，这对于理解太阳系稳定性有重要的意义。将上述研究应用到彗星运动、小行星运动、行星环、点质量系统等保守系统中，揭示了这些系统中轨道扩散的一些本质特性。例如，发现彗星在穿越木星轨道时，其能量演化遵循莱维（Levy）飞行，纠正了自奥尔特（Oort，1950）以来，人们一直认为太阳系长周期彗星能量动力学演化遵循高斯（Gauss）无规行走的片面看法。

在相对论天体力学方面，国内在这一领域的研究工作开展的时间还不长，处于起步阶段，但是进展比较快，一些骨干力量在形成之中。在标量张量引力理论的 2PN 理论、相对论 1PN 刚体模型的建立、相对论系统混沌指标及其算法的研究、转动椭球体内部和外部的 1PN 度规等课题上取得了重要进展。目前主要从事的是理论研究，但已经开始注意在高精度参考系和空间计划上的应用研究。通过这些课题的研究，培养了后备人才。

（二）Kuiper 带与系外行星理论研究

国内近期还没有开展 Kuiper 带天体探测的计划。在 Kuiper 带天体动力学理论研究方面，主要工作集中在对 Kuiper 带天体结构与动力学稳定性的研究上。例如，探讨了类冥王星分布区域中有共振保护而轨道最为稳定的区域。用数值方法系统地搜索了类冥王星的稳定区域，发现有 6 个区域同时存在 3 个共振，给出了它们中心点的位置预报。研究大行星长时标轨道迁移对 Kuiper 带天体的动力学演化的影响。在考虑了行星迁移过程中的随机效应的情况下，发现缓慢的轨道迁移过程可解释目前 Kuiper 带的结构，特别是 Kuiper 带天体在与海王星发生 2∶3 平运动轨道共振处的聚集和 1∶2 轨道共振处的缺失。研究了海王星在与星子盘相互作用下发生轨道迁移时俘获小天体而成为其脱洛央的机制。描绘了海王星脱洛央型小天体的动力学地图，揭示了长期共振使得轨道倾角 40°左右有不稳定带。

进入 21 世纪以来，我国及时开展了行星系统的形成与演化方面的理论研究，并跻身国际前沿。目前主要研究课题为行星系统的稳定性、行星晚期的形成以及双星中星子吸积。主要成果有：系统地研究了 GJ 876、HD 82943、HD 69830 等多行星系统中行星运动特性，发现行星之间的轨道通约和长期共振可以作为有效的稳定性机制。首先确定 55 Cancri 系统中两颗行星处于 3∶1 共振状态，并利用长期摄动理论解析地给出了判断两颗行星的近星点之差是否处于相位锁定状态。针对系外行星系统 55 Cancri，发现了它们并解释可能的几种复杂运动模式及其稳定性，提出了一种形成类地行星的有效机制，即类木行星形成之后的迁移引起星子碰撞并合形成类地行星。该机制可以解释目前观测到 GJ876 系统的 7.5 倍地球质量的行星的存在，并预言此类行星的广泛存在性。利用数值方法研究了 N 个相同质量的行星系统的稳定性，发现其轨道穿越的时间与初始距离成对数关系，且随机性地产生是一个缓慢扩散过程。对双星系统中行星系统，提高了增强星子碰撞律的两种机制：盘快速耗散导致不同尺度星子锁相、适度的双星轨道倾角（小于 10°）的存在。

（三）航天器轨道理论及应用、行星与月球历表

在行星与月球历表方面，我国紫金山天文台 2002 年底完成并发表了自主研制的 PMOE 2003 历表框架。框架详尽地考虑了广义相对论、天体形状和地球潮汐引起的效应，框架所用天体初始数据和物理、天文常数都取自 DE405 历表。框架预报行星位置的精度，已与 DE 405 历表一致，预报月球位置尚有不大的差别。在拟合已有行星光学测角、雷达测距数据和月球激光测距数据后，即可建成我国独立的历表。随着太阳系空间探测的发展和太阳系天体激光测距的实现，太阳系天体测量的精度将有很大改进，包括 DE 历表在内的建立在一阶后牛顿效应基础上的现有行星历表将不再能满足空间探测的需要，行星历表当前的发展方向是建立二阶后牛顿历表，紫金山天文台正在进行这项研究。

由于受到综合国力的限制，作为空间大国，我国在人造卫星动力学与空间碎片观测研究上水平相对落后，基本上是跟踪国外的研究成果，有时通过国家任务带动其发展。由于长期跟踪国外前沿领域的研究结果，我国研究人员也积累了大量科学研究资料，保持与国际水平的近距离。随着我国综合国力的全面提升以及考虑到我国面对的国际空间发展形势，我国对卫星动力学与空间碎片观测提出了非常强烈的要求，而卫星动力学与空间碎片观测的研究水平已在一定程度上成为制约我国空间科学发展和进步的瓶颈。随着我国航天事业，特别是载人航天事业的发展，对载人飞船进行碰撞预警已成为不可回避的迫切需求。为完成"神舟六号"空间碎片监测预警任务，建设了一个初步的空间碎片监测预警系统，具备了对少量碎片目标的不连续编目的能力。

三、时间与频率研究领域

IAU 时间专业委员会（commission 31）的正式成员有 86 名，其中我国大陆成员有 13 名，1 人是组织委员。国内进行时间频率研究的人员约有 140 人，除国家授时中心集中了较大的力量外，其他研究单位包括中国科学院上海天文台、中国科学院上海光学精密机械研究所、中国计量科学研究院，北京大学、中国科学院武汉物理数学研究所、航天科工集团 203 所、航天科技集团 504 所和 510 所等，多数集中于原子钟的研制。

国内有较多的单位从事原子钟研制，研制队伍有一定规模，研制的星载铷原子钟已经运用于"北斗二号"卫星导航系统。中国计量科学研究院 NIM 在 2003 年鉴定了 Cs 喷泉钟，其准确度为 8.5×10^{-15}，经改造，近日获得 5.0×10^{-15} 的准确度。根据基础研究、国防建设和授时服务的需求，现在有 4 台 Rb 和 Cs 原子喷泉钟正在研究和改造，分别由上海光学精密机械研究所、国家授时中心和中国计量科学院承担。由上海光学精密机械研究所牵头，我国也启动了空间冷原子束钟的预研。在前瞻性原子钟研究方面，国内光频标研究均处于起步阶段。在光钟的关键技术中，飞秒光梳技术具有国际领先水平，超稳窄线宽激光技术也取得了突破性进展。

在星载原子钟研究方面，"九五"期间开始了实用小型光抽运铯束频标的研制，完成了实验样机，性能达到了原 HP5061 的水平。从 2004 年上半年开始研制磁选态铯原子钟原理样机，其指标和美国 Symmetricom 公司的 5061A 产品指标相当（短稳 $5.6 \times 10^{-11} \tau^{-1/2}$，日稳 5×10^{-13}）。开展了星载氢原子钟中关键技术的研究，获得了短稳 $2 \times 10^{-12} \tau^{-1/2}$，日稳 $< 5 \times 10^{-14}$ 的好结果。其存在的关键问题是如何把重量减轻到 20 千克以下。另外，还启动了对脉冲 POP-Maser 铷原子钟的理论及实验研究。

在我国守时用钟基本上全部是进口美国的高性能小型 Cs 钟 HP5071A 和 Sigma Tau 公司的 MHM-2010 氢钟。我国上海天文台研制的氢钟的守时性能在某些性能指标上优于 Sigma Tau，通过进一步改进将为我国守时和空间导航定位系统的时间系统做出巨大贡献。

我国现有 3~4 家守时实验室，其负责单位分别是中国科学院国家授时中心 NTSC、总参卫星定位总站、国家计量院 NIM 以及航天科工集团 203 所。其中，总参卫星定位总站的守时系统是我国"北斗"卫星导航定位系统地面主站基准系统。其他几个守时单位均保持有各自的地方协调世界时 UTC（k），定期向 BIPM 报送数据，参加国际原子时 TAI 的归算。其中，只有国家授时中心 NT-

SC 保持有独立地方原子时 TA（NTSC）系统，同时利用长、短波发播系统进行标准时间频率的授时发播，卫星授时在试验中。国家授时中心保持的 UTC（NTSC）稳定度世界排名 2～4 位，是比较稳定的时间尺度之一。

几年来，国内许多研究所以及高校开展了精密时间间隔测量的研究工作，核心思想都是采用粗测和精测相结合的方法，实现高精度、大范围的时间间隔测量。因此，研究工作的焦点都集中于怎样利用 FPGA、CPLD、DSP 技术实现高精度、短范围的时间间隔测量，或者利用时间数字转换器 TDC 芯片作为内插器来实现内插短时间间隔的测量，解决分辨率难以提高的问题。对频率测量的研究主要分两种，一种是主要依靠硬件提高测量精度，另一种是借助灵巧的算法和处理方法提高测量精度。

国家授时中心结合项目需求研制了多功能双频 GPS 共视接收机，并以此建立 JATC 时间比对网，其时间比对精度优于 2 纳秒。研制了多通道卫星双向时间比对系统，提出利用卫星双向时间传递技术进行卫星精密定轨的方法，并应用于卫星导航系统建设中。目前，国家授时中心正在开展 GNSS 共视和 GNSS 载波相位时间频率比对方法研究。

国内时间传递技术发展集中在如下几个方面：长波（BPL）授时、短波（BPM）授时、低频时码（BPC）授时、卫星电视授时、电话和计算机授时、网络时间戳服务、卫星导航系统授时手段。2004 年在中国科学院建立中国区域定位系统（China area positioning system，CAPS），其主要功能是为用户提供导航、定位、测速、授时和通信服务。至 2005 年 6 月完成了初步应用系统的建设。目前，系统处于试运行阶段，系统授时精度优于 100 纳秒。

此外，在脉冲星导航算法、X 射线脉冲星脉冲到达航天器时间测量方法和用脉冲星钟作为航天器时间标准的物理实现方法等方面已经取得研究结果。近年来，中国科学院启动了"脉冲星计时观测和导航应用研究"重要方向性项目。

第四节　优先发展领域和重点研究方向

一、天体测量

（一）微角秒和多波段天球参考架

我国物理、天文界在相对论研究上有一定基础和人才储备，但是在天文界还没有一个团组和研究的核心课题。结合 IAU Commission 52 的工作在天文界形成一个小组，在广义相对论框架下，研究建立微角秒测角/毫米级测距精度的天体测量基本理论和数据处理方法。包括参考系的定义和实现，光学、红外、射电等多波段参考架的维持/加密/连接，适用于各种新技术的天体测量归算模型的建立等。

开展国际合作介入 GAIA 的工作，其中包括 GAIA 观测资料处理的预研究和 GAIA 观测结果的应用。一方面为国际前沿课题做出贡献，另一方面为今后我国开展空间天体测量打基础。在星表的编制上我国也有一定基础。在依巴谷向暗星方向扩充的工作中，除了正在进行的 LAMOST 输入星表和标准天区的两项工作外，在与意大利都灵天文台和美国空间望远镜合作编制 GSC2.4 中，以我国为主。在 GSC2.3 中恒星的自行是由 POSS 的两期底片决定的，为提高确定自行的精度，在有条件的情况下将进行第 3 期观测。

多波段工作方面，通过国际合作参与射电参考架 ICRF-2 的合作研究、对流层的模型和短期波动的改进，改进硬件设备，开展射电源高频 Ka 波段的观测，并逐步把 1978 年开始应用的 S/X 波段转换至 X/Ka 波段，为配合我国航天事业的发展，对射电参考架的加密集中在黄道附近。继续用射电方法测定银河系甲烷分子线的视差。与乌克兰天文台合作开展红外参考架的研究，以星像中心在各波段不重合机制的探讨，作为开展这方面工作的起步。射电参考架研究方向，开展基于中国 VLBI 网（CVN），开展黄道带射电参考架的加密以及我国高精度地球定向参数自主监测相关的实测和理论问题研究。

（二）天体测量在银河系研究中的应用

高精度 VLBI 天体测量将用于研究在外银河系（太阳圈以外）区域的恒星形成，探讨到银河系中心的距离与恒星形成的活动性之间的关联，并试图回答为什么恒星的形成在银河系边缘会有截断。

水脉泽是目前唯一可以用来对银河系星盘最边缘开展周年视差测量的射电源。对于这些距地球 10 kpc 以外的源，预期的测量精度可达 1 kpc，是目前已有的天文观测设备所能给出的最高精度测量。由此，将有望精确给出对应的银河系星盘的尺寸，并获得在距银心 10 kpc 以外的旋转曲线（速度场），通过与现有的银河系动力学模型比较，推算普遍认为存在于银河系中的暗物质分布。

相对于银河系恒星盘的边缘区域，我们银河系中心方向的内区域（定义为在太阳绕银河系中心旋转的轨道内）存在着大量的恒星和分子云。虽然对其结构和动力学已有了不少研究，但细节仍然是不清楚的。这些内区域大多数源的距离通常是通过对银河系运动学的研究来推算的运动学距离，但是，对某个确定的目标源计算得到的运动学距离会有两个值：一个较大而另一个较小，往往差别几 kpc。这两个值中只有一个真实地反映了目标源的距离，这一困境被叫做"运动学距离疑难"（kinematic distance ambiguity），对目标源物理参数（如大小、质量）的估算会引入很大的不确定性。这个问题可以通过研究旋臂对甲醇脉泽源的吸收线得到解决，但是这种方法仍然依赖于银河系结构模型。

考虑到银河系的旋转，测量到的近处和远处的脉泽源的自行方向是相反的，一般每年可相差几个毫角秒。通过 VLBI 观测，我们将高精度测量这些脉泽源相对于河外类星体的绝对自行。这些自行不仅包含了脉泽源的本动及其绕银河系中心旋转的信息，而且可以用来估计脉泽源到太阳系的距离，解决"运动学距离疑难"问题，并获得比过去更清晰的银河系内集聚了大量的恒星和分子云 5 kpc 环的结构和动力学信息。

GAIA 空间观测预计在 2018 年完成，并在 2015 年前后分阶段释放初期观测数据，而完整星表可望于 2020 年前后完成及发表。而 SIM 计划完成观测预计在 2021 年。本领域的中长期目标显然正值这些大型空间计划获得丰厚观测成果的黄金阶段，积极参与国际合作，利用前期奠定的基础和发挥研究专长必将是未来长期努力的目标。同时，根据未来天体测量的特点和资料上的优势，进一步拓展现今的研究领域亦为中长期开拓的目标。

由于观测资料处理问题，依巴谷天体测量参数测定结果存在缺陷。根据 van Leeuwen 改进后的处理结果，其天体测量参数精度将得到改善。预期，改进后的新依巴谷资料将很快发表。因此，近期对依巴谷资料的重新研究将成为主要任务之一。相信，改进后的依巴谷资料对太阳邻域银河系精细结构的研究、距离尺度问题等，都会有大的推进作用，这项重新研究也是国际上银河系研究工作者所积极期待的。

从目前到 2015 年前后，正是天体测量空间观测由依巴谷到 GAIA 的"空挡"时期，也是许多地面观测项目为弥补这一"空挡"而最为活跃的时期。利用 LAMOST 星团或盘星观测应是积极开展的主要研究课题之一，特别是利用 LAMOST 独有的竞争力，通过较短的观测周期，获取世界上最完备的疏散星团成员星光谱样本，将为银盘的结构和演化模型提供最好的观测约束。

大尺度银河系结构研究一直是银河系天文学的重点方向，天体测量观测数据对这项研究具有特别重要意义。目前，利用暗至 16～20 mag 的特大型天体测量观测资料来研究这一问题是一种可取的途径。在资料方面，含有四千多万颗星的 UCAC2 星表给出了比较高的恒星自行精度，结合 2MASS 等测光资料，并探索新的方法，有可能获得在 5 kpc 尺度上银河系结构参数和银河系旋转曲线。改进中的 GSC 星表，含 10 亿多颗天体的天体测量信息，总星数与未来 GAIA 观测星数相等。因而，利用这些资料的研究和方法上的探索，不仅可以在近、中期开展具有明确科学目标的研究工作，同是也能为未来 GAIA 时代银河系研究热潮中积聚研究力量、培养研究队伍、探索研究方法等奠定基础。

（三）太阳系内天体测量研究

根据我国现有的研究条件和状况，并参照发达国家未来 10 年的发展规划，我国应该在太阳系行星及卫星观测与研究领域优先发展如下方向：①国内大型望远镜要保证分配足够的观测时间用于行星及其卫星的 CCD 观测。要重视中小型望远镜用于卫星联合天象的观测。如，2009、2010 年分别出现木星卫星和土星卫星联合天象。联合天象的资料是地面观测资料中最为精确的观测方式之一，受到国外学者数十年的重视。②加大观测技术和资料处理（包括图像处理和资料归算）研究的力度，确保观测资料的高精度。这里，尤其要重视联合天象观测资料的处理。③重视卫星轨道理论的研究，利用实测资料研究行星卫星长期演化的规律，提高星历表的精度。④巩固和发展国际合作研究与交流。继续加强同美国、法国等同行学者的合作研究，重视中俄学术交流，确保中俄空间探测和理论研究同步发展。

二、天体力学与动力天文学

我国天体力学应该注重积极开拓新的研究方向和生长点，尤其注意与观测相结合的课题。在研究方法上，在传统轨道动力学研究的基础上应有所扩展和突破，充分利用流体力学、天体物理的手段和方法，密切注意国际国内行星探测计划以及深空探测的最新结果。及时开展我国对 Kuiper 带天体的观测和物理性质的研究，注重优秀青年人才的选拔和培养。

（一）太阳系小天体探测与动力学

太阳系小天体动力学仍然是近年来天体力学的重要研究课题，其中小行星、彗星等，Kuiper 带天体的动力学研究非常活跃。近年来行星轨道迁移理论的提出，给太阳系的形成（包括气态巨行星、类地行星的形成）理论带来了许多新的观点和挑战。结合太阳系演化历史，对太阳系小行星带、Kuiper

带乃至奥尔特云（Oort cloud）的形成以及动力学结构进行研究。尽快利用我国现有资源（或开展国际合作）开展 Kuiper 带天体的观测以及物理特性的研究，以揭示太阳系残留盘（debris disk）的特性并推广到一般行星系统残留盘的结构及演化，将是最近太阳系动力学的热点课题之一。此外，太阳系大行星的自转与内部结构、太阳系行星的卫星系统的形成与动力学（主要是潮汐演化）、行星环的形成与动力学等课题，也应予以大力支持。

（二）行星系统形成与动力学

系外行星系统动力学是近年国际天体力学的重要研究领域之一。这一领域也是目前我国天体力学研究具有现对较好基础的一个领域。行星形成牵涉小质量恒星的形成领域。结合我国已经并且即将开展的系外行星探测，开展行星形成中轨道迁移、行星系统的确认和动力学稳定性、双星系统中行星吸积等有一定基础的课题，同时积极开拓行星内部结构等新课题，将我国行星形成与动力学的研究队伍做强，在国际上形成一定影响。

太阳系演化学本身具有悠久的历史，也是集行星物理、行星化学、行星地质等多学科的交叉领域。对地球、类地行星、陨星的同位素测定得到的众多证据是研究太阳系演化历史的前提，因此研究太阳系起源比系外行星系统起源具有更丰富的内涵，也存在更多更具体的挑战性问题。而其中行星轨道动力学的演化是引起一些行星结构特征（如类地行星晚期大轰炸）乃至生命起源的重要因素。结合太阳系星云凝聚过程、太阳系内物质成分的化学分异和空间分布规律，利用天体力学优势研究行星轨道演化在太阳系演化中的作用，也是近期太阳系动力学的重要内容。

（三）天体力学基础理论与应用研究

保守系统的轨道扩散基础理论及其在太阳系天体中的应用研究。在揭示一般保守系统扩散规律的同时，可结合太阳系天体稳定性方面的应用。近年来，通过数值研究，太阳大行星系统的动力学稳定性有了重要的进展。然而，如何理解这些不稳定性的产生，需要人们通过分析手段如运用长期共振理论进行研究。这些问题的研究目标是，回答诸如太阳系是否稳定的问题，并从中发展天体力学理论和方法。

在后牛顿天体力学领域，结合天文背景和天体物理、天体测量学科发展的需要，进一步发展相关基础理论，包括 2PN 理论的研究、太阳系各种引力理论的度规和参数的研究、双星系统相对论混沌；在多星系统动力学方面，结合星系中恒星运动、天体力学定性理论等，形成有特色的研究领域；在行星和月球历表方面，进一步考虑各种物理和摄动因素以提高精度，完善我国现有的行星与月球历表，并应用于我国深空探测计划。

在人造卫星动力学与空间碎片观测研究方面，发展人造卫星精密测定轨的新方法，进一步提高测定轨的效率和精度；逐步完善空间碎片的监测与预警系统，从低轨逐步扩大到中高轨，达到为我国主要应用航天器进行预警服务的目标；完善我国的空间目标轨道确定和预报系统，用高精度的观测资料，达到厘米级的轨道确定精度，解决我国高精度应用卫星，如海洋卫星等的定轨问题。

三、时间频率研究

时间频率领域的研究是多学科的交叉集成。下面，我们从涵盖整个时间服务体系的 4 个方面来分别介绍其发展布局及优先领域。

(一) 频率标准源

原子钟是实现授时服务体系的基础，也是卫星导航定位系统的核心部件。原子钟未来 10 年的发展布局如下。

(1) 守时型原子钟：守时型原子钟是能够长期稳定可靠地连续工作的原子钟，用于时间的连续记录和保持。守时用的传统原子钟，主动氢原子钟和小型磁选态铯束原子钟有着很长的发展历史，均已定型商品化，国际上对其性能提高的研究工作越来越少。增强喷泉钟的长期可靠运行能力，把喷泉钟应于守时是发展趋势。

(2) 基准型原子钟：近一两年，国际上的研究主要集中在减小因 DICK 效应引起的晶体振荡器相位噪声对喷泉钟稳定度的影响，德国 PTB 和法国 OP 通过飞秒光学频率梳频率传递，用超稳激光器代替晶体振荡器。为减小黑体辐射频移，意大利在研究超低温环境下的铯原子喷泉钟。为了摆脱地球重力的影响，欧洲空间局将于 2013 年在国际空间站运行更高精度的冷原子束钟 PHARAO，它的运行将对基础物理研究和时间频率技术发展产生很大的推动作用。

(3) 星载原子钟：发达国家提高传统铷原子钟、磁选态铯束原子钟的长期稳定度性能，减小被动氢原子钟的体积和重量。另一方面，应用新理论开展新型星载原子钟的研制，旨在更新换代。围绕导航定位系统的精度和自主运行能力提高，国外在积极布置运用新机制和新技术研制新型星载原子钟，以备升级替换现行的传统星载原子钟。在研制的新型星载原子钟有：脉冲激光抽运 POP 铷原子钟、主动型 CPT 铷原子钟、积分球冷却原子钟、Hg 离子微波钟。

（4）微型原子钟：基于相干布居数囚禁 CPT 原理，通过电磁感应透明（EIT）现象可以实现芯片级体积，纽扣电池供电的微型原子钟，一些先进原子钟研究机构在积极开展微型原子钟的研究。这在卫星导航系统接收终端和其他一些对体积功耗有极端需求的场合有很广泛应用前景。

（二）时间频率测量

时频测量领域未来 10 年的主要发展方向包括以下 4 个方面。

（1）时间间隔测量：包括基于 FPGA 技术，采用微分延迟线法实现时间数字转换器，实现多通道时间间隔分辨率为 50 皮秒的精密时间间隔计数器；高精度时间间隔数字转化芯片的设计，TDC 非线性修正研究和系列高精度时间间隔测量设备样机的研制；利用相位重合检测技术并借助 PLL 电路实现对信号上升时间、下降时间的短时间间隔测量；时间间隔测量向相位测量转化方法研究。

（2）精密频率测量：将来频率测量的主要发展方向在于提高测量精度、增加测量通道和测量数据的后端处理能力增强几个方面。频率测量方面未来 10 年主要研究方向包括：差拍、倍频、双混结合的硬件改进研究，结合数字处理技术设计算法提高测频能力的研究、偏差频率产生技术、多通道频率测量方法。

（3）卫星导航系统中时间频率校准：未来 10 年，我国的卫星导航系统建设处于发展的关键时期，必将促进时间频率校准方法与技术的发展，主要体现在下面几个方面：发射和接收设备时延校准方法和技术、基于星地闭环的星上时间保持系统校准方法与技术、地面同步网的纳秒级时间同步校准方法与技术；互备主钟系统的精密频率和相位校准方法与技术。

（4）高精度远程时间比对：从国际标准时间和各个国家高精度守时的需要出发，远距离的高精度时间频率传递比对技术近几十年来有了很大的发展。相距遥远的实验室的钟之间比对结果的测量噪声，使比对结果不能体现出钟本身的优质性，同时也会大大降低时间尺度的短期稳定性。时间比对方面未来 10 年的主要研究方向包括：共视比对、卫星双向时间频率传递。

（三）守时技术

未来 10 年，时间尺度方面的研究主要集中在以下几个方面。

（1）原子时的发展：在国际上，于 1972 年采用加闰秒的新协调世界时

（UTC）作为国际标准参考时间至今已 30 多年。近年来，卫星导航系统的普遍使用，致使卫星导航系统的系统时间被越来越多的用户获得，这样，无闰秒的卫星导航系统时间会逐渐影响 UTC 的国际地位。近年来，国际上正在激烈讨论究竟是用 UTC 还是直接用 TAI 或是重新定义新的时间尺度，这是未来 10 年应重点解决的问题。

（2）时间尺度算法：原子时尺度稳定度是由原子钟本身的性能决定的，由于地方原子时是地方协调时实时监控的重要参考，因此世界上各个时间实验室都在时间尺度算法方面进行了大量的研究。对不同类型的原子钟，如何分析原子钟信号的噪声特性，兼顾考虑长期稳定度和短期稳定度，计算长期稳定度和短期稳定度高的时间尺度，是未来研究的热点问题之一。

（3）脉冲星守时：用多个脉冲星钟采用合适算法构成的综合脉冲星时，具有更高的频率稳定度，并能检测原子时的误差，是时间频率研究领域发展的重要方向；同时，脉冲星时间标准及其导航应用研究，已经成为时间频率研究的新兴领域。未来主要研究方向包括：建立和保持脉冲星时间标准、独立检测原子时系统误差、脉冲星钟的空间应用等。

（四）授时方法与技术

未来 5～10 年授时方法与技术发展方面的布局、优先领域以及与其他学科交叉的重点方向主要有以下几个方面。

（1）卫星授时：全球卫星导航系统提供了一种将全球的时间同步到几十纳秒的手段，由于接收机简单、成本低、精度高等优点，卫星导航系统的单向授时已经远远超过了其他授时手段，成为目前使用最多的授时手段。如何开发出基于卫星的授时系统，不但具有卫星导航系统单向授时的优点，还可以提高单向授时精度，是未来研究的重要方向。

（2）长波授时：鉴于现时长波授时（BPL）系统已不能满足日益增长的国防和国民经济发展的需求，需要对现有长波授时系统进行现代化技术改造。BPL 现代化改造能扩展系统覆盖范围，提高系统效率，降低发射阻断率以及插播系统时码，对构成我国比较完整的陆基授时系统，保障我国各类基础设施、系统、装备设备对标准时间和标准频率信息的需求具有重要意义。

（3）低频时码授时：挖掘现有低频时码授时系统的潜能，最大限度发挥低频资源的作用，对于我国目前的实际情况而言，具有现实意义。除了时间服务应用外，低频无线电波用于地球物理和空间物理的探测研究，并在不断地开发新的研究方法和手段，比如电离层和地震预报等。国外已有报道将低频信号用于探测电离层变化规律、地质灾害等问题。

（4）数字电视授时：随着数字广播技术新标准的出台及推广，旧的模拟电视广播系统已逐渐被取代，模拟卫星电视时间与频率插播体制已逐步淘汰，原有模拟电视的授时方法不能应用在新的数字电视广播体制中。为适应新发展的需要，数字电视授时是未来发展的一个方面。

（5）网络时间戳服务：数字时间戳（time-stamp）如同数字化的邮戳，是一个由公正的第三方 TSA（time-stamping authority）提供的为电子文件或电子交易所作的时间证明。它将文件或交易与某个特定时间关联，以证明该文件或交易在某一时间点就已存在，为用户提供可靠的时间确认和验证服务。数字时间戳在数字签名、电子商务/政务、数字产品专利和版权等方面有着广泛应用，同时其应用范围将随着计算机信息技术的发展而延伸。

第五节　对未来发展的建议

目前，针对国际基本天文学所面临的机遇和挑战，我国基本天文学目前面临的主要问题包括：缺少观测手段难以获得第一手的数据，该问题可以通过积极参加国际合作加以解决，但是利用或发展我国现有观测条件，提出适合我国国情的探测计划，仍然是基本天文学所需面对的事情。

在天体测量领域，重点通过国际合作介入 GAIA 的工作，其中包括 GAIA 观测资料处理的预研究和 GAIA 观测结果的应用。充分发挥我国在银河系结构研究方面的良好基础，利用 GAIA 等空间计划获得的巨量银河系巡天资料，在银河系结构研究方面取得国际一流的成果。在与意大利都灵天文台和美国空间望远镜合作编制 GSC2.4 中，以我国为主。在 GSC2.3 中恒星的自行是由 POSS 的两期底片决定的，为提高确定自行的精度，在有条件的情况下将进行第 3 期观测。多波段工作方面，通过国际合作参与射电参考架 ICRF-2 的合作研究、对流层的模型和短期波动的改进，改进硬件设备，开展射电源高频 Ka 波段的观测，并逐步把 1978 年开始应用的 S/X 波段转换至 X/Ka 波段，为配合我国航天事业的发展，对射电参考架的加密集中在黄道附近。继续用射电方法测定银河系甲烷分子线的视差。与乌克兰天文台合作开展红外参考架的研究，包括星像中心在各波段不重合机制的探讨，作为开展这方面工作的起步。继续开展太阳系行星及其卫星的观测与理论研究并加强国际合作。

天体力学领域，通过国家合作等多种途径，进一步利用我国现有望远镜，包括 LAMOST，开展系外行星的探测，使我们能够拥有自己的第一手数据，促进行星形成以及行星系统动力学演化的理论研究。目前已经和正在开展的系外行星国际联合探测包括国家天文台开展的中日韩三国联测计划，中国科学技术大学、云南天文台、南京大学与美国佛罗里达大学正在开展的丽江2.4 米望远镜的 LIJET 计划。在系外行星探测上还可以通过国际合作，开展凌星、微引力透镜等多种途径的行星探测。此外，尽快开展我国在 Kuiper 带天体上的观测，以此带动我们在 Kuiper 带天体上的动力学和物理特性、太阳系起源等课题的研究。在行星系统动力学理论研究方面，提倡开展适度的国际合作，进一步提高我国的国际影响。在后牛顿天体力学等我国基础相对比较薄弱的领域，通过自己培养与国外联合培养相结合的方式，为我国培养优秀的后备人才。

时间频率研究领域，为满足研发需求，未来 5～10 年有可能开展的国际合作项目有：借鉴国外先进技术和经验，快速提高我国的原子钟研制水平。借鉴国外先进的工艺水平和技术优势，研制具有自主知识产权的精密时间频率测量设备。合作研究 GNSS 系统时间偏差监测技术，开发系统时差监测设备，在系统建成后进行数据资源的国际共享。研究星地时间同步、测距、校准、信号产生综合设备关键技术攻关。研究时间同步设备校准技术，多种技术联合使用，校准每个实验室校准的系统误差。区域网和全球网星地时间同步技术。对导航系统中星载原子钟的在轨性能进行监测和评估，贯穿星载原子钟在轨运行的整个周期，是一项长期的研究内容，需要国际间的数据共享和合作研究。

优秀青年人才的缺乏可能是我国基本天文学目前面临的主要问题。与我国天文学其他学科如天文物理等一些活跃领域相比，基本天文学青年人才问题显得尤为突出。这可能与现行评价体制有关。鉴于基本天文学的重要地位以及研究工作的基础性，如何在政策上适当倾斜，以鼓励和扶持从事该领域的优秀青年人才，使得我国基本天文学的研究继续深入开展下去，并在国际上有一定的显示度，是值得研究的课题。

在基本天文学教育方面，一些主要单位如国内几所高校和中国科学院各天文台都具有培养研究生的能力。如何适度整合教学和科研资源，吸引广大有德、有志、有识的青年从事基础天文学研究，恐怕也不是一朝一夕的事情。以天体力学为例，结合我国即将开展的深空探测、太阳系天体探测、系外行星探测等，尽快在我国形成有一些特色和优势方向的研究小组，对带动整个国内天体力学的发展、吸引优秀后备人才非常有益。

致谢：本章作者感谢朱紫、沈志强和张首刚等人提供了相关资料。

参考文献

［1］中国科学技术协会，中国天文学会．2007—2008 天文学学科发展报告．北京：中国科学技术出版社，2008

［2］国家自然科学基金委员会数学物理科学部．天文学科、数学学科发展研究报告．北京：科学出版社，2008

［3］李东明，金文敬，夏一飞等．天体测量方法．北京：中国科学技术出版社，2006

［4］胡永辉等．时间统一技术．北京：国防工业出版社，2004

［5］漆贯荣．时间科学基础．北京：高等教育出版社，2006

［6］Udry S，Santos N C. Statistical properties of exoplanets. Annu Rev Aston Astrophy，2007，45：397-439

［7］Sun Y S，Ferraz-Mello S，Zhou J L. Exoplanets：Detection，Formation & Dynamics. IAU Symposium 249. Cambridge：Cambridge University Press，2008

［8］Xu Y，Reid M J，Zheng X W，et al. The distance to the Perseus spiral arm in the Milky Way. Science，2006，311：54-57

［9］Dow J M，Neilan R E，Gendt G. IGS Celebrating the 10th anniversary and looking to the next decade. Advances in Space Research，2005，36：320-326

第六章

天文技术方法

第一节　光学与红外

一、在天文学科中的地位、发展规律和研究特点

天文学是一门观测科学，天文学的发展依赖于观测设备的能力，天文仪器与技术是天文学的重要分支学科。

天文学发展的历史证明，科学的发展紧紧地依靠两个方面：人类对认识自然的需求和技术的发展。400 年来，天文仪器与技术的发展与人类对宇宙的认识的进步相互促进，每一次望远镜和仪器能力的提高，都会刷新人类对宇宙的认识。望远镜既是观测宇宙的工具，本身也是高技术的结晶。

光学波段是发展得最早、积累的信息最多、使用最成熟的波段。仅以当前天文学上最重要的几个前沿来看：大爆炸宇宙学的基础-哈勃定律就是由光学观测发现的；暗物质也是由光学观测发现的，先是发现星系团按维里定律不能稳定存在，由此推知其中应当有大量不发光的物质，后来又发现星系边缘的转动速度要延伸到发光部分之外好几倍处才下降，表明发光部分之外有不发光的物质；暗能量也是由光学观测发现的，根据利用超新星得到的光度距离和红移关系，发现暗能量并推知宇宙膨胀加速（1998）；第一颗主序星的系外行星也是光学观测发现的（1995），并且直到现在绝大多数系外行星都是由光学观测发现的。红移 10 左右的第一代恒星和星系，其主要发射在红外。所以光学红外是一个极重要的波段。光学红外仪器与技术包括光学红外望远镜和仪器及其所需的技术。

目前天文观测已经获得许多大爆炸宇宙起源学说的证据，即已经看到了大爆炸留下的许多痕迹，从宇宙微波背景辐射到星系的红移。这些还远远不够，还有很多问题没有回答，如人类已经观测到暗能量和暗物质的作用，但不知道他们是什么和怎么起作用的；已经观测到的系外恒星的行星系统，以及他们的结构和组成，但是行星系统是怎么形成的，生命是怎么产生的，尚待揭示；科学已经发展到人类需要观测高红移的宇宙，看到第一代恒星和星系是怎么形成的，等等。目前国际天文界提出对 30 米左右口径极大光学/红外望远镜的要求，以获得更高的分辨率和观测更加暗弱遥远的天体，满足以下天文科学目标探索的需要。

(1) 系外恒星的行星。

(2) 其他恒星的行星环境。

(3) 太阳系中其他行星上大气的研究。

(4) 太阳系中小天体的普查。

(5) 星族的研究。

(6) 大质量黑洞的分类统计。

(7) 宇宙演化中的恒星形成历史。

(8) 暗物质。

(9) 暗能量。

(10) 第一代天体和宇宙的再电离（$7<z<17$）。

(11) 高红移星系际介质。

学科的发展规律和特点

由于大口径是高空间分辨率和大的集光能力的基本条件，从伽利略开始至今 400 年望远镜的口径从 4 厘米增大到 10 米。目前，国际上在成功研制了 14 架地面 8～10 米望远镜和 2.4 米哈勃空间望远镜的基础上，又开始研制地面 20～50 米望远镜和空间 6.5 米望远镜，以获得更高的分辨率和观测更加暗弱遥远的天体，满足天文科学目标的需要。

当前国际上光学红外天文技术的发展特点如下。

(1) 追求更高的空间、时间和光谱分辨率。新一代地基和空间观测设备使光学观测的空间分辨率达毫角秒级。

(2) 追求更大的集光本领，以进行更深的宇宙探测。至今探测器的效率已接近 100%，又到了望远镜口径需要进一步增大的发展阶段。

(3) 追求更大的视场，特别是兼备大口径的大视场观测，以获得大的信息量和高的观测效率。

除了尽可能采用市场上和工业界现有技术外，各国天文台甚至大学天文系和天文研究所都有自己的天文技术队伍，专门发展天文特别需要的前沿技术，以及望远镜总体和研制仪器。光学红外天文技术是包括天文、物理、光学、力学、精密机械、自动控制、计算机和数据处理的综合和交叉学科。由于天文观测总是追求观测最暗弱、最精细、最深远、最多的目标，其特有技术的发展也总是走在最前沿，技术创新也最多。

二、国际现状和发展趋势

(一) 8～10 米级望远镜已成为天文观测主力设备

自从 1990 年哈勃空间望远镜成功发射，1993 年和 1996 年两架 10 米口径的地面光学/红外望远镜 KeckI 和 KeckII 先后投入观测至今，国际上已完成 14 架 8～10 米级新一代光学/红外望远镜。哈勃空间望远镜和这些 8～10 米口径的望远镜至 2010 年已经发现了 400 多颗系外行星并观测到很多早期宇宙的事件，使人类对宇宙的认识进入到一个崭新的阶段。

这些 8～10 米望远镜发展的新技术和取得的成就使望远镜大大降低了造价，使得望远镜口径增大成为可能；使望远镜本身的成像质量提高了一个数量级；使望远镜在红外波段实际达到衍射极限，分辨率大大提高了至少 10 倍。这些技术包括：拼接镜面主动光学技术、超薄镜面主动光学技术、自适应光学技术、光干涉技术、光学红外 CCD 探测器、快焦比大镜面磨制和检测技术、望远镜结构优化设计、圆顶视宁度的改善。

14 架 8～10 米望远镜见表 6-1。

表 6-1　8～10 米望远镜

项目	台数/口径	国家	经费	台址	第一次出光
Keck	2/10 米	美国	2 亿美元	夏威夷	1993/1996
VLT	4/8.2 米	ESO 成员国	3 亿美元	智利	1998/2001
GEMINI	2/8.2 米	美国、英国、加拿大、智利、澳大利亚、阿根廷、巴西	1.76 亿美元	夏威夷/智利	1999/2001
Subaru	1/8.3 米	日本	3.8 亿美元	夏威夷	1999
HET	1/9.2 米	美国	24 百万美元	新墨西哥州	1997
LBT	2/8.4 米	美国、意大利、德国	1.2 亿美元	亚利桑那州	2005/2007
SALT	1/9.2 米	南非、德国、波兰、美国、新西兰、英国	25.6 百万美元	南非	2005
GTC	1/10 米	西班牙、墨西哥、美国	1.3 亿欧元	西班牙加纳利群岛	2009

下面是有代表性的几个 8～10 米级望远镜。

1. KECK 望远镜

Keck 望远镜是美国加利福尼亚大学、加利福尼亚理工学院和 NASA 合作研制的一对口径 10 米的望远镜（KeckI 和 KeckII），是第一架拼接镜面望远镜，安装在夏威夷的 Mauna Kea 山上。

KeckI 和 KeckII 分别于 1993 年和 1996 年投入科学运行。

费用：KeckI 93.5 百万美元，KeckII 77.7 百万美元。KeckI 的仪器 14.6 百万美元，KeckII 的仪器 14.2 百万美元。

Keck 望远镜的光学系统是 R-C 系统，主镜口径 10 米，由 36 块对角径 1.8 米的六角形子镜构成（图 6-1）。主焦比 f/1.75。有 3 个副镜，分别给出 f/15、f/25 和 f/40 的焦比，f/25 和 f/40 的焦比用于红外观测。有一个卡塞格林（Cassegrain）焦点和两个耐斯姆斯（Nasmyth）焦点放大仪器和需要重力稳定的仪器。另外有 4 个经平面镜折叠的卡焦放小仪器。

36 块子镜用位移传感器和位移促动器调整并维持红外共相和光学共焦，即使 36 块子镜相当于一块大镜面，得到的像质为像斑的 FWHM 值为 0.3″，中值为 0.58″。

Keck 望远镜周围还有 4 个 1.5 米的小望远镜（但至今因为经费没有到位的原因还没有完成），用 Keck 望远镜的干涉仪（KI）将两个望远镜和小望远镜的光进行干涉（图 6-2），最长基线为 140 米，得到更高的分辨率。现在每年可观测 30 个夜晚。Keck 望远镜已有两个自适应光学系统在进行常规的科学观测。已发表了多篇不同课题的文章。10 多年来，Keck 望远镜有一套观测波段 0.3～27 微米的仪器，做出了令人瞩目的天文发现。其科学产出也证明了拼接镜面的成功，为极大望远镜开辟了一条新的途径。由于领先的天文科学要求领先的技术，现在仍在更新校准方法和开发新的方法。下一步的工作主要是针对高分辨率天文学、新的仪器、高效率运行。

2. VLT

VLT（very large telescope）是欧洲南方天文台（ESO）研制的，安装在智利的 Cerro Paranal。是第一架应用主动薄镜面的 8 米望远镜（第一架用主动薄镜面的望远镜是 VLT 的中间实验望远镜，即 3.5 米新技术望远镜 NTT）。图 6-3 是 VLT 主动光学系统的示意图。

VLT 于 1983 年开始研制，1998 年第一架出光，1999 年开始观测，

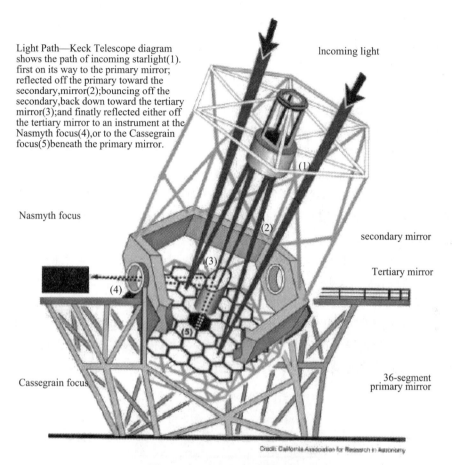

Light Path—Keck Telescope diagram
shows the path of incoming starlight(1).
first on its way to the primary mirror;
reflected off the primary toward the
secondary,mirror(2);bouncing off the
secondary,back down toward the tertiary
mirror(3);and finally reflected either off
the tertiary mirror to an instrument at the
Nasmyth focus(4),or to the Cassegrain
focus(5)beneath the primary mirror.

Incoming light

Nasmyth focus

secondary mirror

Tertiary mirror

Cassegrain focus

36-segment
primary mirror

图 6-1　Keck 望远镜光学系统

图 6-2　两架 Keck 望远镜可开展干涉观测

2000 年第四架出光，2002 年全部开始运行。2001 年自适应光学的验收。2004 年完成了大部分第一代仪器，开始第二代仪器的研制。观测波段 0.3～26 微米。

经费 6 亿马克（1999）。

VLT 由 4 个口径 8.2 米的单元望远镜组成，集光能力相当于一个 16 米的望远镜（图 6-4）。每一个单元望远镜都是一个独立的望远镜。单元望远镜通过其干涉仪（VLTI）形成一个干涉阵，最长基线 200 米。每个单元望远镜有两个耐斯姆斯焦点和一个卡塞格林焦点。耐斯姆斯焦点的焦比 f/15，视场直径 30′。卡塞格林焦点焦比 f/13.6，视场直径 15′。卡塞格林焦点与耐斯姆斯焦点之间转换时，用主动光学技术改变主镜的曲率半径和圆锥常数达到改变焦比的目的。

VLT 有 4 个口径 1.8 米的辅助望远镜，一个口径 2.6 米的宽视场（1.5°）望远镜（VST），一个 4 米的红外宽视场（1°红外/2°光学）望远镜（VISTA），11 个科学仪器。专用的巡天望远镜 VISTA 已在 2009 年开始观测，VST 在 2011 年开始观测。自适应光学系统于 2002 年投入使用，又研制了一个新的激光导星设备 LGSF，2006 年 1 月出光。现在 4 个 8.2 米的单元望远镜和辅助望远镜通过 VLTI 形成的干涉阵正在正常运行。

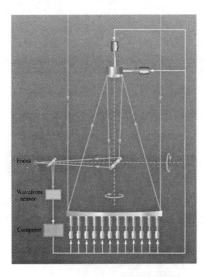

图 6-3　VLT 主动光学系统

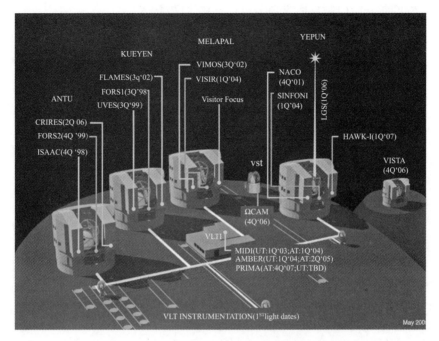

图 6-4　VLT 的 4 架 8.2 米望远镜及其他辅助望远镜

3. LBT

LBT（large binocular telescope）是由美国、意大利和德国的一些研究所和大学合作研制的。1989 年完成可行性研究，1992 年开始制造，2005 年一架望远镜出光（但因副镜坏了仅有主焦点），2007 年 11 月两架望远镜出光。安装在美国亚利桑那州的 Graham 国际天文台。

造价 120 百万美元。

两个口径 8.4 米的望远镜，装在一个装置上（图 6-5），主镜中心相距 14.417 米。两个望远镜形成干涉阵时，集光能力相当于一个 11.8 米的望远镜，分辨率相当于一个 22.8 米的望远镜。

主镜实际口径为 8.417 米，主焦比 f/1.142，是抛物面。采用格里高里（Gregorg）系统，系统焦比 f/15。红外波段视场 $4'$，光学波段视场 $10'$。两个主镜分别有不同的主焦点改正器，分别用于 UBVH 和 VRIE 波段。

仪器：红外成像/测光（λ＝2～30 微米），大视场多目标光谱仪（λ＝0.3～1.6微米），干涉成像（λ＝0.4～400 微米），高分辨光谱仪（λ＝0.3～30 微米）。

2006 年开始研制自适应光学和几个其他仪器。

图 6-5　大双筒望远镜 LBT

4. HET

HET（Hobby-Eberly telescope）是美国得克萨斯州大学、宾夕法尼亚州大学、斯坦福大学和德国哥廷根大学和慕尼黑大学合作的项目。

HET 是一个特殊的非传统概念的望远镜（图 6-7）。主镜是球面镜，倾斜放置，光轴与铅垂线成 35°角。主镜可在水平方向旋转，在不同的方位角时，光轴指向不同的天区δ。可观测的天区范围为 $-10°20'<\delta<71°40'$，造价比相同口径的望远镜低 70%。

总费用 24 百万美元，运行费 1.3 百万美元。

HET 于 1996 年 10 月出光，1999 年开始运行。2001 年开始一个 "Completion Project"，分两个阶段。第一阶段包括 Dome seeing，子镜初始准直、子镜准直的保持等方面的改进。第二阶段包括设备热性能的管理、改善产出量、改善望远镜性能和仪器方面的进一步的工作等。主镜是拼接焦面，口径 11 米，由 91 块对边距离 1 米边缘厚度 50 毫米的六角形子镜构成，光瞳直径 9.2 米。主镜的子镜共焦拼接。

主镜是球面镜，曲率半径为 $R=26.165$ 米，用 4 块反射镜组成的改正器校正球面镜的球差。观测时，球面镜不动，改正器装在一个跟踪架上，在主焦点处沿焦面移动，跟踪观测天体。主焦面曲率半径 13.08 米，跟踪时要保持改正器的光轴与主镜的法线（CoC）一致。视场直径 4′。系统焦比 f/1.45，工作波段 0.35～2.5 微米。

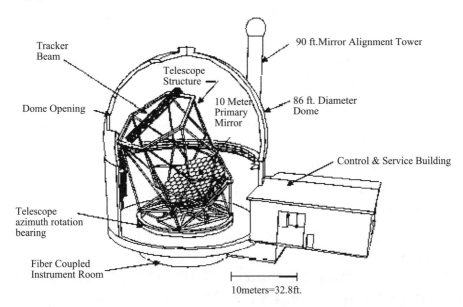

图 6-6　HET 望远镜结构

图 6-7　HET 外观

这些 8～10 米地面光学/红外大望远镜发展的新技术和取得的成就如下。

（1）拼接镜面主动光学技术（Keck、GTC、HET、SALT）。

（2）超薄镜面主动光学技术（VLT、Gemini、Subaru）。

（3）自适应光学技术（Keck、VLT、LBT）。

（4）光干涉技术（VLT、Keck、LBT）。

（5）快焦比大镜面磨制和检测技术。

（6）望远镜结构优化设计。

（7）圆顶视宁度的改善。

以上成就使望远镜大大降低了造价，使得望远镜口径增大成为可能，使望远镜本身的成像质量提高一个数量级，使望远镜在红外波段实际达到衍射极限，分辨率大大提高至少 10 倍。

这批 8～10 米望远镜装备了一大批仪器，包括成像和光谱仪器。有很多是多目标光谱仪，或成像和光谱两用的仪器。这些仪器包括不同分辨率，不同波段，覆盖 0.3～2.7 微米波段（不包括光干涉观测仪器）。这些望远镜的第二代仪器也开始研制。

现有的 8～10 米大望远镜大部分在正常运行，用这些望远镜取得了很多天文上的新发现，揭示了一些前所不知的宇宙秘密，发表了许多文章。预计未来 10 年，这些望远镜都将进一步得到完善和改进，使其达到更高的水平，以适用更高的科学目标的要求。

（二）国外地面 20～50 米极大口径光学/红外望远镜

目前，国外有多个口径 20～50 米的极大望远镜计划和建议，其中 TMT、GMT、E-ELT 已经开始可行性或细节设计准备建造，计划在 2018 年完成。

1. TMT

TMT（thirty meter telescope）是由美国 CELT（加利福尼亚大学和加利福尼亚理工学院设计方案）、GSMT（NOAO 和 New Initiatives Office 设计方案）、VLOT（加拿大设计方案）3 个大项目合并演变出来的。目前，参加合作建造 TMT 的国家有：美国［加利福尼亚理工学院、加利福尼亚大学、国家科学基金会（NSF）（意向）］、加拿大、日本、印度（意向）、中国（意向）。

台址：夏威夷 Mauna Kea。

TMT 于 2004 年开始设计，2006 年进行关键概念和经费评估，2011 年开始建造，2018 年建成、出光并开始有自适应光学的观测。2006 年评估之后已开始设计早期用的仪器。经费预算为 970 百万美元（2009）。

TMT 的主镜口径 30 米，主焦比 f/1，Ritchey Chretien（R-C）光学系统，系统焦比 f/15。主镜由 492 块 1.45 米的子镜构成。主镜主动控制系统用边缘位移传感器和位移促动器，基本上是将 Keck 放大（图 6-8）。

仪器：红外成像光谱仪、宽视场光学光谱仪、中红外阶梯光栅分光仪、红外多目标光谱仪、行星形成成像仪、近红外阶梯光栅分光仪、高分辨光学分光仪和宽视场红外照相机。计划以下 3 台早期仪器在 2018 年出光时使用。

（1）IRIS（近红外 IFU 和成像）。

（2）IRMS（近红外多目标光谱仪－46 条缝的）。

（3）WFOS（视宁度限制的多目标分光计，R<8000，～50′覆盖）。

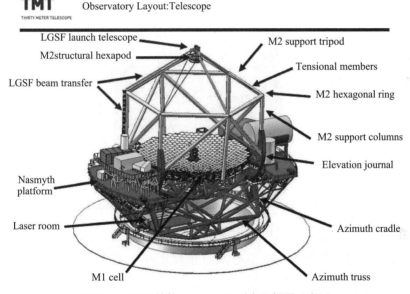

图 6-8 TMT 结构、Nasmyth 平台及仪器示意图

2. GMT

GMT（the giant magellan telescope）项目包括华盛顿的卡耐基（Carnegie）学会、斯密松（Smithsonian）天体物理天文台、哈佛大学、麻省理工学院、得克萨斯州 A&M 大学、亚利桑那大学、密歇根大学、得克萨斯州大学（澳斯丁）、天文澳大利亚有限公司（AAL）、澳大利亚国立大学、韩国天文与空间研究所。

台址：智利拉斯·坎帕纳斯（Las Campanas）。

总预算为 690 百万美元，2011 年开始建造，2018 年建成并开始科学运行，目前已完成概念设计，2009 年底验收第一块 8.4 米主镜。

科学目标：基本物理、暗物质和暗能量、恒星和星系的形成、银河系形成和演化、超大黑洞、系外行星。

GMT 的主镜口径 24.5 米，等效口径 21.5 米，由 7 块 8.4 米的圆形子镜构成，等晕的格里高里系统（图 6-9）。主镜焦距 18 米，主焦比 f/0.7，系统焦距 f/8。直接在格里高里焦点的视场直径 8′，像质 RMS 优于 1″。加改正器后视场直径 20′~24′，对小于 1 微米的波段像质 RMS 优于 0.1″。有大气色散改正器，可补偿天顶距 50°的大气色散。副镜为自适应镜。

图 6-9　GMT 的 CAD 模型

GMT 的第一批终端仪器见表 6-2（预算共为 75 百万美元）：

表 6-2　GMT 第一批终端仪器

仪器	$\lambda/\mu m$	$R=\lambda/\triangle\lambda$	FoV	AO mode
High-contrast AO imager	1—5	5—2000	5″	NGSAO
Near-IR echelle spectrograph	0.9—5	20—150k	5″ slit	LTAO
Near-IR IFU spectrograph	1—2.5	5000	1″—3″	LTAO
Near-IR AO imager	1—5	3—5	30″	LTAO
Wide-field NIR imaging MOS	1—2.5	3000	5′×5′	GLAO
Wide-field optical MOS	0.34—1.0	>1000	9′×18′	Seeing
High-res optical spectrograph	0.32—1.0	30—120k	10″	Seeing
Facility fiber system	0.4—2.5	—	20′diam	Seeing/

3. E-ELT

E-ELT 是由原来欧洲南方天文台计划研制的一个口径 100 米的大望远镜（over whelmingly large telescope，OWL）和瑞典、西班牙、爱尔兰、芬兰与英国合作研制的口径 50 米的望远镜 Euro50 合并，共同研制一个主镜口径为 42 米的望远镜，定名为 European extremely large telescope（E-ELT）。

2006 年 12 月得到 5700 万欧元经费，批准开始此项目，2011 年开始建造，2018 年完成。目前已经进入到细节设计 B 的阶段。

估算造价：9.5 亿欧元（2009 年估算）。

台址：智利塞鲁·阿玛逊斯山（Cerro Armazones，海拔 3000 米）。

科学目标：行星和星系（外行星，拱星盘）、恒星和星系（恒星星族，黑洞）、星系和宇宙学（最高的红移星系，动态测量宇宙膨胀）。

E-ELT 的望远镜光学系统有两种方案：①5 镜系统（原来 100 米 OWL 的设计基础上的方案）；②3 镜系统（原来的 Euro50 的设计基础上的方案），各有优点。但目前的方案是建立在 5 镜系统（图 6-10）的基础上的。系统焦比为 f/10 或 f/20，不晕视场 10′，在 K 波段 4′ 视场内达到衍射极限。

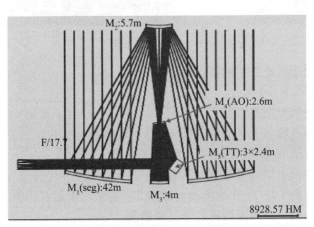

图 6-10 E-ELT 的光学系统

注：主镜 M_1 直径 42 米，由大约 1000 块 1.45 米的六角形子镜拼接而成，集光面积 1200 平方米（是 TMT 的两倍）。副镜 M_2 的直径 5.6 米，有 156 个轴向支撑。第 3 镜直径 4 米。第 4 镜 M_4 直径 2.6 米，平面，同时做自适应镜面，有 6000～8000 个促动器。第 5 镜 M_5 的尺寸为 3×2.4 米，平面，同时做 tip-tilt 镜

E-ELT 有两个耐斯姆斯焦点。这两个重力不变的仪器平台，可以各放置 5 台仪器，因此同时可以放置 10 台终端仪器。采用 6 个激光导引星。8 台仪

器和两个焦后的自适应光学系统方案研究在 2010 年完成。2～3 台出光时用的终端仪器在 2010 年中确定。整个望远镜的转动部分将有 5000 吨重。圆顶的直径 100 米，高 80 米，重 4000 吨（图 6-11）。

图 6-11　E-ELT 的模型

这些极大望远镜的共同特点是：

（1）口径 20～50 米。

（2）主镜都是用几百到一千块 1～2 米的子镜拼接，或更大的多镜面。

（3）观测波段从 UV 到中红外（0.3～25 微米）。

（4）有自适应光学系统，在近红外区达到衍射极限。

研制这些极大望远镜都需要发展如下技术：

（1）几百到千块 1～2 米离轴非球面非圆形镜面磨制和检测。

（2）大口径凸非球面副镜的磨制和检测。

（3）高反射率耐用薄膜的镀膜。

（4）几百到千块子镜的主动拼接控制及检测。

（5）大口径快速倾斜镜。

（6）大口径自适应镜面（或自适应副镜）。

（7）多激光引导星系统（MLGS）。

（8）多对的自适应光学系统（MCAO）。

（9）类射电望远镜快焦比和高度轴低于主镜的高精度望远镜结构。

（10）大惯量低固有频率的高精度低速跟踪控制系统。

（11）直径大至 100 米的圆顶及其视宁度和温控。

这些极大望远镜的终端仪器都需要发展的技术：

（1）大尺寸近红外探测器。

（2）大尺寸中红外探测器。

（3）先进的 IFU 的像切分器。

（4）多目标光谱仪 MOEMS（微光机电系统）多缝掩模。

（5）大型体位相全息光栅。

（6）大型浸入式硅光栅。

（7）大口径透镜和滤光镜。

三、国内状况

从 20 世纪 60 年代到 2009 年，在近 50 年里，我国天文仪器从无到有，从小到大，从仿制跟踪到自主创新，发展的速度较快。到近些年，我国已经自主研制了 50 多台光学红外天文望远镜与仪器。最有代表性并在国际上有自主创新的光学望远镜和仪器有：II 型光电等高仪（获 1978 年全国科学大会奖）、太阳磁场望远镜（获 1988 年国家科学技术进步奖一等奖）、2.16 米光学望远镜（获 1998 年国家科学技术进步奖一等奖）、国际上最大口径的大视场望远镜——大天区面积多目标光纤光谱天文望远镜（LAMOST，2009 年国家验收后进入试观测阶段）。我国还自主研制了 1.26 米红外望远镜（获 1991 年国家科学技术进步奖二等奖）和 1.56 米光学望远镜（获 1992 年国家科学技术进步奖一等奖）。目前正在自主研制的 1 米真空红外太阳望远镜和南京大学的光学近红外太阳爆发探测望远镜（ONSET）都已安装在云南抚仙湖。我国还自主研制了双折射滤光器、高色散光谱仪、多目标光纤光谱仪及光纤定位系统有代表性的终端仪器。向国外订购的 2.4 米望远镜已经安装在云南天文台丽江高美古观测站，并进入试观测和终端仪器发展阶段。最近 10 年，我国空间监测的望远镜也有了很大的发展，建成了通光口径为 1 米的盱眙近地天体探测望远镜、空间碎片监测小望远镜阵。由此可知，我国的光学红外观测仪器已经发展到规模越来越大，自主创新越来越多，种类越来越全的新时期。

我国在 20 世纪末开始发展的大口径非球面高精度天文镜面技术，包括主动抛光技术和超薄镜面技术，使我国的大口径天文镜面研制水平上了一个大的台阶，走进国际少数先进国家的行列（获 2005 年国家科学技术进步奖二等奖）。

主动光学技术（包括薄可变形镜面主动光学和拼接镜面主动光学）的室内实验在 20 世纪 90 年代获得成功（均获得中国科学院科学技术进步奖二等

奖),为 LAMOST 的立项打下了基础。1 米口径室外实时跟踪天体的主动光学实验望远镜装置在 2004 年成功,为 LAMOST 的建成解决了关键技术难题铺平了道路(获得 2006 年国家科学技术进步奖二等奖)。在美国 10 米 Keck 望远镜首先发展拼接镜面主动光学技术和欧洲南方天文台首先发展大口径薄变形镜面主动光学技术的基础上,我国通过成功建造 LAMOST 发展了在一块大镜面上同时应用薄变形镜面主动光学和拼接镜面主动光学的技术,使我国在主动光学技术上站到了世界的最前沿。

(一)我国自主研制的 1 米以上口径的光学红外望远镜和新型的太阳望远镜

1. 1.26 米红外望远镜

1982 年提出建议,1988 年完成。安装在国家天文台兴隆观测站。用于红外波段。

主镜口径 1.26 米,主焦比 f/2。光学系统采用 R-C 系统(图 6-12,图 6-13)。系统焦比 f/30,视场 10′。副镜摆动振幅大于 40″。望远镜采用了较轻型的结构设计,首次采用了较薄的镜面,其口径造价比是较高的。利用副镜摆动技术,可以从很强的天空背景光中探测出红外天体辐射。

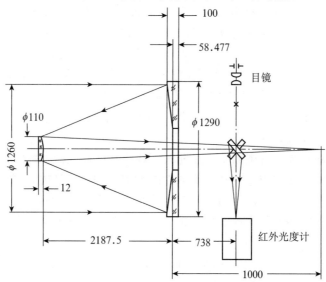

图 6-12　1.26 米红外望远镜光学系统图

图 6-13 观测中的 1.26 米红外望远镜

2. 1.56 米天体测量望远镜

1.56 米光学望远镜安装在上海天文台的佘山基地（图 6-14，图 6-15）。1987 年完成，1989 年投入使用。

主镜口径为 1.56 米，主镜焦比 f/1.33，光学系统采用 R-C 系统，焦距为 15.60 米。配有像场改正器。不加改正器时，卡塞格林焦点的视场直径为 30′，加改正器后，视场直径为 1°。

望远镜配有 CCD 照相机和卡焦摄谱仪，可作成像和光谱工作。此望远镜虽然最早设计为天体测量用望远镜，但配合 CCD 和摄谱仪等终端设备，实际观测课题已扩大到天体物理领域。当前的研究领域主要包括 Blazar 光变的研究；活动星系核的国际联测；星团的运动学和动力学研究；球状星团小变幅新类型变星；类星体短时标光变的探测；土星和天王星卫星定位观测；射电源光学对应体的精确测定；激变变星的观测；以及太阳系小天体的观测，如彗星等。

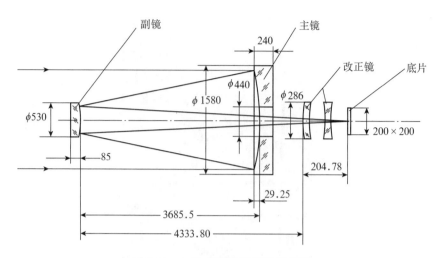

图 6-14　1.56 米望远镜光学系统图

图 6-15　1.56 米望远镜在佘山

3. 2.16 米天文望远镜

　　2.16 米望远镜安装在国家天文台兴隆观测站，是我国自主研制并有创新的 2 米级光学望远镜。1958 年提出建议，1968 年研制成 60 厘米中间试验望远镜，"文化大革命"时期中断，1974 年正式开始设计建造，1987 年建成，

1989 年投入观测使用（图 6-16、图 6-17）。直到 LAMOST 建成前，一直是我国最大的光学天文望远镜，也是远东最大的光学天文望远镜。

主镜口径 2.16 米，主镜焦比 f/3。有卡塞格林焦点、折轴焦点和主焦点 3 个焦点。卡塞格林焦点采用 R-C 系统，系统焦比 f/9，配有像场改正器，可以直接在卡焦工作，也可以在加改正器后的焦点工作。加改正器后系统焦比 f/9.0038，视场直径 53′，像质达到国内外同类设计的最好水平。折轴系统是 2.16 米望远镜与传统折轴系统不同的创新点，与卡塞格林焦点转换时，不需要更换副镜而且可以同时消除球差和彗差，而传统折轴系统只能消球差。主焦点系统焦比 f/3.1473，视场 50′。现在的 2.16 米望远镜上，尚未使用主焦点。

自 1989 年运行以来，取得了一大批优秀的天文成果。2.16 米望远镜的投入运行使我国天文观测研究走出了银河系，由光度测量进入到光谱观测，上了一个新台阶。它是我国天文学和天体物理学近 20 年来最主要的观测设备，同时为我国培养了一大批天文仪器专家和观测天体物理学家。2.16 米望远镜是我国天文学和望远镜发展史上的一个重要里程碑。

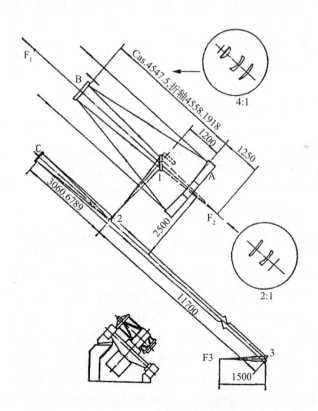

图 6-16　2.16 米望远镜光学系统图

图 6-17　2.16 米天文望远镜

4. 2.4 米光学望远镜

安装在云南天文台丽江高美古观测站的 2.4 米光学望远镜是 2001 年 11 月开始经过近 2 个月的评标，最后，选定英国 TTL 公司设计制造的地平式机架的 2.4 米光学天文望远镜。

2.4 米光学望远镜主要技术参数为：通光孔径为 2400 毫米，光学系统为 R-C 系统，有卡塞格林焦点和耐斯姆斯焦点；主镜焦比为 F/2.5，系统为 F/8；卡焦有效视场为 10′（未改正）、40′（加改正），耐焦有效视场为 10′ FOV（视场角）

云南丽江高美古的地理位置：东经 100°01′51″，北纬 26°42′32″。海拔 3193 米。

2.4 米光学望远镜于 2008 年建成并开始观测（图 6-18），配有 6K×6K 的 CCD、YFOSC 等终端观测仪器。由于丽江高美古在地理位置上的优越性，以及优良的天文气象条件，2.4 米光学望远镜将成为我国天体物理的又一主力观测设备，并且期望可以得到国际水平的研究成果。

5. 大天区面积多目标光纤光谱天文望远镜（LAMOST）

LAMOST 是国家重大科学工程项目。1997 年通过立项批准，2001 正式开工，2008 年 10 月在国家天文台兴隆观测站落成，2009 年 6 月国家验收，目前在工程试观测阶段，于 2011 年进入科学试观测。

LAMOST 是一架我国天文学家创新的新类型望远镜——中星仪式主动反射施密特望远镜。LAMOST 创新地应用主动光学技术控制反射改正镜，在观测过程中使主动反射改正镜实时变形成一系列不同的高精度的曲面，与主镜组合成一系列不同的反射施密特光学系统（即每一瞬间是不同的反射施密特

图 6-18　2.4 米云南高美古望远镜

望远镜），解决了国际天文界大视场望远镜无法实现大口径的难题，成为世界上口径最大的大视场望远镜。LAMOST 是世界上第一架在一块大镜面上同时应用主动变形镜面和拼接镜面技术的望远镜，也是世界上第一架有两块大拼接镜面的望远镜，使我国走到了世界大望远镜主动光学的前沿。LAMOST 配备 4000 根光纤，比目前世界上望远镜光谱观测多出一个数量级，一次可同时观测达 4000 个天体的光谱。LAMOST 是目前世界上光谱获取率最高的望远镜。LAMOST 的科学目标主要是光谱巡天。通过大天区河外天体红移巡天，开展宇宙大尺度结构、星系的形成和演化、类星体、多波段样品的证认和恒星、银河系的研究等工作。

　　LAMOST 由主动非球面改正镜、球面主镜和焦面组成（图 6-19）。球面主镜固定不动，光轴倾斜与地面成 25°角，主动改正镜放在其球心。由改正镜的转动对天体进行跟踪。主镜曲率半径为 40 米，平均焦比为 f/5，视场直径 5°（$\delta > 60$°的天区为 3°）。主镜由 37 块对角距离 1.1 米的子镜主动拼接成 6.67 米×6.05 米的球面镜。改正镜由 24 块对角距离 1.1 米的子镜主动拼接成 5.72 米×4.4 米的非球面镜（图 6-20）。LAMOST 能够观测的天区为 -10°<δ<90°。焦面上的星象由 4000 根并行可控的光纤单元传输到 16 台光谱仪和 32 台 4K×4K 的 CCD 相机进行光谱观测，光谱观测范围为 370～900 纳米。图 6-21 为 LAMOST 的建筑外观。

　　国际著名天文光学专家评价说："LAMOST 包括了几乎全部现代大望远镜技术的各个方面。"（R. Wilson，2008）LAMOST 两块大镜面的面积等于一个 7.8 米口径的镜面面积，LAMOST 中用了 Keck（10 米）和 VLT（8 米）两种主动光学相结合的新型的、更难的主动光学，配备了 4000 根光纤和 16 台光谱仪。工程的规模、复杂性和先进性都与当前世界上最大的 8～10 米望远镜相当，甚至在主动光学、光纤定位技术方面更有挑战性，使我国在光学望远镜技术发展上弥补了与 8～10 米望远镜上的差距，走到西方国家研制20～50米望远镜的同一个起跑线上。LAMOST 的建成使我国自主建造 20～50 米极大光学/红外望远镜成为可能。

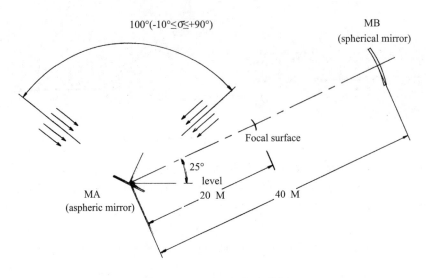

图 6-19　LAMOST 的光路图

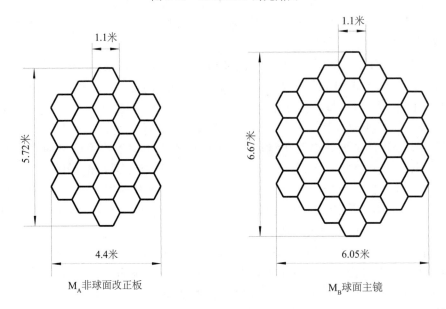

图 6-20　LAMOST 的两块大拼接镜面

图 6-21　LAMOST 建筑和圆顶外观（2007 年 10 月）

6. 盱眙近地天体望远镜

该望远镜是施密特型光学望远镜（图 6-22），有效通光口径为 1.04 米，主镜直径 1.2 米。为国内最大的施密特望远镜。望远镜有效无晕视场 3.14 度，装备了 4K×4K 的 CCD 相机，有效视场为 1.94°×1.94°，天体测量精度优于 100 毫角秒。望远镜配备了标准 Bessel 测光系统和 Sloan 数字巡天测光系统，极限探测能力为 40 秒积分 22.46 等。全视场多波段测光精度为 2%，与 Sloan 数字巡天相当。自 2006 年底建成投入观测以来，开展了"中国近地天体巡天"和"盱眙银河系反银心方向数字巡天"两个大型巡天计划和一批天体力学和天体测量观测课题。"中国近地天体巡天"计划已经获得了 101 438 个小行星的超过 40 万次观测数据和多项发现。在 2009 年度国际小行星中心公布的 400 多个小行星观测站中数据量排名第六，资料精度排名第一。"盱眙反银心方向测光巡天"将为 LAMOST 的光谱巡天提供输入星表，和"LAMOST 反银心方向光谱巡天"共同构成"反银心方向数字巡天"计划，同时也是一个具有原始创新的独立计划，目标完成 6000 平方度的三色巡天图像，得到极限星等 20 等，天体测量精度 100 毫角秒，测光精度与 Sloan 数字巡天和2MASS巡天相当的1亿个源的三色星表。除常规巡天观测以外，还参与多项国际联合观测。

图 6-22 盱眙 1.2 米近地天体望远镜

7. 1米真空红外太阳望远镜

1米真空红外太阳望远镜是一台具有高光通量，低偏振，达到接近衍射极限的空间分辨率，光谱范围将覆盖从近紫外到近红外，配置高精度的偏振分析器、多波段光谱仪、大色散光谱仪、富利叶光谱仪以及多通道滤光器等各种焦面设备，能在多个波段（近红外至近紫外）对太阳进行多种课题目标的观测，提供有关太阳活动区结构的分层数据的新型多功能，对太阳活动区磁场时空精细结构和演化研究有极其重要的意义。

1米红外太阳望远镜采用修正的格里高里主光学系统（图6-23），F/45.9。工作波段 0.3～2.5 米，空间分辨率优于 0.3″。建成后将是 21 世纪初我国太阳物理的主要观测仪器，其口径和性能可达到同类仪器世界领先水平。1 米红外太阳望远镜于 2010 年安装在云南天文台抚仙湖观测站。图 6-24 为已安装在云南抚仙湖的 1 米红外太阳望远镜。

8. 光学近红外太阳爆发探测望远镜（ONSET）

光学近红外太阳爆发探测望远镜 ONSET 具有以往我国研制的太阳望远镜所没有的技术特点和难点，创新的科学目标新颖独特，富有想象力。要求在 4 个工作波长上达到尽可能高的成像质量，尤其是红外 10 830 埃与两个紫外 3600 埃和 4250 埃都不是可见光，技术难点很多。其每一个镜筒都可对全

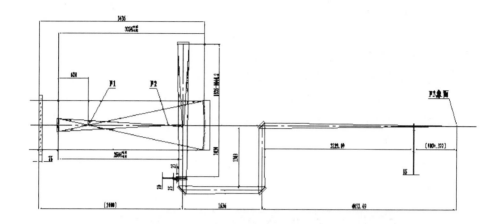

图 6-23　1 米真空红外太阳望远镜的光学系统

图 6-24　1 米真空红外太阳望远镜

日面和 10′ 局部区观测。具有高的跟踪精度和远程传输观测数据控制操作望远镜的能力。

ONSET 由 4 个镜筒构成：

（1）红外镜筒，口径 275 毫米，中心波长为 10 830 埃。

（2）Hα 色球镜筒，口径 275 毫米，中心波长 6563 埃。

（3）白光太阳镜筒，口径 200 毫米，中心波长 3600 埃和 4250 埃。

（4）导星镜筒口径 140 毫米。

ONSET 太阳望远镜最主要目的是进行高分辨率的色球 Hα（6563 埃）和 HeI（10 830 埃）单色观测。综合色球 Hα 和 HeI 观测，可以研究：

（1）耀斑能量传输和动力学过程。

（2）日冕物质抛射（CME）源区特征及演化。

（3）ONSET 的另一个重要目的是更有效地发现罕见的白光耀斑，在专门选定的两个紫外窄波段上，以相当高的空间分辨率和观测效率去探索和发现罕见的白光耀斑。

ONSET 于 2011 年初安装在云南抚仙湖观测站。图 6-25 为在南京天光所研制中的 ONSET 照片。

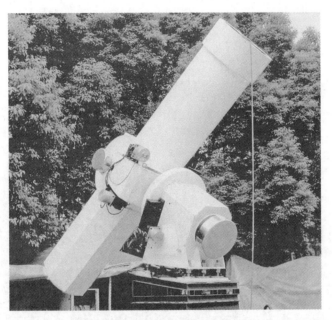

图 6-25　在研制中的光学近红外太阳爆发探测望远镜（ONSET）

（二）我国开展的极大望远镜方案预研究

技术的革命往往给天文学带来新的跨越，但天文学探索宇宙永无止境地追求高灵敏度和高分辨率的需求对天文望远镜和仪器的相关技术发展是永久的驱动力。极大望远镜的科学目标对望远镜的方案、参数确定都具有根本性的意义。另外，我们的科学目标与望远镜方案是与国际上的其他国家一样，还是另有特色？也是值得思考的。近年来我国望远镜方案预研究突出了大口径大视场，并且在国际上很有特色。从 2000 年开始，南京天文光学技术研究所的研究小组研究并先后提出了中星仪式 30～100 米极大望远镜方案、改正镜阵列极大口径大视场望远镜方案，以及中国未来 30 米口径极大望远镜（CFGT）方案。云南天文台提出环形极大口径干涉望远镜（RIT）方案。下面是后两种方案的简要介绍。

1. 中国未来大望远镜（CFGT）

主镜口径以 30 米为例，初步方案由 1122 个圆环形子镜构成（图 6-26），主焦比 f/1.2。有两个耐斯姆斯系统（耐斯姆斯系统 Ⅰ 和耐斯姆斯系统 Ⅱ）、卡塞格林系统、折轴系统和大视场系统（图 6-27）。有 4 个耐斯姆斯平台，可以放更多的终端仪器。耐斯姆斯系统 Ⅰ、耐斯姆斯系统 Ⅱ 和卡塞格林系统都用同一块副镜，都是 R-C 系统。用于光学和红外波段。耐斯姆斯系统 Ⅰ、耐斯姆斯系统 Ⅱ 和卡塞格林系统视场都是 8′，焦比分别为 f/19、f/23.83 和 f/14.58。3 个系统之间相互转换时，用主动光学方法改变主镜和副镜的面形，并使副镜做小量移动，使光学系统满足所要求的焦距和像质。折轴系统焦比 f/200，视场直径 3′。可与其他望远镜形成干涉阵。还有一个视场直径 20′ 的大视场系统，可连接多目标光谱仪。图 6-28 为 CFGT 的 3 维计算机模型图。

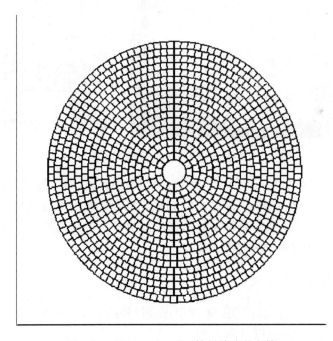

图 6-26　CFGT 圆环形子镜拼接成的主镜

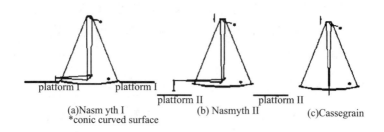

(a)Nasm yth I
*conic curved surface
(b) Nasmyth II
(c)Cassegrain

图 6-27　CFGT 光学系统图

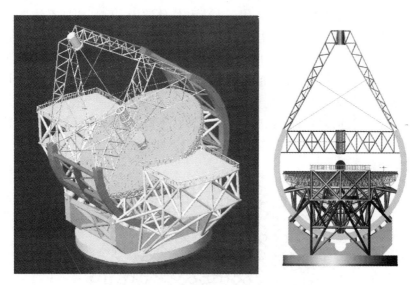

图 6-28　30 米望远镜 CFGT 的计算机 3D 图

　　我国设计的 30 米 CFGT 光学系统，与目前西方国家设计的极大望远镜相比有好几项特色，例如，有较小的副镜，环形分布的镜面更利于大批量的子镜的光学加工，4 个重力不变的焦点可以放置更多的仪器，设计出同样的衍射像质但有相对较大的视场，等等。

　　2. 30 米环形望远镜

　　云南天文台曾提出仅利用 30 米望远镜最外圈子镜的基于干涉成像理论的环形望远镜方案 30mRIT（图 6-29）。

图 6-29　30mRIT 计算机 3D 图

30mRIT 的主镜是一个 30 米的环形镜面，由一圈 90 块 1 米×1 米的子镜拼接而成，等效面积 90 米²。工作波段 0.3～3 微米，主焦比 0.8，主焦点视场 10 角分。副镜口径 3 米（也是环形），地平式机架，有 4 个耐斯姆斯焦点安放仪器。

30 米环形望远镜的特点是，在造价上将低于常规的全口径的 30 米望远镜，具有 30 米望远镜的衍射分辨能力，在集光能力上与 10 米望远镜相当，适合开展红外高分辨直接成像的观测工作。但是，这种方案在望远镜总体概念上、可行性和性价比方面仍有争议。

（三）我国目前的差距

对于研制下一代 20～50 米极大口径的光学/红外望远镜，我们还需要继续发展的技术有如下几个方面。

1. 子镜在近红外的共相拼接

LAMOST 在国际上首先在一块大镜面上实现既有拼接又有变形控制的主动光学，也首先在国际上实现了非圆形镜面的主动可变形镜，首先在一个光学系统中成功地采用了两块大的拼接镜面。但是，由于 LAMOST 只是工作在可见光波段，没有像 Keck 望远镜那样要求实现近红外的子镜共相拼接。目前，极大口径望远镜需要近红外波段的共相拼接技术，我国应当尽快开展实验验证。

2. 预应力抛光和离子束抛光

极大望远镜的大量非圆形离轴非球面镜面拼接可以采用预应力抛光、镜面复制法等方法。Keck 望远镜采用预应力抛光技术和离子束抛光技术结合，成功地研制出 36 块 1.8 米的离轴非球面子镜。我国也开展了镜面复制法、预应力抛光、离子束抛光等光学镜面技术预研究，但离正式使用还有一定的距离。因此，我国应该加大投入，尽快使其进入使用阶段。

3. 自适应光学

大多 8～10 米望远镜应用了自适应光学校正大气扰动，在近红外可以获得小视场内接近衍射极限的星像。其子孔径是 300～400，但 30 米望远镜的自适应光学的子孔径是 7000 左右，其难度就增大了很多！

我国的自适应光学还没有成功地应用在天文上，因此需尽快大力发展。

4. 恒星光干涉

目前国际上 8～10 米的望远镜中 Keck 和 VLT 都成功地应用了光干涉，特别是 VLT 已经实现综合孔径，可以进行中红外波段天体物理研究的观测。我国仅仅是在实验室内开展了一些试验和单元技术的研究。

5. 天文光学红外 CCD 探测器

这是我国差距最大的领域，我国在红外天文探测器方面还是空白。

四、优先发展领域和重点研究方向

（一）建议未来5～10年优先发展光学红外技术方面

（1）运行好并不断完善 LAMOST 和终端仪器，保证 LAMOST 完成其科学目标，出科学成果。

（2）在现有 LAMOST 尽快出科学成果的基础上，争取通过国际合作建成南天 LAMOST，开展全天光谱巡天。

（3）运行好现有中小型光学红外望远镜，在现有中小型望远镜基础上发展新的观测方法、新型的终端仪器和技术。

（4）积极开展 20～50 米极大光学红外望远镜的创新方案和关键技术预研究，争取国家立项，以我国为主研制极大光学红外望远镜。

（5）开展南极内陆天文观测的关键技术预研究，特别是发展南极冰穹 A 大型高分辨光学红外望远镜在极端条件下建造和运行的有关新技术。

（6）加强天文选址工作，积极开展我国在西部和南极的天文选址，以及通过国际合作开展极大光学红外望远镜天文选址。

（二）建议重点发展的方向

1. 极大望远镜预研究

中国是一个天文大国，走向天文强国之路需要以我国为主研制极大望远镜，其关键技术发展应作为重要的发展方向。极大望远镜关键技术的发展不仅可为我国为自主建造 20～50 米极大望远镜做准备，也可为我国参加其他国家为主导的国际合作完善条件。LAMOST 的建成使我国在望远镜技术方面走到与美欧在同一起跑线上，但不能就此停步，将 LAMOST 作为终点，又将天文技术上的差距拉大。建议将 LAMOST 的建成作为新的起点，不断研究和发展极大望远镜相关的关键技术和新技术，争取能以我国为主建造 20～50 米极大光学红外望远镜。另外，天文技术的发展总是走在相同领域的前沿，也可促进我国其他领域的高技术发展，如空间技术、高分辨空间目标观测技术等。

2. 天文选址

在我国找到足够好的光学/红外的天文台址对我国的天文学发展具有十分重要的意义。从 2003 年开始，国家天文台成立了西部选址团组，开始在我国西部的选址工作。至今已在新疆卡拉苏、西藏的物玛县建立长期的监测点。选址目标瞄准下一代大型望远镜台址。评价标准和技术条件要与国际优秀天文台址相当。也积极开始考虑通过国际合作，与美欧一样在全球范围内开展天文选址。建议加大对选址工作的指导和人员经费的投入，更加广泛和深入地开展西部的天文选址，为我国将来天文学的发展创造条件。

3. 南极天文技术

南极高原独特的大气特征为光学、红外和亚毫米波观测设备，特别是为大口径望远镜、望远镜阵和干涉仪提供了理想的台址。我国最先占据冰穹 A 并及时在冰穹 A 开展天文研究，拥有优先的机遇。已在冰穹 A 安装了中国南极小望远镜阵 CSTAR 和自动台址测量设备 PLATO，目前的观测数据已经初步证明了冰穹 A 作为天文台址的巨大优越。我国天文界建议建立南极天文台站近中期建设规划是：

（1）利用 CSTAR 和 PLATO 继续冰穹 A 台址和天文试观测（图 6-30）。

（2）2012 年研制安装成功 3 架南极 50 厘米/70 厘米改进型施密特望远镜阵 AST3，开展科学试观测和关键技术试验（图 6-31）。

（3）5 年内研制一架 2.5 米光学/红外望远镜（图 6-32），并为在南极冰穹 A 安装 6～8 米的光学/红外望远镜做准备。

图 6-30　已安装并在南极冰穹 A 观测的 CSTAR

图 6-31　2011～2013 年将安装在南极冰穹 A 的 AST3

图 6-32　南极冰穹 A 的 2.5 米光学红外望远镜

五、对未来发展的建议

以我国"十二五"和未来 10 年需要优先发展的天文大科学设备所需的关键核心技术为优先发展领域，即极大光学红外望远镜和仪器的关键技术；南极内陆高原极端条件下的特殊关键技术。建议优先发展如下技术。

（一）极大光学/红外望远镜的关键技术

1. 主动光学拼接镜面共相技术

从 20 世纪 90 年代开始，我国相继对薄镜面主动光学和拼接镜面主动光学进行了研究，得到了成功的试验结果。其中，拼接子镜的共面在可见光波段在实验室成功实现。

20 世纪 90 年代研制成功的由 36 块子镜拼接的 10 米口径的 Keck 望远镜实现了子镜在近红外的共相拼接。但目前 20～50 米极大口径的光学/红外线望远镜有 400~1000 块子镜拼接，尽管单元技术是相同的，但是数量上一个量级的增加，在检测、定标、控制方面就有新的难点出现，还需要预研究大量子镜的共相主动拼接镜面技术。

另外，望远镜的口径越大，几十米主镜支撑桁架的重力变形将有可能造成子镜在径向和圆周方向的较大的位移，以至于子镜的位置控制达到五维，因此还需要预研五维运动的主动控制的子镜支撑系统。

拼接镜面的共相主动光学需要解决以下几个技术问题：

（1）稳定的高精度的镜面支撑系统。

（2）几十纳米精度的位移促动器的控制。

（3）分辨率为纳米量级的位移传感器及其数据采集和计算分析。

（4）位移传感器的共相或共面的精确定标。

2. 大量非圆形离轴非球面子镜的磨制和检测

成千块非圆形离轴非球面镜面拼接成一块 30~100 米口径的望远镜主镜是极大望远镜的突出特点。怎样在研制望远镜的 10 年左右的时间里磨制出这么多的非圆形离轴非球面镜面是极大望远镜一个关键。

目前我国已经开展但还需发展和尽快进入应用的镜面技术包括：

（1）复制法。

（2）预应力环抛技术。

（3）主动抛光盘技术。

（4）离子束抛光。

3. 大惯量直接驱动

由于极大口径望远镜的口径大，自重达数百吨之多，为了保证跟踪精度，望远镜必须具有足够的机械扭转刚度。因此，采用机电一体化设计技术，以超低速、多磁极综合式转子与单元拼装集合式定子组成结构简单而又独特的永磁同步伺服电机（多元电机），实现望远镜本体的整体同步驱动，从而实现极大口径望远镜高精度控制系统的结构参数的要求。大惯量直接驱动包括以下技术：

（1）直接驱动伺服电机系统的建模与仿真。

（2）直接驱动望远镜轴角测量系统进行机电优化设计检测调试。

（3）多电机同步驱动技术在直接驱动技术中的应用。

（4）降低直接驱动电机在低速运行的热功耗方法。

4. 自适应光学技术

由于极大口径的光学/红外望远镜追求的不仅是大口径的集光能力，还要追求大口镜的高的衍射分辨率。除了望远镜的光学系统要达到通光口径的衍射极限外，还必须要有自适应光学系统校正大气扰动。

极大望远镜的自适应光学技术不仅面对十分暗弱的目标，还面临许多新的问题，如 30 米以上口径的极大望远镜的子孔径已达几千甚至上万；另外，为了得到较大的视场，开始发展分层共轭的自适应光学技术（MCAO），以及多个激光导引星的自适应光学系统（MLGS）。可见，极大望远镜的自适应光学系统是一个非常复杂的系统，在许多具体的技术方面都要面对挑战。

在分层共轭的自适应光学系统中，望远镜的副镜本身或望远镜中的其他镜面作为自适应可变形镜已在目前的 6.5 米 MMT 和双 8 米 LBT 望远镜上开始应用。因此，大口径自适应可变形镜的相关技术也变得十分重要，包括：高超薄的大口径镜面的磨制、新型促动器、高达几百赫兹的大口径可变形镜的校正控制、支撑和支撑系统的阻尼。

无论如何，极大口径望远镜所需要的自适应光学系统将使自适应光学技术飞快地发展，也许将带来全新的概念和技术出现。

我国在自适应光学技术方面与国外比较不算晚，但相对天文的需求差距较大，需要加大投入，目前需要发展的自适应光学的技术有：

（1）1000～10 000 子孔径的自适应光学系统。

（2）MCAO（多对自适应光学）。

（3）MLGS（多个激光导引星系统）。

（4）大口径自适应镜面技术。

（二）恒星光干涉技术

众所周知，要提高望远镜的分辨率，通常的办法是增大望远镜的口径，但是这样的代价是较大的。人们为了用较少的代价获得高分辨率的办法就是恒星光干涉的方法。根据干涉仪的光束合成方式，可以将干涉仪分为两种不同的类型：①采用像面合成的斐索干涉仪，②以及采用瞳面合成的迈克尔逊干涉仪。

1. 斐索干涉仪

包含若干个子孔径，它们构成了一个事实上的公共主镜，从主镜出来的光被合成到公共次镜（图 6-33）。由于从每个子孔径出射的光被合成在次镜的公共焦面上，就如同一个单孔径望远镜。为了达到单个望远镜的衍射极限，共相阵必须同时和自动实现下面两个功能：第一，每个望远镜的成像必须重叠在一定的精度，即重合精度必须大大小于综合望远镜的分辨率；第二，每个望远镜的成像必须共相，共相精度小于一个波长。必须在望远镜的整个视场上满足这两点。斐索干涉仪包括功能单元：干涉阵、光束合成器、波前传感器、图像重构系统、探测系统。

组成斐索干涉仪的若干个子望远镜位于同一个机架上，利用瞬时全 UV 覆盖能够实现瞬时成像，主要适用于大视场的天体测量和快速变化的目标（如陆地、人造卫星）。因此，斐索干涉仪适用于对扩展的物体和快速变化的目标进行光学成像。和长基线迈克尔逊干涉仪相比，斐索干涉仪具有更紧凑的结构。当前世界上最大的斐索干涉仪为 LBT，它包含两个直径为 8.4 米的主镜，共相安装在基线为 22.8 米的底座上。对于这样的基线小于 100 米的干涉阵，我们也许可以利用独特的机械结构支撑所有的子望远镜指向同一个目标实现成像，但它限制了更长基线的发展。

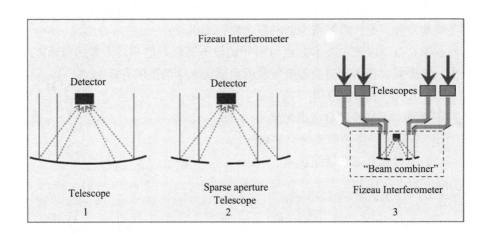

图 6-33　斐索干涉仪（稀疏孔径成像系统）示意图

2. 迈克尔逊干涉仪（长基线恒星光干涉仪）

对于天文观测，迈克尔逊型干涉仪能够获得比斐索干涉仪更高的分辨率，因此长基线恒星光干涉技术已经成长为天文观测的主流观测技术。

长基线恒星光干涉的目的是测量被观测物体的复相干度。为此，光干涉要求具有功能单元：干涉阵、光束传输系统、波前校正系统、延迟线系统、条纹跟踪系统、光束合成器、探测器、控制系统。除此之外，如果光束传输系统或延迟线系统位于真空中，还要研究真空系统；如果位于大气中，则需要研究对大气色散进行补偿的大气色散校正系统。

迈克尔逊干涉仪将来自独立望远镜的光传输到光束合成器，在出瞳面上获得一段时间（基线转动和填满 UV 平面的时间）的干涉条纹（图 6-34），主要适用于天文目标即长时间不变的目标。目前在建的和已经建成的地基干涉仪大都是这种类型，除了前面提到的 LBT。它们的子望远镜独立指向被观测目标，不需要安装在同一个机架上，它们之间的基线可以大大长于斐索干涉仪。因此，在斐索干涉仪中不需要的光程补偿系统在迈克尔逊干涉仪中非常重要。通常为了获得高分辨率，迈克尔逊干涉仪的基线都很长，因此它又被称为长基线恒星光干涉仪。比如，世界上最大的两架长基线恒星光干涉仪不包括附属小望远镜时，KECK 最大基线长 90 米，VLTI 最大基线长 130 米。

随着长基线恒星光干涉技术的发展，不断有新的技术被用于这个领域，提高灵敏度的极限和校正精度。这些新技术包括：

（1）用于光束传输以及延迟补线的单模光纤技术。

（2）用于光束合成的集成光学技术。

（3）新的探测技术以及对于不同的天文物理目标，产生的新的干涉方法。

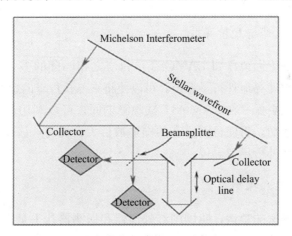

图 6-34　迈克尔逊干涉仪

3. 大面积低读出噪声光学/红外探测器相关的技术

至今为止，大面积低读出噪声光学/红外探测器在我国仍然几乎是发展的初期阶段。特别是大面积低读出噪声红外探测器还是空白，是我国急需发展的关键技术。

（三）极大望远镜终端仪器相关技术

1. 三维光谱成像技术（IFU）

三维成像光谱比长缝光谱具有许多优点：①没有狭缝带来的光损失，系统具有高光效率；②可以同时测到和扣除展源各区域的光谱背景；③光谱分辨率不受大气状况限制。三维光谱成像技术在天文学上的应用涉及很多领域。这种光谱观测对于研究星系中恒星形成和星族分布、星系运动学和动力学非常必要，而且此类研究对星系形成与演化的认识至关重要。

2. 系外行星直接成像技术

截至 2012 年，已发现 700 多颗存在行星系统的系外恒星候选体，其中绝大多数是通过视向速度测量法等间接探测技术测得的。对系外行星进行直接成像将有望获得行星物理特性，这些是采用间接探测技术所不能获得的。高成像对比度的星冕仪系统可以实现对恒星衍射光的削弱或有效压制，将有可能实现系外行星直接成像。

3. 多目标系外行星搜寻

利用大视场望远镜（如 LAMOST）和与之相匹配的多目标地外行星追踪仪，最有效地搜寻地外行星系统，可以使将来寻找行星的速度提高 1~2 个数量级，造价也更低。在 LAMOST 试观测期间，可以利用其来尝试搜寻地外行星。如果成功，将使目前已有的样本数目大大提高，该仪器也将成为世界上最有效的地外行星搜寻仪。

4. 红外仪器和探测器

由于西方国家的禁运，我国的红外仪器和探测器几乎是空白，但红外是目前天体物理最热的观测波段，建议重视发展我国天文红外探测器技术。

（四）南极特殊条件下的技术

南极天文观测需要发展的南极特殊和极端条件下的技术与方法包括：

（1）南极望远镜和仪器相关技术，包括：通过卫星遥控的全自动的望远镜控制系统、大口径光学镜面除霜、低温（-80℃）环境电子系统的温控、低温环境精密机械的稳定性、现场快速安装和调试、光学精密仪器和部件的运输和防震。

(2) 海量数据的传输

(3) 红外探测技术

(4) 自适应光学的应用

(5) 光干涉技术的应用

(6) 全自动选址仪器技术与方法

（五）交叉研究领域的技术

建议天文光学红外技术开展与其他学科交叉的研究，包括：

(1) 光学/红外探测器。

(2) 新型选址方法与仪器。

(3) 新型天文反射镜面的镜坯材料。

(4) 南极内陆清洁能源的开发和应用。

(5) 海量数据的传输与数据处理。

第二节 射电天文学

一、射电天文学的战略地位、研究内容和研究特点

（一）射电天文学在天文研究中的重要地位

射电天文学是天文学中的一个主要研究领域，蕴含了区别于其他电磁辐射波段的独特方法和天文学内容。射电天文的发展为天文学开辟了全新的观测视野和研究领域。天文学中的若干重大发现，包括宇宙射电源的发现、宇宙中性氢的成功探测、类星体的发现、星际分子的探测、微波背景辐射的发现、脉冲星的发现、脉冲双星的引力波辐射证据、星系中心黑洞的证认、微波背景功率谱的测量等，都是首先由射电波段的探测所发现或证实的。这些科学发现对现代天文学和物理学产生了广泛且深远的影响。其中，微波背景的发现以及功率谱探测、脉冲星探测、引力波探测以及综合孔径技术的应用等重大成就分别获得了诺贝尔物理学奖。

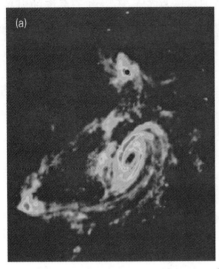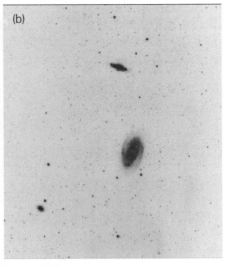

图 6-35　射电 HI 图像

（a）描绘了 M81、M82 和 NGC3077 三个相隔 1000 万光年的星系之间的相互作用这是从光学图像

（b）中难以发现的

资料来源：http：//images. nrao. edu/116

（二）射电天文学的社会价值和在国家需求中的重要性

射电天文的成就，包括所取得的科学发现以及所建立的新方法，产生了新的研究领域和重大应用需求。在射电天文的发展过程中产生的成果正在被应用在航天、遥感、空间科学、电子工程、地球科学、大气科学等其他领域。例如，"综合孔径技术"（获 1974 年诺贝尔物理学奖的研究成果）被广泛地应用到雷达领域。面向大口径精密天线需求所发明的天线"保型结构"技术也被应用于大型通信天线和深空探测天线上。射电天文与地球动力学相结合，产生了天文地球动力学。人们用射电望远镜对太阳表面活动和日冕物质抛射进行监测，可以及时准确地了解太阳活动对行星际大气环境的影响和作用，这些射电监测手段已经成为日地空间环境研究领域以及空间天气预报服务中必备的手段。在大气科学中，射电天文方法被用于观测地球大气臭氧层的变化，并用于监测地球大气中的污染物。VLBI 作为射电天文提供的超高空间分辨率的手段，已经被成功地应用到探月和深空探测领域。在我国"嫦娥"一期工程中就成功地采用了 VLBI 方法，在"嫦娥卫星"的奔月、绕月以及撞击月球等过程中，为航天测控及时提供了精确的位置测定，保障了探月一期工程的顺利完成。射电脉冲星正在被用于建立精密的时频标准，用来建立

新的时频标准并用于航天器自主导航领域中。

（三）射电天文的研究对象和内容

射电天文的主要研究对象和研究内容涵盖了宇宙的各个层次，所研究的物理层次贯穿了从微观到宇宙尺度的全部范围，包括：宇宙学和大尺度结构，暗能量和基本粒子过程，第一代恒星和元素合成，星际以及星系际介质的物质循环，宇宙 γ 射线暴、大质量黑洞结构、形成及演化，星系的形成、结构与演化，活动星系核及喷流，银河系结构，致密星及激变天体，恒星形成与晚期演化，超新星爆发及超新星遗迹，等等。由 HI 的射电观测探测星系的旋转曲线，能够精确地测定星系尺度暗物质的分布。射电天文探测率先揭示了系外行星的存在，为研究系外行星发挥了重大作用。射电天文在揭示宇宙磁场的结构和起源、星际有机物质的探测发现、太阳活动及日地空间环境、行星环境领域起到了特别重要的作用。基于射电天文观测所建立的参考系应用于基本天文学的各个侧面，如射电星系的基本参考系以及时间、地球自转服务等。

除了宇宙各层次的发现和天体物理过程研究之外，射电天文观测已经与基础物理产生了重大交叉，如精密宇宙学、暗物质和暗能量的测量、广义相对论检验和引力本质规律的探索、极端致密物态和引力波探测等。

（四）射电天文的研究特点

射电天文以波段划分为相关联（但各有特点）的不同分支。射电天文学的波段覆盖了从地球电离层所能透过的低频电磁波到与远红外交叠的高频电磁波段。地面射电天文观测的低频端从地球电离层截止频率（约 15MHz，波长 20 米，取决于电离层的电子密度）开始，到分米波、厘米波、毫米波、亚毫米波和太赫兹频段。不同的波段具有其特殊的台址、探测技术和观测条件的特殊要求。对于一个特定的地面天文台址，射电天文观测的频率上限主要由大气对电磁波的吸收所决定，最高端的频率可达到太赫兹波段，与远红外波段相交叠。

射电天文是一门基于观测的科学。发展射电观测科学的动力一方面来自对宇宙基本问题的好奇心驱动；另一方面，射电天文强烈地依赖于技术的进步和方法的创新。1931 年美国贝尔电话公司的物理学家和无线电工程师卡尔-央斯基在通信实验中发现来自银河系的无线电，从而诞生了射电天文，由此开始，射电天文的发展始终与以电子技术为代表的高新技术的发展紧密联系在一起，这种联系同时又回馈并促进了高技术的发展。主动光学等新概念、新材料的应用使得望远镜面型更大、结构更精密。电子技术、半导体技术、超导接收技术、计算机信息技术及先进控制技术等方面的发展为研制更新的望远镜和接收机提供了技术基础。摩尔定律继续支配着信号处理芯片的发展速度，随着数字处理芯片的发展，射电信号处理的带宽和频谱分辨率将能够得到持续提高。

二、发展规律、国际研究现状和发展趋势

如同其他波段的天文观测一样，射电天文的发展规律是追求更深（更弱、更远）、更清、更细、更多（更广）、更快，拓展新的发现空间，提供对宇宙多样性的更为丰富的了解。射电天文的发展离不开射电天文技术与方法的发展。人们追求不断提高探测的灵敏度，以满足探测更弱（同时也是更遥远）的目标，当前也许只有射电天文能够探测从来自宇宙大爆炸伊始（微波背景）直到我们身边（太阳系）的宇宙全部尺度上的观测对象。射电天文在过去的80年间设备的空间分辨本领提高了9个量级之多。今天人们能够探测到更遥远的天体，对宇宙对象细致结构也有了深入的了解。从20世纪40年代到可预计的2020年，80年间的灵敏度提高100万倍，灵敏度趋势定律还将继续延伸。用更大的视场和快速天区覆盖获得更多的样本，以更高的动态范围提供天体更清晰的图像。提高接收带宽和提高谱分辨率、偏振测量检测等使人们最大限度发现天体的内在规律的各个侧面及新的物理过程。与这些探测需求发展相对应，射电天文探测的时间分辨率的提高为时域天文学里的新发现提供了机会。

（一）射电天文各个分支领域的开创

1931年，贝尔实验室的央斯基（Karl G. Jansky）发现并确认了来自银河系中心的射电辐射，成为射电天文学的开创者之一。1962年英国天文学家赖尔（Martin Ryle）建造了世界上第一台综合孔径望远镜，他因为该项技术而获得1974年诺贝尔物理学奖。20世纪60年代，射电天文成功地探测到星际介质的分子转动能级跃迁的谱线，从而开创了分子天文学这一新的学科研究领域。获得1964年诺贝尔物理学奖的汤斯（Charles Townes）在分子谱线研究领域做出重要贡献。1967年英国天文学家赫威斯（Antony Hewish）和研究生贝尔（Jocelyn B. Burnell）发现了1.337秒精确周期的连续射电脉冲信号。次年，Thomas Gold 和 Franco Pacini 预言它们来自中子星，不久就被证

实。赫威斯因发现脉冲星获 1974 年诺贝尔物理学奖。脉冲星的发现成就了高能（天体）物理、致密天体、吸积盘等一大批新的物理与天文学研究领域的辉煌。就在赫威斯他们获奖的同年，普林斯顿大学的泰勒（Joseph Taylor）和他的研究生赫斯（Russel Hulse）发现了第一例脉冲双星。在后来的 10 多年里，通过对它互绕周期衰减的长期检测间接证明引力辐射的存在，他们继而获得 1993 年诺贝尔物理学奖。这一发现又一次将广义相对论物理科学与天文学联系在了一起。

观测宇宙学方面，1965 年贝尔实验室的天体物理学家彭齐亚斯（Arno Penzias）和威尔逊（Robert Wilson）探测到了 3K 微波背景辐射，为宇宙大爆炸模型提供了观测证据，获 1978 年度诺贝尔物理学奖。为了精确测定微波背景辐射，美国 NASA 于 1989 年发射了 COBE 卫星。该卫星不但获得了几乎完美的黑体辐射谱，还探测到均匀宇宙背景上十万分之一的相对起伏。COBE 卫星的负责人马瑟（John Mather）和斯穆特（George Smoot）因此获得 2006 年诺贝尔物理学奖。在迄今 10 项授予天文学研究领域的诺贝尔物理学奖里面射电天文学成就占了其中的 6 项，充分显示了这门新兴学科的强大活力。

（二）向大集光面积、高灵敏度的方向发展

由于射电波段的波长比可见光波段要大得多，小口径单天线设备的空间分辨率受到了很大局限。提高空间分辨率的一个有效途径就是增加望远镜口径。望远镜口径的加大同时也增加了集光面积，与面积成正比地增加了望远镜的灵敏度，使望远镜能够看到更暗弱的目标。具有代表性的是 20 世纪 50 年代的英国 76.2 米口径 Lovell 望远镜。60 年代，美国国立射电天文台（NRAO）建造了 91 米口径全天可动的大型射电望远镜以及位于波多黎各的 300 米口径固定式射电望远镜 Arecibo。但口径增加带来的技术困难使得难以获得足够高的表面精度，从而限制了天线的上限工作频率。60 年代，冯·赫尔纳（von Hoerner）提出的保形结构技术使得大口径、高精度天线的发展取得了重大突破。随着技术的发展，特别是轻质抛物面面板和望远镜保型结构的采用，望远镜口径得到迅速扩大。澳大利亚建成 Parkes 64 米口径望远镜。70 年代，德国建造了 Effelsberg 100 米口径射电望远镜，这些望远镜均工作到厘米波段甚至长毫米波段。分辨率和灵敏度的提高带来了丰富的科学产出和重要的社会效益（如卫星通信）。美国国立射电天文台的 91 米口径射电望远镜于 1988 年意外坍塌后，2000 年建成目前国际上最大口径（100 米）、精度最

高的可动偏轴式射电望远镜 GBT（图 6-36），并能够使工作频段提升到 3 毫米波段。GBT 的投入使用，给单口径大天线带来了新的科学发现和研究前沿，包括毫秒脉冲星的大量发现、弱星际磁场的分布以及分子云形态的研究等。

图 6-36　口径为 100 米的美国 GBT 望远镜

GBT 采用偏馈抛物面设计，并由此获得优异的波束效率

资料来源：http：//images. nrao. edu/Telescopes/GBT

　　波长更短的毫米波和亚毫米波段，因为重力、温度和风载等因素引起的形变严重影响天线的效率，尚无法实现可比上述厘米波段的望远镜所能达到的口径。具有代表性的大口径毫米波和亚毫米波望远镜包括：美国的 NRAO 12 米、FCRAO 13.7 米、CSO 10 米、HHT 10 米、JCMT 15 米、SPT 10 米，欧洲 APEX 12 米，瑞典 Onsala 20 米，法国 IRAM 30 米和日本 NRO 45 米、ASTE 10 米等毫米波和亚毫米波望远镜。这些望远镜是射电天文向高频发展的代表，不仅为分子天文学的进步做出了重要贡献，也为星系形成和演化、黑洞物理研究等提供了突破性的科学发现。一个典型的例子是，JCMT

在 20 世纪 90 年代发现的 SCUBA 星系，为高红移宇宙的认识提供了令人惊讶的发现。

通过增加望远镜口径的方法提高分辨率和灵敏度推动了相关技术的发展，其中最重要的代表是能够实时、动态补偿面板形变的主动面板技术。利用这些新型技术以及碳纤维加强塑料这样的低热膨胀系数轻质的新材料，单天线的口径仍能够进一步增加。美国提出的下一代 25 米口径的太赫兹波段望远镜 CCAT 将成为这些新技术的代表。但口径的继续增加将带来建设费用的快速攀升，在收益投入比上渐渐失去优势。与之相比，多天线的干涉技术能以较低的代价实现高空间分辨率，具有巨大的吸引力。同时也应该认识到，单天线和干涉阵技术具有优势互补的特点，无法相互替代。单天线所具有的大视场和快速成像能力是干涉阵技术所无法提供的，特别适于无偏巡测和暗弱延展天体的成像观测。

在下一代大集光面设备中最为重要的设备之一是具有平方千米接收面积的米波和厘米波射电阵 SKA，频率覆盖为 70MHz～25GHz，分布在至少 3000 千米半径范围，目标是将目前运行的干涉阵的灵敏度提高两个量级，并实现连续谱源、谱线源以及变源的大视场巡天。SKA 将在五大核心科学项目取得突破性进展：①生命烛光，包括原行星盘成像和寻找地外生命的无线电信息；②探测宇宙黑暗时代，包括第一代发光天体的形成和对星系际介质的再电离；③宇宙磁场起源和演化；④利用脉冲星和黑洞检验强引力场理论；⑤星系演化、宇宙学和暗能量。SKA 的前期研究已经逐步展开，为 SKA 的科学目标和技术做准备。具有代表性的是荷兰的 LOFAR 低频干涉阵（2012 年完成）。SKA 计划是继 ALMA 之后又一项规模宏大的国际大科学装置，由澳大利亚、加拿大、中国、意大利、新西兰、南非、瑞典、荷兰和英国等国共同研制和建造。计划于 2016 年开工，2024 年开始全功能满负荷运行。

（三）向更高分辨率新型干涉阵技术发展

高分辨干涉设备（综合孔径干涉或 VLBI）以追求高分辨和高灵敏度为主要目标，如美国 VLA、英国的 MERLIN、印度的 GMRT 等厘米波综合孔径干涉设备。其中，VLA 的灵敏度、分辨率和波段覆盖最具竞争力，在射电天文界产生了巨大影响。这一设备目前正在更新（EVLA），更新后的 EVLA 的灵敏度将提高 5～20 倍，工作频率 1～50 GHz，分辨率最高将达到 4 毫角秒，全偏振接收瞬时带宽为 8 GHz，成像速度和图像动态范围均有显著提高。EVLA 的性能将与下一代空间望远镜 JWST 等探测性能上互补。

作为国际联合的最重大的地面长波设备,SKA 将有可能在 2020 年前后完成建设,它同时具备高分辨和大天区面积快速成像的威力,而在此之前,LOFAR、ASKAP、MeerKAT 等项目为之提供前期技术探索和前期科学发现的机会。

甚长基线干涉阵(VLBI)网络在天文高分辨观测领域取得了独特的地位。国际主要的 VLBI 网络设备包括美国的 VLBA、欧洲的 EVN、日本的 VERA 以及俄罗斯的低频 VLBI 干涉阵等。韩国重点布局的设备 KVN 也将投入使用。在厘米波段,VLBI 的观测已经普遍达到毫角秒或 100 微角秒的分辨本领。美国的 VLBA 经过 10 年的运行,已经进入了成熟阶段。虽然它的集光面积(灵敏度)有限,但其均一的性能使得该设备的整体性能有很强的竞争力。近年来,国内学者在银河系中心黑洞观测、银河系恒星形成区甲醇脉泽的视差测量等方面的亮点工作都是用这台设备完成的。日本 VERA 计划利用双波束进行高精度相位校准,高效率地测定银河系和其他目标的三角视差,是一个以基本天文学为主要任务的专用设备。欧美在尝试利用现有的单台站毫米波和亚毫米波望远镜进行 VLBI 的联网探测,已经可以达到 10 微角秒量级的空间分辨本领。遗憾的是,第二代空间卫星-地面望远镜组网的 VLBI 观测项目 VSOP-2 原预计在 2012 年投入运行,但因故于 2011 年底宣布终止项目。

应用宽带网络数字传输技术给 VLBI 观测模式带来了根本的变革,使 VLBI 网络获得准实时的成像能力,形成了新的 e-VLBI 概念。目前,已经建立了多个 e-VLBI 观测网络,使得 VLBI 在获得高的空间分辨本领的同时,又具备了高灵敏度(宽带)、高时间分辨(实时)的探测能力。值得一提的是,除了对 EVN 等现有 VLBI 网络进行升级以外,欧美等国在中长期计划中基本上没有规划部署新的地面 VLBI 网络设备。

(四)向高频观测能力发展

在射电频段的短波领域,不严格地区分为毫米波(波长从 1~10 毫米)、亚毫米波(波长从 0.3~1 毫米)、太赫兹频段(更宽泛的概念,通常定义波长在 3~0.03 毫米之间,与亚毫米波段有交叉)。这个频段是宇宙冷暗分子(物质最普遍的存在方式)辐射的主要频段,也是尘埃辐射的峰值波段,富含科学内容。但有两个因素使得这个频段仍然保留丰富的未探知内容。第一个因素是,地球大气的强烈辐射对来自宇宙的微弱信号有严重干扰。虽然地球大气并非完全遮蔽宇宙信号,给地面观测者留有有限的频段,但往往需要在大气稀薄且水汽含量少的高原干燥地带才能实现有效观测。这给毫米波、亚毫米波和太赫兹频段的观测造成了客观的限制。第二个因素是，这个频段的电子技术发展较晚，与其相邻的微波波段和红外波段的探测器均在此频段因效率下降或噪声升高而无法使用。20 世纪 70 年代，研究表明，超导探测器在该频段表现出远比半导体器件更低的噪声性能，才逐渐填补了这个频段上电子技术上的空白。在毫米波和亚毫米波段，超导隧道结混频器（SIS）能够达到 100mK/GHz 的极低噪声温度，被广泛使用。在太赫兹频段，由于超导体产生高频损耗，SIS 混频器灵敏度下降，因此需要研制适于太赫兹应用的新型超导探测器。超导热电子混频（HEB）接收机的发展解决了 SIS 技术的高频局限，并于 1998 年首次应用于 HHT-10 米，成功获得首张猎户座大星云的太赫兹 CO 谱线分布图。而近年来出现的超导转变边缘传感器（TES）、超导惯动电感器件（KID）为更加灵敏的探测器阵列开辟了新的技术方向。

在毫米波段，大口径的单天线望远镜有日本 NRO 45 米、法国 IRAM 30 米等。亚毫米波段出现了美国 JCMT 15 米、CSO 10 米、HHT 10 米，欧洲 APEX 12 米、日本 ASTE 10 米等 10～15 米口径的亚毫米波望远镜，并且在亚毫米波连续谱探测方面显示了新波段的巨大威力。利用美国 JCMT 望远的 SCUBA 探测器阵列发现的亚毫米波射电星系（SCUBA 星系）推动了星系形成和演化的研究进入一个新的时期。下一代大口径单天线望远镜包括位于墨西哥的 50 米短毫米波-亚毫米波望远镜 LMT（建设周期有所推延），欧美等国也在预研大口径的亚毫米波、太赫兹频段望远镜，如美国计划中的 25 米口径亚毫米波望远镜 CCAT。

毫米波和亚毫米波高分辨干涉设备有美国的 SMA、澳大利亚的 ATCA（2004 年完成改造，可工作到最短波长 3 毫米）、CARMA（由 BIMA 和 OVRO 两个原有的毫米波干涉阵合并扩展而成，2006 年正式运行，在 230GHz 的最高分辨率达 0.1 角秒）、欧洲的 PdBI、日本的 NMA 和澳大利亚的 ATCA 等。其中，位于夏威夷 Mauna Kea 山国际天文台的 SMA 是最先运行的亚毫米波干涉阵。未来 5～10 年，覆盖毫米波到亚毫米波之间大气窗口的大装置 ALMA 将投入使用。作为国际最大的地面科学装置，它将引领毫米波亚毫米波段高分辨观测。由于地球大气对亚毫米波段及更高频率的电磁波吸收，智利海拔 5000 米的北部高原成为建设 ALMA 的最终台址选择。

ALMA 是一个巨大的国际合作的射电天文观测装置，也是 21 世纪初期包括 30 米级口径光学望远镜、SKA 等在内的国际天文大型地面设备序列中"第一艘下水的航母"（图 6-37）。目前 ALMA 正在智利北部阿塔卡马（Atacama）高原按期建造，已经于 2012 年开始前期观测，并将于 2014 年实现完整的功能。在 ALMA 建设工程中，欧洲和美国建造 50 面 12 米天线，日本建造 12 面 7 米和 4 面 12 米天线组成的致密阵 ACA。最长基线达 14 千米/秒，工作频率为 30～950GHz，分辨率可达 10 毫角秒。由于其强大的灵敏度和空间分辨率，ALMA 无疑是射电天文乃至整个国际天文界在下一个 10 年里最为重要的地面大型观测设施之一，它将对宇宙学、星系核恒星演化、地外行星系统、宇宙生命起源等各个天体物理层次的前沿研究带来革命性的影响。为了保证 ALMA 的科学产出和进行技术验证，欧洲、美国以及日本等都进行了充分的前期研究。欧洲和日本分别在智利建造了 APEX 12 米和 ASTE 10 米两架 ALMA 原型望远镜，并通过这两台望远镜获得了重要的前期科学结果。

图 6-37　建设中的 ALMA 望远镜

大型运输车辆将装配好的望远镜主体运送到海拔 5000 米的站址

资料来源：http://www.almaobservatory.org/

（五）向以观测宇宙学为代表的新兴领域发展

标准宇宙学模型建立后被一系列观测结果所验证，其中彭齐亚和威尔逊、马瑟及斯穆特分别因微波背景辐射黑体谱和微波背景起伏的探测均获得了 1978 年和 2006 年诺贝尔物理学奖。但由于标准宇宙模型中决定宇宙演化形式的关键参数（临界密度、宇宙膨胀加速度、暗能量等）仍然没有能够得到精确测定，因此人们尚无法从这个模型所能够给出的繁多演化模式中确定哪一个是客观现实。这个巨大的谜团以及宇宙演化撼动基础物理理论的关系促使观测宇宙学的迅速发展，而射电天文学在这个领域正在扮演重要角色。

宇宙微波背景辐射（CMB）的射电观测研究目前由美国主导，不仅有气球项目 BOOMERanG（1998 和 2003 年两次观测）、长留空时间气球项目 BLAST，还有卫星项目 COBE 和 WMAP，以及地面项目南极点望远镜 SPT 等。以 SPT 为代表的地面望远镜和以 PLANCK 为代表的空间射电卫星将以微波背景辐射的偏振（特别是尚未检出的 B-模）成分探测为下一个目标，重点针对原初引力波等科学目标的研究，将使精确宇宙学得到更新的发展。

（六）向大规模快速成像技术及数字化技术方向发展

射电望远镜的前端与终端设备的技术发展使天文学家能够看得更深、更清、更细并获取更丰富的信息。目前单个接收机的噪声水平都已经很低了（如毫米波和亚毫米波接收机的噪声水平都已接近量子极限），没有太多的提升空间，但多波束阵列接收机能够大幅提高成图观测效率，使得大样本和大尺度巡天观测能够有效实施。澳大利亚 Parkes 望远镜的 13 波束接收机更新后，成功发现的大量脉冲星，包括特别能够快速检验相对论的双脉冲星系统和一种间隙脉冲星以及磁星的射电辐射，使得在引力波探测等若干方向的研究取得了显著的推进；美国 JCMT 的连续谱阵列接收机 SCUBA 所发现的亚毫米波星系也是充分发挥多波束的无偏巡测功能的最好例证。

在频谱观测方面，类似多波束频谱探测阵列这样能同时获得空间 X-Y 位置信息以及另一个维度的频谱信息这样一种三维信息的终端设备是射电设备探测中的利器。如今，几乎所有的大望远镜均已配备或正在研制阵列接收机。如 Arecibo 的 L 波段多波束接收机、NRO 45 米的 25 波束 BEARS、FCRAO 14 米的 16 波束 SEQUOIA、CSO-10 米的 16 波束 CHAMP、HHT 10 米的 7 波束 DesertStar 和正在研制的 64 波束 SuperCam、APEX 12 米的 7 波束 CHAMP$^+$、IRAM 30 米的 9 波束 HERA 等焦面阵。下一代的毫米波多波束接收机将有望突破 100 个波束的门槛。

另外随着高速处理器芯片技术的发展，使得射电望远镜的后端处理能力迅速提升。基于可编程逻辑器件阵列（FPGA）和高速傅里叶分析仪（FFT）的宽带高分辨率频谱接收后端取代了原有的模拟设备。数字系统的采用，不仅给射电谱线的处理带来了巨大的灵活性（如脉冲星观测信号处理、数字基带转换等），提高了处理速度，支持新的高效率观测方法（例如 OTF 观测），因而有助于获得新的发现，而且为连续谱观测的干扰抑制提供极大的便利。数字技术同样为相控阵焦面以及干涉成像（包括 e-VLBI）的发展提供更高性能的选择。

（七）向极地和空间发展

地球大气和人类电磁活动的影响是限制地面观测灵敏度的最大因素。为了减小宇宙电磁波在大气中的衰减，避免通信信号的干扰，大部分望远镜都建造在海拔高（海拔 5000 米或更高）、空气干燥的地区。射电望远镜最集中的地区包括南美洲智利的安第斯山脉西麓（那里高海拔和低温洋流造成的低湿度，成就了高频射电观测理想的地理环境）和夏威夷的冒纳凯阿（Mauna Kea）火山。然而这些台址的大气透过率与南极高原相比仍然逊色很多。南极地区，特别是南极高原的核心地区，海拔超过 4000 米加之特异常低的气温，使得大气中的可沉降水汽含量（PWV）极低，加之边界层稳定，风速小，是建设地面射电观测设备的最好台址。随着技术能力和支撑条件的发展，各天文强国纷纷开展或积极准备南极射电天文观测。建造在美国阿蒙森-斯科特考察站的 10 米口径南极点望远镜 SPT 已经在宇宙微波背景辐射观测领域获得了很大成功。除此之外，澳大利亚、法国、日本等也在南极开展了射电天文观测，但目前尚以台址勘测和小型观测设备为主。

近邻空间的探测以高空气球和航空飞行器为载体，前者如前面提到的以 CMB 为科学目标的 BOOMERanG 和长留空时间气球项目 BLAST（典型留空时间为 10 天，主要由荷载的冷却剂消耗时间决定）。高空气球可以达到距离地球表面 40 千米的高空，获得非常接近空间的大气通透性；后者如美国的 SOFIA。这是一个搭载在波音 747 飞机上的太赫兹望远镜，口径 2.5 米，飞行高度 12 千米。科学目标包括恒星演化、原恒星系统、宇宙大分子的搜寻、太阳系内天体观测、星系尘埃和星系中心黑洞。SOFIA 于 2010 年建成开始试观测，2011 年开始常规运行。

空间是射电天文观测的又一个理想场所，当然其代价也是最高的。美国 NASA 连续发射了两颗以宇宙微波背景辐射为主要科学目标的射电天文卫星 COBE（1989）和 WMAP（2001）。欧洲空间局于 2009 年发射了两颗射电天文卫星 PLANK 和 Herschel。前者以宇宙微波背景辐射为主要科学目标，后者用于探测早期宇宙、研究星系和恒星形成、星际介质、太阳系内天体和分子化学，是近年来最具影响力的空间卫星之一。未来的空间计划包括以日本为主的 SPICA 射电和红外卫星、俄罗斯的 Millimetron 太赫兹空间望远镜等。空间 VLBI 也是重点发展的方向之一，日本 1997 年发射的 VSOP 卫星，建立了第一个空间 VLBI 站点，使 VLBI 的分辨率提高了 3～10 倍。第二个空间 VLBI 卫星 Spektr-R 由俄罗斯于 2011 年发射入轨。

（八）提升已有观测设备的观测能力

在射电天文发展中，对一些成熟的设备进行升级，拓展探测能力，加强终端设备研制和关键技术研究的投入，成为一种普遍的做法。例如，英国的 Lovell 望远镜、澳大利亚的 Parkes 望远镜和美国的 VLA、英国的 MERLIN、澳大利亚的 ATCA 干涉阵等设备进行的升级。美国国立射电天文台对 VLA 的升级工作已经完成，并以 Karl Jansky 的名字作为纪念。除了 Karl G. Jansky VLA 之外，英国对 Lovell 望远镜和 MERLIN 干涉阵、澳大利亚对 Parkes 64 米望远镜也都成功地进行了升级。英国 Lovell 望远镜几经更新（望远镜也几经更名），从最初的一台固定在天顶方向的米波天线，更新为一台全天可动的望远镜，它率先探测到了星际 OH 脉泽源，参与了第一颗毫秒脉冲星和双脉冲星的发现，发现了第一颗球状星团中的脉冲星，它还是英国 MERLIN 干涉阵和欧洲 VLBI 网的台站。澳大利亚在对 Parkes 64 米望远镜的升级过程中加装了多波束脉冲星接收机。该接收系统有 13 个波束，各两个偏振，带宽 300 MHz。用改装后的系统对银道面进行了"Parkes 多波束脉冲星巡天"（PMPS）项目研究，一共发现了 750 颗脉冲星，成为迄今为止脉冲星发现数目最多的项目。Parkes 望远镜还利用新设备开展了高银纬巡天，发现了一批毫秒脉冲星，包括双脉冲星等重要目标。这些发现使 Parkes 望远镜的更新和拓展科学成为一个很典型的设备更新案例。

总体上看，对现有设备的升级，通过研制和更新终端设备可以显著提升设备的探测能力。与制造一个新设备相比，结合特定科学目标的设备更新通常可以使这种科学目标得以迅速实现。同时，设备更新也是检验新的探测技术以及培养人才的重要手段。一般来说，设备更新的全过程更需要"科学目标-实验室研制-设备观测运行"三者之间更有机地结合。

三、国内发展现状

（一）国内射电天文领域近期的研究成果

中国的射电天文发展迅速。近年来射电天文取得了一批重要的天文研究成果、技术和应用基础研究成果。国内的射电天文研究力量主要集中在国家天文台总部（国台）、紫金山天文台、上海天文台和新疆天文台等观测基地以及北京大学、南京大学和北京师范大学等高校。在努力利用国内现有的射电天文设备和国际开放数据的同时，还积极通过争取世界上最先进的望远镜观测时间，做出了有重要科学价值和显示度的工作，其中代表性的天文研究成果列如下。

天体距离的精确测定是天文学研究的一项基础性同时又是最具挑战性的问题之一。徐烨等利用相位参考的高精度 VLBI 方法，对银河系内离太阳最近的英仙臂恒星形成区 W3（OH）进行了多历元的 VLBI 视差测量，精确地给出了目标的距离和运动速度，其中距离测量的相对精度达到了 2%。该项成果给银河系旋臂结构的测量和研究带来了显著的突破。运用这种 VLBI 高精度的视差测量手段是对传统三角视差测量的一场革命，不仅可以给天体的距离、银河系结构等基本天文的测量带来根本的提高，将来也可能为暗物质分布等重大问题提供精确的测量结果。鉴于该项成果对银河系结构和动力学研究的意义，《科学》杂志在 2006 年 1 月 6 日登载了封面文章。

沈志强等利用 VLBA 设备观测银河系中心 Sgr A*，对这个位于银河系中心的超大质量黑洞进行了多波段的研究，给出了黑洞尺度的最小约束结果。获得了国际上第一幅 3.5 毫米波长的 Sgr A* 高分辨率图像，成为迄今最接近该黑洞的"射电照片"，这一研究成果刊登在英国《自然》杂志上，配发的专题评述认为"这些观测提供了 Sgr A* 即是黑洞的有力证据"。

高煜等通过射电观测给出了修正的 Schmidt-Kennicutt 关系，推广了星系中的致密分子气体和恒星形成率之间的关系所适用的范围。该项研究结合多波段观测研究了星系中的致密分子气体含量与该星系的恒星形成率之间的关系，并将这种线性关系成立的尺度从银河系一直延伸到极亮红外星系和高红移星系，亮度跨度十几个量级。

宇宙磁场的起源和演化是物理和天体物理学中长期没有解决的重大问题之一。韩金林等以银河系内脉冲星为探针，通过偏振测量获得了各个方向的磁场强度和方向，成功地构建了银河系磁场分布的新模型。该项研究首次给出了银河系银晕磁场强度的定量估计和银河系磁场的大尺度结构，成果获2007 年国家自然科学奖二等奖。利用中德马普合作框架，由德国马普射电天文研究所和国家天文台共同研制的 6 厘米观测系统成功安装在南山 25 米射电望远镜上。使用该设备，基本完成了银道面 6 厘米的偏振巡天项目。这是国际上同波段最完整的巡天结果，并取得了许多新的发现，包括探测到一批新的超新星遗迹、证认了新的 HII 区等。

大质量恒星的产生是通过并和过程还是吸积过程是天文学领域长期存在的争论之一。吴月芳等对冷红外源的巡天观测，并探测到一批分子外流候选体。在 JCMT 18354-0649S 大质量核中首次同时探测到分子气体的内流运动和外流活动，能谱分布为 Class 0-I，比近年测到的大质量原恒星候选体要早。这一成果为大质量恒星通过吸积-盘-外流的动力学过程形成提供了一个有力的依据。

田文武等利用国外资料，发展出一种新的 HI+^{13}CO 谱线分析测距方法。该方法通过构建 HI 的吸收谱线并比较同一天体方向的^{13}CO 发射谱线和 HI 吸收谱线，能够给出可靠的天体距离。基于这种新方法，系统地对河内一批超新星遗迹、脉冲星甚高能 γ 射线源与大质量分子云成协的系统开展了较高精度测距，为超新星遗迹的新发现和测距测定提供了新的方法。

(二) 国内观测设备的发展情况和特点

中国的射电天文，从 20 世纪 50 年代研制小型太阳射电望远镜开始。70 年代开始了大型观测设备的集中建设，反映出了天文界对射电天文重要性的共识。中国科学院"七五"期间规划了三个大型射电天文设备，包括青海 13.7 米毫米波望远镜、密云米波综合孔径射电阵和以上海佘山 25 米射电望远镜为核心的 VLBI 望远镜观测系统（1994 年增设南山 25 米射电望远镜用于 VLBI）。这三大设备具备了当时国际同类设备的水平。

为了适应射电天文的技术发展需求，各个设备依托部门设立了射电技术实验室。紫金山天文台建设了毫米波亚毫米波技术实验室；国家天文台总部建立了米波射电天文实验室，后来发展成为大射电望远镜技术实验室；上海天文台建设了 VLBI 实验室。1990 年中国科学院在各台站及其实验室的基础上，成立了射电天文重点实验室，以充分发挥国内射电天文设备的观测能力，促进射电技术的发展。

目前国内运行的射电天文设备主要包括德令哈 13.7 米毫米波射电望远镜、佘山 25 米射电望远镜、南山 25 米射电望远镜等。由于探月工程的需要，新建设了北京密云 50 米望远镜和昆明凤凰山 40 米探月专用望远镜。其中密云 50 米望远镜和凤凰山 40 米探月专用望远镜和原有的佘山 25 米望远镜、南山 25 米射电望远镜等望远镜组成了中国探月 VLBI 网络。随着国内互联网基础设施建设的发展，国内已经实现了多台站的 e-VLBI 观测。另外还有专门用于探测早期宇宙结构的射电阵列 21CMA。正在建设的项目包括国家大科学装置项目 500 米口径球面望远镜（FAST）以及为深空探测和射电观测而建设的上海 65 米口径全方位可动的大型射电望远镜。以 CSRH 为典型的太阳射电设备也有很大发展，具体内容在太阳物理专题中进行讨论。

1. 毫米波亚毫米波设备

紫金山天文台青海德令哈 13.7 米毫米波射电望远镜仍是我国毫米波段射电天文观测唯一的开放设备。经过不断的技术升级，望远镜的观测能力得到了大幅提高。近年来实现了天线副面主动控制、锁相调制信号接收、三维波束测量与定位、结构倾斜测量等技术，提高了天线指向跟踪精度，改善了光学系统的成像质量及波束效率，显著提高了望远镜的性能和工作效率。2002 年投入使用的 3 毫米波段多谱线接收系统，使望远镜数据产出率实现了量级的提高。2010 年研制完成了新一代毫米波多波束终端"超导成像频谱仪"。该设备是我国射电天文的第一个多波束设备，投资 1000 多万元。"超导成像频谱仪"配备 3×3 波束的超导 SIS 混频器，承袭了原有"3 毫米波段多谱线系统"的观测原理，能同时观测 ^{12}CO、^{13}CO、$C^{18}O$ 等三条 CO 同位素分子谱线，并采用边带分离的混频技术使 ^{12}CO 和 $^{13}CO/C^{18}O$ 在上、下边带分别接收，使得系统输出的中频信号通路达到 18 个信号通道。超导成像频谱仪在后端频谱分析中采用了先进的数字 FFT 频谱分析技术，每个通道的频谱为 16 384 点。设备应用了数字合成毫米波本振源、全数字偏置电源技术等一批射电新技术，使该设备成为国际同类设备中最先进的设备。

该望远镜能进行 CO 等射电谱线及连续谱的观测，正在开展包括星际分子云、恒星形成区分子气体分布观测研究，高光度冷红外源和大质量恒星形成区的样本观测，分子云-分子云碰撞天体研究，MSX、Spizter（GLIMPSE）源的证认，高速外向流，UC HII 区，Arecibo 巡天发现的甲醇脉泽源的 CO 分子谱线证认，SiO 脉泽，原行星状星云，超新星遗迹与宇宙射线源，分子云核的高激发谱线观测，以及河外星系的分子谱线观测等研究。"超导成像频谱仪"（图 6-38）的应用使人们对天空成图的覆盖速度在原来基础上提高了 20 多倍。借助该设备业已开展银道面 CO 同位素分子的系统巡天计划——"银河画卷"巡天计划。"银河画卷"巡天将覆盖北天银道面 ±5°的天区以及近邻恒星形成区、高银纬星际分子云等其他重要区域。巡天完成后将能够建成国际上该波段分辨率和天空覆盖率综合水平最高的巡天观测数据库。

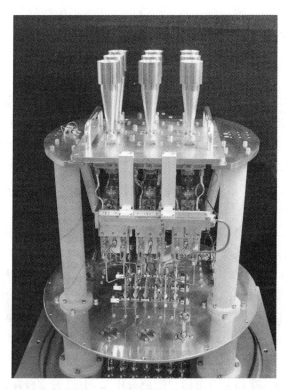

图 6-38　3 毫米波段超导多波束接收机前端——"超导成像频谱仪"

紫金山天文台毫米波亚毫米波技术实验室是我国开展毫米波、亚毫米波和太赫兹频段天文探测技术研究的主要单位。近年主要开展基于超导 SIS 隧道结和超导热电子混频器件（HEB）的外差混频（相干探测）技术研究、非相干超导阵列探测器技术研究及其在射电天文望远镜上的应用，在毫米波亚毫米波超导接收技术研究领域基本处于国际前沿水平。实验室除了前文介绍的"超导成像频谱仪"之外，还为移动式亚毫米波望远镜（POST）研制了国际上首例亚毫米波 NbN 超导 SIS 接收机；通过合作分别为 SMA 亚毫米波天线阵研制了 600GHz 频段超导 SIS 接收机和 ALMA 计划第八波段超导 SIS 混频器，性能处于国际领先水平，并达到 ALMA 计划规定的技术指标。在国内积极开展超导 HEB 热电子混频技术研究，在国际上率先实现了基于 4-K 闭环制冷环境的低温实验，实现了 2.7 太赫兹的混频实验，为国内最高频率的太赫兹探测器。

　　为了开展南极天文观测，紫金山天文台通过国际合作在南极研制了亚毫米波辐射计和傅里叶分光谱仪等射电选址和小型观测设备。测量表明，南极冰穹 A 的太赫兹透过率在已知的地面台址中指标最为优越，这一发现给射电天文提供了一个独特的地面观测窗口。

2. 厘米波段和 VLBI 设备

上海佘山 25 米射电望远镜是我国最主要的 VLBI 观测设备之一，也是国际 VLBI 网（EVN、IVS、APT、LFVN 等）的重要成员。在过去的 20 多年里，佘山 25 米射电望远镜组织和参加了大量的国际 VLBI 联测，也成为国际上首个空间 VLBI 观测计划（VSOP）的主要地面站之一。佘山 25 米射电望远镜装备了 18、13、6、3.6 和 1.3 厘米波段接收机，可开展的课题包括天体物理、天体测量和天文地球动力学等多个研究及应用领域。上海天文台利用 VLBI 观测了活动星系核致密结构，与澳大利亚等国合作完成了近赤道河外耀变源的 5 GHz VLBI 巡天观测研究。目前主要承担的科研任务包括 EVN 和 IVS 组织的天体物理和天体测量观测、亚太地区空间地球动力学 APSG 观测（由上海天文台倡导并组织）、APT 和东亚 VLBI 的国际合作观测、监测亚太地区的地壳运动等。上海天文台已成为国际天文地球动力学研究的重要基地。佘山 25 米射电望远镜也在探月等应用工程中起到了重要作用，用于卫星地面监测，负责轨道监测和数据接收。

通过中国科学院和上海市的"院地合作"，上海天文台在松江佘山基地建设一台 65 米口径全方位可动的大型射电望远镜系统，该望远镜的总体性能在国际同类望远镜中名列前茅（图 6-39）。65 米天线系统装备了主动面调整系统，将配置 8 个波段的双极化接收机（L、S、C、X、Ku、K、Ka 和 Q 波段）以及 VLBI 数据采集终端、氢原子钟以及时频比对等设备。65 米望远镜将主要确保圆满完成探月工程二期和三期的 VLBI 测轨和定位任务，也将在我国各项深空探测、天文学研究中发挥重要作用。

上海天文台 VLBI 实验室是以发展 VLBI 技术、支持国内设备发展为主要目标的射电天文技术实验室。VLBI 实验室的研究领域包括微弱信号接收技术、宽带数字终端研发、VLBI 相关处理技术、e-VLBI 技术、时间频率基准技术等。实验室近期重点开展了 VLBI 技术在深空探测领域的应用研究，承担国家探月工程等深空探测任务，完成了时频系统的研发、探月工程中的相关处理机、MK4 格式器以及数字基带转换器（DBBC）等设备的研发。

作为中国 VLBI 网的一个关键站点，新疆天文台南山 25 米射电望远镜于 1994 年建成。南山 25 米射电望远镜也是国际 VLBI 网（EVN，IVS，LFVN 等）的重要成员，参加了多项国际 VLBI 联测项目。该望远镜的工作频段包

图 6-39　上海天文台 65 米射电望远镜

资料来源：http：//65m. shao. cas. cn/zxfb/201207/t20120724 _ 3620585. html

括 92、49、30、18、13、6、3.6 和 1.3 厘米 8 个波段。在终端设备方面该望远镜具有特色，先后建立了 256 通道 320MHz 带宽脉冲星消色散终端系统、4096 通道 80MHz 带宽自相关频谱仪为核心的分子谱线终端系统、6 厘米波段的偏振观测系统等。南山 25 米射电望远镜可开展 VLBI 天体物理、天体测量、测地学、航天器定轨及地球空间环境的 VLBI 观测研究，作为单天线使用可开展脉冲星脉冲到达时间、辐射特性和星际闪烁研究、厘米波分子谱线研究、射电暂现源研究、射电源流量监测和偏振巡天等研究。新疆天文台射电天文实验室装备了微波和数字后端等仪器设备，实验室掌握了脉冲星消色散终端的研制技术、射电望远镜面板精度的全息法测量技术以及厘米波制冷接收机的研制技术等。2012 年自主研制的 1.3 厘米双极化制冷接收机通过验收，主要指标达到了国际同类设备的前沿水平。

2006 年建成的北京密云 50 米口径和云南昆明 40 米口径射电望远镜主要承担我国探月工程卫星下行的科学数据接收任务和 VLBI 测轨工作，工作波长是 13 厘米和 3.6 厘米。VLBI 测轨分系统由上海天文台 VLBI 数据处理和调度中心以及佘山、密云、昆明和南山 4 个 VLBI 观测站联网构成，完成"嫦娥"系列各个轨道段的测轨任务，这是我国首次将 VLBI 技术用于航天测控。

3. 低频射电设备

宇宙中第一代发光天体的诞生是天文学甚至自然科学里最吸引人但极具挑战性的前沿课题。国家天文台于 2004 年开始在新疆天山海拔 2650 米的高原上建设望远镜 21CMA，专门用于高红移（$z=6\sim20$）的 HI 线观测，是世界上最早投入"宇宙第一缕曙光探测"的专用低频射电望远镜阵列。21CMA 由东-西基线 2.74 千米和南北基线 4.1 千米组成，每条基线分布 40 组天线阵列，每组阵列由 127 面对数周期天线组成，最高空间分辨率可达 2 角分。21CMA 的每面天线均固定在地面并永久指向北极，使天线的指向不受地球转动的影响，始终观测北极天区 100 平方度的视场以达到长时间积分来获取微弱信号。

正在建设的国家重大科技基础设施 500 米口径球面射电天文望远镜（FAST）是国际上正在建造的口径最大的单天线射电望远镜（图 6-40）。该设备将在未来 20～30 年保持该频段世界一流的灵敏度。FAST 采用了多项自主创新的技术：利用天然卡斯特地形、采用主动反射面动态索网技术改正球差、馈源支撑技术、柔性支撑并联机器人定位、远距离高精度动态测量、传感器网络及智能信息处理等，突破了大型望远镜的极限。FAST 侧重 HI 探测和脉冲星接收，能够将中性氢的观测延伸到宇宙初始阶段，能够在短时间内发现大量脉冲星并建立脉冲星计时系统，能够参加国际 VLBI 网极大增加灵敏度和分辨率，此外还将在地外文明搜寻、深空探测等领域发挥关键作用。

图 6-40　FAST 望远镜的效果图

望远镜利用了卡斯特地区的洼坑地形，应用主动反射面技术和新型馈源支持系统等多项新技术

资料来源：http：//fast. bao. ac. cn/content. php?Action=Con

（三）国内射电天文发展的特点

射电天文相关的高技术研发是该学科的一个显著特色，在我国天文学的发展中起到了重要的支撑作用。500 米口径球面射电望远镜关键技术研究，包括索网主动反射面的技术方案和馈源支撑技术预研，有力地保证了 FAST 的建设得以实施。甚长基线干涉测量领域发展了多台站相关处理机和相关软件技术、数字基带转换技术、实时 VLBI 技术等。这些技术不仅保证了国内设备参加了 EVN、NASA 测地网等主要的国际 VLBI 网络观测，而且也应用于探月工程系列卫星的精密测轨，为佘山 65 米 12 经全方位可动的大型射电望远镜的建设提供了技术保障。毫米波亚毫米波接收技术已经进入了国际前沿行列，超导 SIS 接收技术、3 毫米波段多谱线接收系统和 3 毫米波段边带分离型多波束阵列接收机成功地应用于德令哈 13.7 米毫米波射电望远镜。亚毫米波 SIS 混频器技术方案在 SMA、ALMA 等国际大科学装置中得到应用。近年来，在 NbN 亚毫米波混频器的研发中取得了突破性进展，在国际上首次成功地研发了这种有更广应用前景的混频器。基于热电子探测器（HEB）技术的混频器已经在实验室实现。数字频谱技术、数字滤波技术等也发展很快。

与射电天文的迅速发展相对照，从事射电天文研究的人员队伍则相对薄弱。截止到 2010 年的统计，国内射电天文领域的专业人员数目共约 200 人，其中国家天文台本部约 90 人，新疆天文台约 27 人，紫金山天文台 37 人，上海天文台 41 人，高校约 10 人。射电相关的应用项目中新增了一批技术队伍和运行队伍，尤其是 FAST 项目和 65 米项目中新增了一批生力军。人才培养速度在近年来明显加快，但与需求相比，仍然有很大的差距。与天文台系统的快速发展情况相对比，我国高校的射电天文教育和研究队伍比较薄弱。在研究生教育的专业设置上表现出严重的不平衡，一些天文教育的定点院校甚至难以开设面向本科生和研究生的射电天文课程，射电天文研究生的人数也很少。高校缺乏单独运行或者与天文台共建共用的射电设备，严重制约了射电天文教育。面对未来发展，尤其迫切需要一大批谙熟射电天文科学研究和相关高技术研发的人才。

四、学科发展布局和规划

（一）大型设备的建设和观测能力的发挥

FAST 项目建设、科学目标的实现是我国射电天文界未来 10 年内最首要的任务。FAST 有能力对宇宙的初始阶段进行观测，探索暗物质和暗能量，寻找第一代诞生的天体。FAST 的高灵敏度有可能使脉冲星（致密星）研究再次获得重大突破，并有希望探测到亚毫秒脉冲星（夸克星），发现中子星－黑洞双星系统。FAST 加入国际 VLBI 网能够为双星系统和系外行星系统成像，获得活动星系核的高分辨观测资料，直接地证实黑洞存在并揭示黑洞周围的结构与极端物理。高灵敏度的 FAST 还可能发现高红移的巨脉泽星系，有望探测到河外甲醇超脉泽。近期应大力加强望远镜早期科学目标研究，以便在 FAST 投入使用之后及早发挥其最大的科学效用。FAST 具有超越的发现能力，还应同时积极开展其他有潜力的科学目标的研究。

今后一段时期将发挥佘山 65 米望远镜在国家重大需求和天文研究中的作用，对未来 10 年的射电天文带来新的观测能力。65 米望远镜的主要科学目标包括探月和深空探测、VLBI 组网观测、单天线的观测等方面。该望远镜将配置 8 个观测波段的接收机，频率从 1.6GHz 到 43GHz，包括了国际上 VLBI 观测的绝大部分波段，同时也覆盖了航天通信的 S、X 和 Ka 波段。该望远镜是执行探月工程二期 VLBI 测轨和定位不可或缺的关键设备，还可以承担我国将来的各项深空探测任务。新投入使用的 65 米望远镜将成为国际 VLBI 网的一个主干设备，显著提高中国 VLBI 网的测量能力。不仅如此，它还可以在 1.8GHz 以上频带上成为国际上天体物理研究名列前茅的射电望远镜，与国家大科学装置 FAST 的观测波段互相补充。

（二）现有设备观测能力的提升

德令哈 13.7 米毫米波射电望远镜的观测效率在 2002 年应用"3 毫米波段多谱线系统"后提高了 1 个量级；2010 年"超导成像频谱仪"投入观测又使其在原有多谱线系统的基础上提高了 20 多倍。与 1996 年的设备状态相比，这些更新使得今天的望远镜发挥出的观测效能相当于 90 年代同样设备的 200 倍以上。如果同样的能力提升要靠增加望远镜单元（天线数目）来实现，那么对应的投资将无法想象地昂贵（1 个 13.7 米口径毫米波天线的造价不低于 600～1000 万元）。无论是多谱线方法（本质上是一种宽带接收技术）或者是多波束焦面阵列技术，这些革新技术给望远镜带来的能力提升显然也无法通过增大天线口径或改善接收机单项技术等途径来获得。例如，在单个毫米波混频器接收单元的噪声已经接近量子极限的背景下，留给人们提高灵敏度的空间已经相当有限。应用了多谱线和多波束接收的 13.7 米毫米波射电望远镜除了为银河系及星系中的恒星形成研究提供观测数据之外，还能够为研究星际介质物质循环、银河系结构、超新星遗迹以及近邻星系的结构与演化等科学目标提供基础数据，它将显著地促进国内恒星形成观测研究的发展，并使相关课题取得很强的国际竞争力。未来 5～10 年，应当投入研究队伍，支持这种巡天的顺利完成和科学结果的产出。

利用现有 25 米望远镜和新投入的 65 米望远镜，今后应继续开展脉冲星、星际磁场等方向的科学研究和积累，并继续发展脉冲星探测技术，参与脉冲星导航等面向应用的基础研究。要完善 21CMA 设备的建设，以期在它主要科学目标宇宙再电离和第一代恒星的探测中取得重大的突破。

前文已经介绍了发展多波束接收对提升单天线望远镜探测能力的显著作用。今后一段时间，佘山 65 米口径全方位可动的大型射电望远镜可以考虑发展 K-波段的多波束接收机，重点开展银河系 H_2O 脉泽以及氨分子谱线发射的观测。有趣的是，65 米望远镜在 K-波段的空间分辨率与 13.7 米望远镜在 3 毫米波段的空间分辨相匹配，都为 50～55 角秒。类似的，25 米望远镜在 K-波段的空间分辨率与 FAST 在 HI 的频率上是匹配的（137～154 角秒），配备适当的多波束系统后，两者之间的协同能力将显著增强（图 6-41）。这些匹配良好的空间分辨本领对相同研究对象（如银河系中性氢、分子云等）的多波段研究有很高的科学价值，易于形成我国射电观测的特色竞争力，值得配合部署。

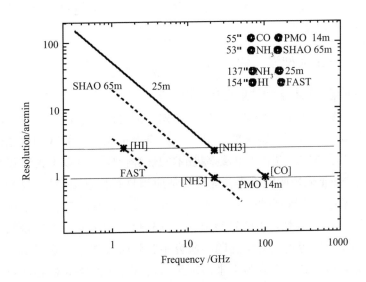

图 6-41　FAST 望远镜、65 米望远镜、13.7 米毫米波望远镜以及 2 台 25 米望远镜的工作波段与空间分辨本领分布（周鑫作图）

其中可以看出两个空间分辨相互匹配的组合：13.7 米在 3 毫米波段与 65 米在 K-波段的匹配；25 米在 K-波段与 FAST 在 HI 频段的匹配

天体测量的基本任务之一是建立、维持与精化天球参考架和地球参考架，研究与测定二者之间的联系参数，包括岁差、章动模型研究，以及地球定向参数 EOP（含极坐标、地球自转速率、天极偏移改正）的测定与机制分析。在这些基础领域中，VLBI 技术应发挥更大的作用。射电天文在相关领域的课题研究包括河外射电源的长期高精度监测、ICRF 的加密与扩充观测、ICRF 与历表、恒星参考架的连接测量与研究、我国 VLBI 站的坐标与速度精确测定、VLBI 天线的归心测量，以及与其他并置的空间大地测量技术测站的本地连接测量等。

VLBI 网在我国"嫦娥工程"中做出了重要贡献，有望在我国未来的深空探测中继续发挥核心作用，关联课题包括：①区域天线网的架设，用相距数十千米的天线阵有望将群时延测定到皮利量级，这有助于提高深空探测器的测轨与定位精度；②新天线的坐标与运动观测标定；③黄道带射电源加密观测，用于标校飞行器的 VLBI 观测量，开展飞行器的差分、相位参考 VLBI 观测；④EOP 快速服务；⑤射电星观测用于外行星系统搜寻，用于射电、光学、历表等参考架的转换连接测定与研究；⑥脉冲星观测，用于外太空自主导航，用于参考架连接。

（三）未来大型设备的布局

德令哈 13.7 米毫米波射电望远镜已运行多年，该口径的望远镜在国际上同波段望远镜中属于中小口径，但配备先进的终端之后，这个设备的探测能力和整体竞争力得到量级上的提升。今后应更重视集中的观测课题研究和专题巡天。结合我国先进毫米波终端技术的优势，应当可以考虑建设更大口径的短毫米波-亚毫米波望远镜。这种设备应当具有超过 IRAM 30 米和在建的 LMT 50 米口径望远镜的探测性能，在 S-Z 效应大视场巡天、宇宙大尺度结构和暗能量、哈勃常数的精确测定、高红移星系和星暴、大质量黑洞、恒星和行星系统形成等重大科学问题的研究中起到引领作用。除了单天线的科学效用以外，该设备应当成为未来国际毫米波 VLBI 网络的核心站点之一。设备建设完全可以充分利用我国西部高原的台址资源。

研究已经表明，南极冰穹 A 是地面高频太赫兹观测的最佳地点。在该台址上冬季的大气可沉降水汽含量（PWV）甚至低于 70 微米，指标远优于

ALMA 台址，并且也优于美国现有的地理南极点（South Pole）基地、欧洲的冰穹 C 等其他南极内陆基地的指标。面对这样的形势我们应当认识到，南极可能为中国地面天文未来发展提供一个难得机遇。中国应当抓住这样的机遇，逐步开辟太赫兹高频波段新窗口的天文观测，建设南极天文台，为各个领域的天文研究获得新的科学发展，也为地面天文开辟新的发展空间。利用冰穹 A 的独特太赫兹窗口，南极射电天文应当先从太赫兹波段开始布局。先期建设一个 5 米太赫兹望远镜，该项目与红外光学波段的 1～2.5 米口径望远镜相配合，取得前期科学发现并为未来大科学装置起探路作用。在中长期的建设阶段，重点部署建设一个 15 米太赫兹望远镜，侧重大视场与太赫兹和远红外深度成像的探测能力。

面向 FAST 科学目标的后续研究和深空探测等需要，中国有必要在短期内建设新一代中国 VLBI 网络（CVN）。长期的发展可以考虑建设一个由 5～8 台 65 米级的望远镜组成的跨区域干涉网络（如 China-ART）。CVN 不仅可以考虑为传统的 VLBI 模式，也可以借助宽带网络，实现数据的实时传输，成为实时 VLBI 或干涉阵。新一代 CVN 观测能力应当达到国际领先的地位。该设备在脉冲星、AGN 和大质量黑洞、银河系结构、星际分子谱线探测等重要科学方向将成为国际上有重大影响的设备。CVN 同时也能够更好地为行星科学和深空探测服务，不断发挥高分辨射电天文手段在深空探测中的基础性的支撑作用，并且在国际 VLBI 网络中发挥举足轻重的作用。新一代 CVN 建设需要系统地设计和部署需要重要考虑的工作波段，以满足其主要科学目标及深空探测需求。设备应当紧密围绕科学目标和应用需求合理地设计终端接收设备，并使各个单元具有均一的性能指标。同样重要的是，在佘山和南山两个现有台站之外，新一代 CVN 各台站天线可以充分利用我国的地理跨度布局。在站点布局上，应充分考虑作为 FAST 后续高分辨观测天区覆盖有足够重叠的要求。新一代 CVN 的建设预计需要 10～15 亿元的资金投入，建设时间 5～8 年。在一次性投入有困难的情况下，也可以通过分段投入启动部分台站的方式，逐步将整个干涉阵建立起来。

针对太阳剧烈活动过程的研究，国家天文台新近建设新一代厘米-分米波（0.4～15 GHz）射电日象仪（CSRH），该设备同时具备高的时间分辨（100 毫秒）、高的空间分辨（1 角秒）和一定的频谱分辨的能力。该设备的主要科学目标是观测太阳爆发能量初始释放区，研究太阳活动的起源和发生规律。设备使用还将对太阳活动产生灾害性空间天气的影响进行监测，并对航空航天等领域具有重要的应用价值。设备总投资预计为 6840 万元，建设周期 3

年半。

(四) 关键技术的攻关

针对 FAST 建设和运行，现有的佘山 25 米和南山 25 米望远镜、密云 50 米、昆明 45 米望远镜、21CMA，以及建设中的 65 米和其他厘米波望远镜、南极天文台太赫兹望远镜等项目建设需求，并且面向未来空间探测射电阵列等长远需求，射电天文应当重点发展以下技术方法的研究。

1. 望远镜及控制技术

(1) 大口径射电望远镜技术、高精度面形检测技术和高频射电望远镜主动反射面技术。

(2) 与主动变形相关的伺服、测量与控制技术，现场总线技术等。

(3) 大视场、多目标综合孔径成像技术。

(4) 极端环境下的射电望远镜适应性技术和远程操控技术。

(5) 空间射电探测技术，包括空间射电干涉技术、空间 VLBI 技术、月基射电天文技术。

2. 接收机前端技术

(1) 低噪声太赫兹直接检波及阵列成像技术。

(2) 大规模多波束接收机技术。

(3) 低噪声频谱接收技术（包括超导混频器、HEMT 放大器及超导放大器、超导滤波器等）。

(4) 相位阵馈源技术（PAF）。

(5) 偏振测量技术。

3. 数字后端技术

(1) 数字无线电技术：宽带数字频谱技术、宽带数字滤波技术、数字消色散接收。

(2) 宽带数字传输技术、e-VLBI 技术和高性能 FPGA 软件相关处理技术。

(3) 复杂强背景下极低信号的分离与检测方法。

4. 其他重要技术和方法

(1)（脉冲星到达时间、引力波探测、瞬变天体等新领域发展所需要的）

时频新技术和高时间分辨探测系统技术。

（2）射电天文的科学主题数据库、数据存储及科学应用服务。

（3）射电天文中的频率保护及抗干扰技术方法。

五、优先发展的科学和技术领域

无论是从科学研究的层面，还是从国家需求层面，我国射电天文的需求背景是清晰的，技术基础和条件也是相对比较扎实的。要以国际射电科学前沿和国家应用需求为牵引，加强学科的规划设计与宏观协调的作用，合理地规划和布局新的观测设备，最大限度地发挥出我国射电天文的技术优势，近期应选择那些科学目标（应用需求）明确且有足够技术基础、可实现的项目加以优先发展。

射电天文研究应当优先支持银河系和宇宙各尺度的分子云与恒星形成研究、银河系结构的 VLBI 精密测量、脉冲星、银河系磁场及星际介质的分布、银河系超新星遗迹的研究、银河系中心和近邻星系的超大质量黑洞观测研究等研究方向，力求在这些方向取得更大的突破。

"十二五"期间，射电天文探测技术与方法的优先领域和支持方向包括：①大口径望远镜技术、干涉技术及高频射电望远镜主动反射面技术；②低噪声和多波束接收技术；③微弱复杂的数字信号处理技术与方法。

针对上述科学方向应加强射电天文的技术预研，为未来的建设项目提供扎实的技术保障。相应的技术方法研究可以集中在包括大口径射电望远镜及检测技术、低噪声接收技术、大视场综合孔径成像和多波束技术、宽带数字频谱技术、消色散和高时间分辨、偏振观测技术、时频新技术等一批在 2020 年前后射电天文所急需的关键技术。

加强对现有射电望远镜的终端设备研制和设备升级的支持。德令哈 13.7 米毫米波射电望远镜在利用"超导成像频谱仪"开展银河系多谱线的系统巡天的同时应及时部署下一代新型接收阵列的预研究和开发。南山 25 米射电望远镜的 1.3 厘米波段接收机也将投入使用。另外，脉冲星接收机需要及时投入使用，发挥科学效用。现有 VLBI 系统要加强记录终端的配置，扩充实时模式。

六、国际合作与交流

除了跨地域观测所需要的国际合作（如 VLBI 观测）以外，随着天文观测设备的规模越来越大，其技术的复杂性和巨大的投资规模都使得任何一个国家在有限的时间内都难以单独完成一个大型设施的建设。因此，国际合作建设大科学工装置已经成为一种趋势。天文设施的这种趋势与核物理研究发展的趋势很相似。21世纪第一个地面最大的天文项目ALMA共投资13亿美元，主要由北美（主要美国和加拿大）、欧洲（欧洲南方天文台成员国）、亚洲（日本和台湾地区）等多方面出资，设备安放在南美智利，该国家提供场地和部分设施及建设保障。我国部分学者曾经提议，依托我们在接收机研制方面的优势，部分出资，承担该设备两个波段的接收机以加入该国际项目。但由于当时的条件限制，这一提案没有最终实现。正在预研阶段的国际大科学装置SKA项目，预计建设经费10亿欧元、年运行经费7000万欧元，由欧洲、美国、澳大利亚、南非等国家和地区多方投入合作。中国是SKA的最早发起国，一直参与其中，为SKA贡献了技术解决方案，中国对SKA的持续参与可能使我国在国际射电天文领域获得更多的回报。

我国的射电天文发展尤其需要通过加强国际合作使所掌握的技术和拟定的科学目标达到国际前沿水平。FAST工程建设中包括了一定程度的国际合作需求。未来的南极天文项目也需要积极的国际合作。在科学目标和项目建设方面加强国际合作必定能有力地促进射电天文设施建设以及学科研究能力的提升，同时也有利于扩大我国射电天文的影响力，增进在国际同领域的互惠。

七、保障措施

我国的射电天文理论和观测研究与国际的先进程度差距仍然很大。但是，相比而言，射电天文的技术基础相对比较扎实，创新能力比较强。超导探测器的研发和在SMA、ALMA中的应用、中德6厘米银河系巡天、脉冲星国际合作、"超导成像频谱仪"的研制以及其他一些需要大规模组织协调的项目，射电队伍的执行能力都很强，进展顺利，而且都取得了实质性结果和项目的总体成功。随着大科学装置FAST、佘山65米口径全方位可动的大型射电望远镜建设等更重大的任务的实施，射电天文需要更好地加以组织与协调。

对重点投入的大科学装置，要集中力量，加紧建设。FAST是今后5年内我国射电天文领域的最大任务，它应当成为全射电天文界的共同目标。应当集中全天文界的力量、加强合作、保质保量及时完成建设任务。由于大科学装置在学科中的特殊作用，实现这样的目标对2020年前后中国天文的整体发展至关重要。要以开放的心态对待国家的每一项重大投入，调动、组织各种可能的力量，集中力量在有限时间内完成项目建设。在开放的基础上，要加强指挥协调，分工协作，保障项目的有序实施。

加强射电天文的规划讨论、交流机制和学术民主建设。射电天文的快速发展得益于学科内外广泛的讨论和共识认同。中国科学院射电天文重点实验室自 1990 年成立以来，每年都利用实验室学术委员会评议这一学术平台，对射电学科发展、设备建设、台站运行、新技术研发、新项目酝酿、人才队伍培养等方面共同关心的问题进行评议，在射电天文的学术评议和交流合作中起到了核心的作用。应当加强支持并进一步发挥类似这样平台的作用。广泛讨论和民主决策可以使整个射电天文的布局更为科学合理，避免重复性浪费的盲目决策，避免因条件或技术基础的不足而仓促上马，也能更大限度发挥全国的学科和技术力量。

加强射电天文与其他波段的交叉融合和相互结合。例如，高能天体物理虽然发生的物理过程能量很高，但是，射电波段却常常是一种有效的探测手段。无论是超新星遗迹、脉冲星，还是 AGN 和 γ 射线暴，射电天文都是必不可缺的研究手段。因此，从规划开始，各个波段就应当加强互相交叉结合。再如，随着太赫兹频率越来越高，射电与光学红外技术逐渐融合到一起了。极大光学望远镜相关技术与射电（太赫兹）技术需要紧密结合并融为一体。因此，也需要促进多波段探测技术的交叉融合。

加大人才培养的力度。考虑到射电天文在天文重大发现和规律认识中的巨大作用，在国家需求应用中的重大影响和未来更大的需求，人才问题已经成为制约射电天文学科发展的一个重要因素。未来 5～10 年，在射电天文的教育和人才培养应当得到更大的重视。高校和天文台都应当加强射电天文的人才队伍培养，包括天文研究队伍和技术队伍的培养。通过高等院校与天文台的合作，促进在高校中开展射电天文教育，培养射电天文专业人才。

充分发挥射电天文在国家需求中的作用，使天文学的研究成果和观测设备更多地转变为现实生产力，取得更大的社会影响力。天文学的研究成果的应用是扩大天文学研究的社会公众影响、回报国家投资的重要举措。射电天文在应用方面已经有了很好的开端。考虑到射电天文在探月、导航等领域的巨大应用价值需求，应当更加注重扩大这样的应用，并且通过应用，向射电天文反馈相关的科学问题和技术需求。射电天文中创新的高技术应及时回馈社会，使其转化为现实的生产力，满足多领域的应用需求。

致谢：本节内容的综合得益于与诸多天文学同行的建议和意见。杨戟感谢与鲁国镛、Karl Menten、汲培文、Paul Ho、海部宣男、景益鹏、严俊、武向平、高煜、王仲、张其洲、黄家声、严琳、赵君辉、董国轩、吴月芳、陈阳、李春来、孔旭、刘庆会、薛随建、彭勃、金乘进、张洪波、张喜镇、吴鑫基、韩溥、钱志翰、程景全、樊军辉、戚春华、郝晋新、徐海光、郑为民、徐烨、汪敏、左营喜、刘祥、郑宪忠、毛瑞青、陈学鹏、吴京文、施勇、艾力·玉、陈卯真、张坚、娄铮、姜碧沩、薛艳杰、刘忠以及李菂等专家同仁们的有益讨论。特别感谢叶叔华院士和以方成院士为首的天文学科发展战略研究专家委员会的指导以及学科发展战略研究工作组同事的支持。作者还感谢张虹对本文的文字修改意见。本项工作得到了国家自然科学基金委员会及中国科学院政策局"2011～2020年我国学科发展战略研究"项目（L0922110）的资助。

第三节　空间天文

一、在天文学中的地位、发展规律和特色

这里所说的"空间天文"，特指利用各种空间探测技术所获得的观测数据开展的有关天文和太阳物理研究，以及为实现这些观测所采用的空间探测技术研究。我国"十一五"空间科学发展规划指出空间天文（包括空间太阳物理）的基本任务是：克服地球大气对地面天文观测的影响，从空间进行观测，研究宇宙整体以及包括太阳在内的各种天体的起源和演化；利用人造天体探索大尺度的物理规律。因此，该领域的研究方向是：利用卫星平台（包括飞船和高空气球）开展对天文对象的观测和研究。通俗地讲，就是围绕天文卫星的有关的工作。主要研究内容覆盖当代天体物理学的主要方面：太阳活动区物理、太阳磁场和磁活动、日地空间物理、恒星形成与演化、星系和宇宙学、粒子天体物理、高能天体物理以及与天文紧密相关的基本物理重大问题如暗物质、暗能量和引力波等。其相应的空间探测技术包括：空间X射线探测技术、空间γ射线探测技术、空间紫外辐射探测技术、空间红外辐射探测技术、空间粒子探测技术、空间光学与射电探测技术、宇宙线探测技术等。

在天文学发展史上，空间天文是继光学天文和射电天文之后的第三个里程碑。自从人类进入太空时代以来，空间天文观测就开始成为天文学观测的重要组成部分。在地球大气以外的空间进行天文观测的主要优点有以下几点。

（1）克服地球大气对于大部分电磁波的吸收。如图6-42所示，在地面或者高山上开展天文观测只能"看到"整个电磁波波段里面很窄的几个缝隙的天体的辐射，主要集中在可见光和射电波段的中频部分。因此，地基天文实际上就是"以管窥豹"，只能观测获得绚丽多彩、千姿百态、变化多端的宇宙天体的很少的信息。因此只有在地球大气以外才能实现天文学的全波段观测。

（2）即使对于透过大气到达地面和高山的天体辐射，由于地球大气（包括其等离子体层）的不稳定性，天体的图像被扭曲，天体的信号被干扰，使

得地基天文观测或多或少有"雾里看花"的感觉，又类似于今年7月22号上午在长江下游地区的"云雨之中观日食"。因此只有在太空中才能够做到高清晰度和高稳定度的天文观测。

（3）地球的自转使得地球有昼夜，因此很难做到对任何天体的不间断观测，也就很难获得很多天体的重要信息。因此只有脱离地球的影响才能够做到不间断的天文观测。

（4）综合孔径射电望远镜的应用及其取得的巨大成就使人们认识到，望远镜角分辨率的大幅度提高只能依赖扩展望远镜阵列的尺度，也就是不同望远镜之间的距离，而地基望远镜阵列的最大尺度只能是地球，因此未来更高分辨率的望远镜阵列就只能放置于太空中。

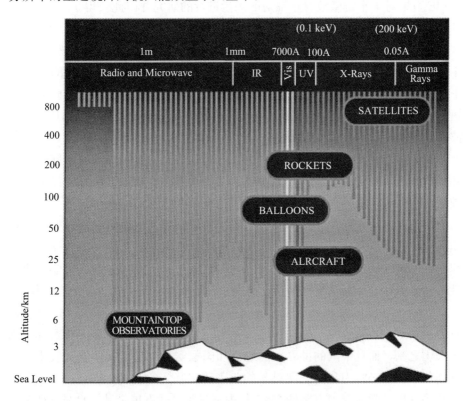

图 6-42　不同波长的电磁波所能够到达的海拔高度

只有可见光和中频的射电信号能够到达高山和地面

资料来源：http://www-xray.ast.cam.ac.uk/xray_introduction/History.html

空间天文观测的突破是从空间 X 射线探测开始的，该领域的先驱贾克尼和两位首次实现宇宙中微子探测的科学家一起以"开辟了宇宙探测的新窗口"

的成果荣获 2002 年诺贝尔物理学奖。30 多年来，空间天文的观测研究取得了巨大的成就，贾克尼领导的爱因斯坦 X 射线天文台、美国的四大支柱型空间天文台（康普顿 γ 射线天文台、哈勃空间望远镜、钱德拉 X 射线天文台、斯皮泽红外天文台）以及 COBE 和 WMAP 两个宇宙微波背景辐射测量卫星、欧洲的 XMM-Newton X 射线天文台和 INTEGRAL γ 射线天文台、日本的一系列 X 射线天文卫星和最近的红外天文卫星等大批空间天文卫星，对天文学的研究带来了前所未有的繁荣，对于人类认识中子星、黑洞、恒星、星系、系外行星，以及宇宙的演化做出了大批突出贡献。空间天文学已经成为现代天文学和物理学的最主要前沿研究领域。约翰·马瑟和乔治·斯穆特通过 COBE 卫星对于宇宙微波背景辐射的测量进行的研究并因此获得了 2006 年诺贝尔物理学奖，而哈勃空间望远镜对于宇宙演化的研究发现了暗能量的存在，这些成果对于宇宙的演化和基础物理学的研究带来了深远的影响。根据 2006 年发表的科学论文所使用的数据来源排出的国际前 10 个最有影响的天文台中，空间天文台（或者天文卫星）占据了 5 个（包括一个测量宇宙微波背景辐射的高空气球科学实验），还不包括最近两年最具影响力的 WMAP 宇宙微波背景辐射测量卫星。

从空间开展天文学观测研究的优势使得空间天文学研究的科学问题涉及几乎所有最重要的天文学、天体物理，以及天体物理和基础物理交叉的前沿领域，包括对宇宙各种尺度的天体（包括太阳系行星和小天体、恒星、星系乃至整个宇宙）进行观测和研究，了解宇宙的起源、演化和将来的归宿，物质和能量的本质和分布，以及从宏观的天体到极端条件下原子与分子基本规律的探索，并从根本上揭示客观世界的内在联系。因此，空间天文学的重要性，使得国际上所有从事空间活动的国家都开始在空间天文学领域有所作为。

2006 年中国国家航天局制定的"中国空间科学规划"明确指出："空间科学的发展强烈地依赖于先进的航天技术。我国已经属于世界上少数几个航天大国之一，而且中国的世界大国地位和国家安全决定了我国航天技术将持续高速发展，必将为我国空间科学的起飞奠定坚实的基础。因此，空间科学是我国基础科学研究中有条件在 20 年内通过跨越式发展带动一批科学研究领域进入世界前沿的学科领域。"空间技术、空间应用、空间科学是世界各国航天部门的三大任务，发展空间技术的目的就是要为空间应用和空间科学服务。空间天文在空间科学布局中占有显著重要的地位，主要体现在以下几个方面。

（1）开展空间天文和太阳物理领域的探测和研究对我国基础科学研究具有重大意义。空间天文和太阳物理领域在当前自然科学微观和宏观两个重要前沿中主要占据着宏观领域并对微观领域的研究也日益重要，对于认识包括整个宇宙在内的不同层次的天体和结构的形成与演化，理解从量子到引力现象以及各种极端条件下的物理规律、太阳活动对地球环境的影响，甚至回答人类在宇宙中是否孤独等一系列重大科学问题的研究具有不可取代的作用，孕育着科学上的重大突破和发现，涵盖了《国家中长期科学和技术发展规划纲要（2006—2020 年)》的优先主题"深层次物质结构和大尺度物理规律"的核心内容（其主要研究方向为：微观和宇观尺度以及高能、高密、超高压、超强磁场等极端状态下的物质结构与物理规律，探索统一所有物理规律的理论，粒子物理学前沿基本问题，暗物质和暗能量的本质，宇宙的起源和演化，黑洞及各种天体和结构的形成及演化，太阳活动对地球环境和灾害的影响及其预报等)。

（2）由于空间天文和太阳物理卫星通常对卫星平台、轨道、姿态控制、载荷技术、地面应用系统等具有多方面的特殊要求，因此对航天高技术有很强的牵引和带动作用；同时，由于太阳活动直接影响着日地空间的电磁辐射环境和高能粒子环境，从而直接关系到各种空间飞行器的轨道控制和运行安全，甚至影响着卫星通信系统、地面大型电力网的正常运行，因此对太阳物理的深入研究将对国家安全、经济建设和科技发展做出重要贡献。

（3）空间天文项目是开展我国航天国际合作的重要窗口，通过国际合作，不但可以节省经费，还可以使我国的科学与技术实现跨越式的发展，同时还可以消除国际社会对中国发展航天事业的误解，从而提升中国的国际形象和国际地位。

（4）空间天文和太阳物理是进行科普教育，吸引青少年学习科学知识的重要手段，并可以极大地激励民族自信心。

综上所述，开展空间天文和太阳物理研究和探测活动，是建立创新型国家的重要推动力，对我国航天技术的整体发展具有重要作用，而且还有可能衍生一批新兴产业的发展。

二、国际发展现状

（一）国际空间天体物理和空间太阳物理研究

空间天文强烈地依赖于先进的航天技术，是世界各国争相研究的热点，也是各国展示科技实力的舞台，更是引领世界科技发展的重要驱动力。从人类有能力把科学仪器送出地球大气层以外以来，国际上已经发射了约 200 颗和空间天文有关的卫星和其他空间器，取得了大量的科学成就，对人类认识自然和自然规律起了巨大的推动作用。因此，空间天文领域中的科学家分别于 2002 年和 2006 年被授予诺贝尔物理学奖。从这两次诺贝尔物理学奖可以看出空间天文研究的发展趋势。2002 年诺贝尔物理学奖中的空间天文部分强调的不是具体的科学成果，而是开辟了空间（X 射线）天文这个探测宇宙的新窗口，这就暗示着未来有可能有更多的诺贝尔物理学奖将会授予空间天文的科学发现的科学家。果然，2006 年诺贝尔物理学奖就授予了 90 年代初首先探测到宇宙微波背景各向异性和精确黑体辐射谱的 COBE（cosmic background explorer）卫星的两个负责人，标志着空间天文从技术突破开辟新窗口的起步时期进入到了以重大科学目标驱动的成熟期，使得不但所有的发达国家，而且一些小国（如韩国）和发展中国家（如印度和巴西）都有了实质的空间天文项目。目前空间天文的重要前沿涉及几乎所有天文学的重要科学问题，其中的包括宇宙的发端与结构、黑洞的形成与演化、暗物质与暗能量的探测及其本质的研究、星系和行星系统的形成与演化等，涵盖了当代以及未来天文学中最重要的研究领域。

空间太阳物理因其研究对象太阳是最接近地球的唯一有可能进行空间解析的恒星，它为我们提供了详细观测磁场复杂结构及其中的等离子体过程和各类电磁相互作用的独一无二的机会，对宇宙中恒星的形成与演化的研究具有不可替代的天体物理实验室的作用。同时，太阳活动对航空航天、卫星通信、地面导航甚至地球人类的生产和生存环境等都具有最重要的影响，因此太阳物理与空间天文一道受到世界各国的高度重视。

太阳物理研究的一个核心问题是了解太阳磁场如何在对流层底部通过太阳发电机机制产生，如何通过磁浮力不稳定性浮现到光球表面从而形成以太阳黑子为特征的活动区和无所不在的太阳小尺度磁场等各种现象，同时还包括磁场自由能又如何以耀斑和其他爆发形式被释放，如何通过太阳风和日冕物质抛射被带到日地空间和近地空间并对地球周围空间环境发生作用。目前，国际上太阳物理研究有两个主要的发展趋势：一是对小尺度的精细结构进行高时间和高空间分辨率的观测和研究；二是对大尺度活动和长周期结构及演化进行观测和研究。当然，对小尺度现象和大尺度活动之间的相互关系进行研究仍然是一个引人关注的重要方面。太阳剧烈活动及其对人类生存环境的影响已经成为当代自然科学一个重大的课题。这一发展趋势在 10 年前促成了日地"空间天气"科学概念的产生，成为当今交叉学科的重大前沿课题。

2003 年美国国家研究理事会发表了《太阳和空间物理发展 10 年规划》。

这一规划预见了将成为相关科学研究焦点的五大挑战性问题：①理解太阳内部的结构和动力学、理解太阳磁场的产生、理解太阳周和太阳活动的起源、理解日冕的结构和动力学；②理解日球结构、磁场和物质在太阳系中的分布、太阳大气和星际介质的相互作用；③理解地球和其他太阳系对象的空间环境，以及它们对内部和外部影响的动力学响应；④理解在太阳和空间等离子体中观测的过程的基本物理原理；⑤发展对理解和定量描述太阳、行星际介质、地球磁层动力学过程对人类活动影响的实时预报能力。这些从 20 世纪以来长期未解决的挑战性问题成为空间太阳物理研究的重要前沿课题。

（二）国际空间天文战略规划

在空间天文与空间太阳物理领域，美国、欧洲、日本和俄罗斯是传统的强国，其他一些具有代表性的国家如法国、意大利等也具有相当的实力，巴西和印度可以认为是发展中国家的代表。在 2005 年前后，世界各主要国家都纷纷提出空间天文和太阳物理发展战略规划，其中对 2005～2015 年的规划较为具体，各自都提出了一系列的空间探测计划，并对每一个探测计划都提出了比较明确的科学目标；对 2015～2030 年的规划一般是给出大的概念框架。

从战略规划内容上看，美国（NASA）和欧洲（ESA）的规划最为宏大，几乎涉及了天文学和天体物理中所有的前沿领域，基本上代表着空间天文和太阳物理领域未来的发展方向，其他国家（如俄罗斯、日本、印度、巴西、韩国等）一般都只是在上述大框架下的局部强调和延伸。概括起来，未来空间天文和太阳物理领域探测和研究的主要热点是：太阳和太阳系环境的基本物理规律和应用，宇宙的起源、结构和演化，类地系外行星系统的搜寻。其中太阳和太阳系环境的基本物理规律和应用包括太阳的结构与机制、日地环境、太阳对地球环境的影响、太阳系行星和各类小天体的搜索和监测等；宇宙的起源、结构和演化包括的内容更广，从黑洞、活动星系核到第一代恒星的形成、暗物质与暗能量的物理本质和在宇宙中的分布等；值得注意的是，类地系外行星系统的搜寻变得很热，这反映了人们对发现除地球上以外的地外生命有着一种超常的欲望和好奇心。

从实现战略规划的途径上看，一般前 10 年都非常具体。美国 NASA 列出的至 2015 年的空间天文和太阳物理大的卫星计划约有 10 项；欧洲 ESA 列出的约有 8 项；日本列出的约有 5 项；俄罗斯列出的约有 7 项。值得注意的是，经过几次推迟，印度也将于 2013 年独立地发射第一颗天文卫星（AS-TROSAT），在时间上会走在中国的前面。从 2015 到 2030 年，战略规划更多的是给出发展方向，而非具体的项目。值得一提的是，NASA 和 ESA 在规划后 10 年时的提法有些类似，都强调了深入的 X 射线、γ 射线、红外观测以及系外行星系统的探测。

从探测手段上看，除了 X 射线、γ 射线、紫外和红外观测外，利用干涉仪观测似乎是一个新的手段。此外，引力波探测又开辟了一个新的窗口。编队飞行卫星探测将变得越来越普遍。对太阳观测而言，近距离观测、三维立体观测甚至在太阳极轨上观测都将变成现实。针对科学上的新概念，如暗物质和暗能量，需要在空间探测上做出快速反应，这里小卫星计划体现出相当的灵活性，可望短时间内得到期望的结果，或为需要长时间研制的大卫星计划提供必要的先期探测研究。

从层次上看，美国（NASA）和欧洲（ESA）追求全面的领先地位，在突出重点的同时，强调各个方面均衡发展。日本则强调其谋求世界空间科学中心的同时，要力促尖端技术的发展。俄罗斯更多的是强调保持作为空间大国应有的贡献和地位。法国、意大利等国家在参加 ESA 大的科学计划的同时，还有一系列自己的计划。值得注意的是，在发展中国家中，巴西和印度都朝着独立开展空间计划的方向迈进，巴西选择有限目标，而印度占着与美国合作的优势，计划显得雄心勃勃。

（三）国际空间天文发展现状和趋势

由美国 NASA 建造发射或者参加的目前仍然在轨运行的约 80 个执行空间科学任务的飞行器中，约 20 个是空间天文卫星，占空间科学领域总飞行器的 1/4，其中大部分是美国 NASA 建造、发射和运行的，美国继续主导国际空间天文领域。空间高能天文（X 射线和 γ 射线）卫星约占总空间天文卫星的一半左右，说明这个领域目前主导空间天文卫星。表 6-3 列出了目前正在运行的空间天文卫星。

表 6-3　目前正在运行的空间天文卫星简表

序号	卫星 飞行器	发射 年份	建造国家 组织	参加国家 组织	波段 目的
1	HST	1990	美国		光学天文台
2	SWAS	1998	美国		亚毫米波空间天文卫星
3	Chandra X-ray Observatory	1999	美国		X 射线天文台
4	XMM-Newton	1999	欧洲空间局	美国	X 射线天文台
5	WMAP	2001	美国		宇宙微波背景辐射天文卫星

续表

序号	卫星 飞行器	发射 年份	建造国家 组织	参加国家 组织	波段 目的
6	INTEGRAL	2002	欧洲空间局	俄罗斯	中能 γ 射线天文台
7	Suzaku（"朱雀"）	2003	日本	美国	X 射线天文
8	GALEX	2003	美国		远紫外天文
9	Spitzer Space Telescope	2003	美国		红外天文台
10	Swift（"雨燕"）	2004	美国	英国、意大利	γ 射线暴多波段天文卫星
11	COROT	2006	法国	欧洲空间局多国	恒星精密测光
12	MOST	2006	加拿大		恒星精密测光
13	AKARI	2006	日本	英国	红外天文卫星
14	AGILE	2007	意大利		高能 γ 射线天文卫星
15	Fermi-GLAST	2008	美国	德国、日本	高能 γ 射线天文台
16	Herschel	2009	欧洲空间局	美国	红外天文台
17	MAXI	2009	日本		国际空间站 X 射线巡天实验
18	Planck	2009	欧洲空间局	美国	宇宙微波背景辐射天文卫星
19	WISE	2009	美国		红外巡天小型天文卫星
20	Kepler	2010	美国		恒星观测，寻找类地行星
21	RadioAstron	2011	俄罗斯	欧洲多国、美国	空间射电 VLBI
22	NUSTAR	2012	美国		首台硬 X 射线聚焦望远镜

　　未来几年国际上还陆续有几个重要的空间天文卫星发射运行，基本上保持每年发射运行 2～3 颗空间天文卫星，比过去的 10 年有显著的增加。由于国外空间天文卫星的寿命一般都在 5～10 年，甚至很多都能够达到 20年，所以今后若干年太空中将继续维持超过 20 颗空间天文卫星的运行。未来几年国际上（包括中国）计划发射运行的空间天文卫星如表 6-4 和图 6-

46 所列。

表 6-4　未来几年计划发射的空间天文卫星（包括中国）

序号	卫星 飞行器	预计发射 年份	建造国家 组织	参加国家组织	波段 目的
1	GAIA	2013	欧洲空间局		恒星精确测量、研究银河系结构
2	Spectrum-Roentgen-Gamma	2013?	俄罗斯	德国	X 射线巡天望远镜
3	ASTROSAT	2013?	印度	英国、加拿大	宽波段 X 射线天文卫星
4	POLAR	2014	中国	瑞士等欧洲多国	中国空间实验室项目，国际首个 γ 射线暴 γ 射线偏振测量实验
5	NeXT（astro-H）	2014	日本	美国	硬 X 射线天文卫星
6	HXMT	2015	中国		宽波段 X 射线天文卫星
7	DAMPE	2016	中国		暗物质粒子、宇宙线和 γ 射线探测卫星
8	WSO-UV	2016?	俄罗斯	欧洲多国、中国	紫外天文台
9	JWST	2017?	美国	欧洲空间局	空间大型红外天文台，哈勃空间望远镜的继承者，0.1 角秒角分辨率
10	SVOM	2017?	中国	法国	多波段 γ 射线暴观测天文卫星

　　除美国继续在空间天文领域起领导作用之外，国际空间天文的发展逐渐呈现多元化的格局，美国一家独大的局面可能会有所改变，日本和俄罗斯的重要性越来越突出，印度也可能成为发展中国家中首个拥有国际水平的空间天文卫星的国家，中国可能首次跻身于国际上拥有空间天文卫星的国家行列。此外，空间高能天文（X 射线和 γ 射线）卫星将继续约占总空间天文卫星的一半左右，说明这个领域将继续主导国际空间天文卫星计划。

　　由于在地面无法观测来自宇宙天体的 X 射线和 γ 射线，空间高能天文就成为了空间天文最先开展的研究领域，而空间高能天文的重要性又使得这个领域持续保持天文学研究的前沿。因此，我们在此以高能天文为例简要介绍国际空间天文发展现状和趋势。

　　空间高能天文的主要观测手段是在空间测量宇宙各种天体的 X 射线和 γ

射线辐射，也包含在空间测量天体的高能粒子辐射。宇宙中很多极端天体物理过程都会产生发射强烈 X 射线和 γ 射线辐射的高温气体，比如白矮星、中子星和黑洞吸积物质的过程，超新星爆发和 γ 射线暴的激波和喷流，星系团中的暗物质和普通物质的强大引力作用。高能带电粒子在磁场中的辐射以及和低能光子的作用、中子星的表面和量子黑洞的蒸发也会产生丰富的 X 射线和 γ 射线辐射。近年来，在空间通过探测暗物质粒子的淹没产生的高能带电粒子和 γ 射线寻找暗物质和研究暗物质的性质已经成为空间高能天文又一个重要方向。因此，空间高能天文研究的科学问题涉及宇宙中最极端的一类天体——致密天体（包括白矮星、中子星和黑洞）的形成及其结构，星系中心超大质量黑洞的增长及其和星系的共同增长、高度相对论喷流、高能宇宙线粒子加速、宇宙中最高密度、最强压力、最强磁场、最强引力、最高真空等最极端状态下的物理规律，宇宙中重子物质的循环以及宇宙中暗物质的性质和分布等一系列当今天文学和物理学的重大前沿科学问题。

1. 在轨运行的空间高能天文卫星

目前仍然在空间运行的空间天文卫星中约一半是空间高能天文卫星，如美国的钱德拉 X 射线天文台、"雨燕" γ 射线暴卫星和费米 γ 射线卫星，欧洲的 XMM-Newton X 射线天文台和 INTEGRAL γ 射线天文台，日本的朱雀（Suzaku） X 射线天文卫星。未来几年，印度、俄罗斯、日本、欧洲和美国都有已经完成研制、正在研制之中或者已经批准立项的空间高能卫星项目。图 6-43 给出几个正在运行的典型的空间高能卫星的示意图。

2. 近期将要发射运行的部分空间高能天文卫星

尽管目前在轨运行的空间高能天文卫星都一直持续不断地做出重大天文发现，不断地革新我们对于宇宙的认识，但是为了应对和解决不断涌现出来的重要和深刻的科学问题，进入 21 世纪以后，世界各国继续研制和规划更多的空间高能天文卫星项目。下面对国际上近期部分将要发射运行的空间高能天文卫星项目作一个简单介绍。

1）印度的 ASTROSAT

印度计划于 2013 年发射空间高能天文卫星 ASTROSAT，该卫星携带 5 个科学仪器，主科学仪器为大面积 3～80 keV 宽能区 X 射线探测器 LAXPC，在 5～30 keV 能区的最大有效面积达到 6000 厘米^2，科学能力将超过正在运行的美国的 RXTE 高能天文卫星。图 6-44 是该卫星示意图。其他 4 个科学仪

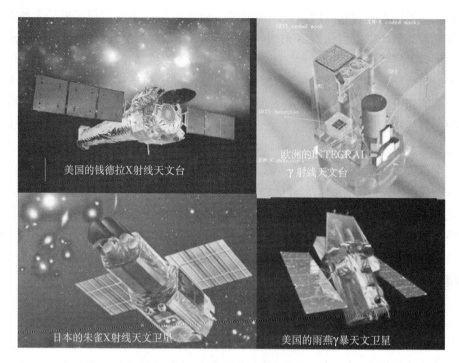

图 6-43　几个正在运行的典型的空间高能天文卫星示意图

资料来源：http：//cxc. harvard. edu/cal/，http：//www. esa. int/esaMI/Integral/，http：//www. astro. isas. ac. jp/suzaku/index. html. en，http：//heasarc. gsfc. nasa. gov/docs/swift/swiftsc. html

器分别为：①40 厘米口径的远紫外/可见光望远镜；②有效面积为 200 厘米^2 的 0.3～8 keV 能区聚集型软 X 射线望远镜；③10°视场、有效面积为 1000 厘米^2 的编码孔径 10～150 keV 能区硬 X 射线望远镜；④扫描成像 X 射线全天监视器。该卫星的主要科学目标是：①宽波段同时监测宇宙天体源的辐射强度变化；②监视可能出现的瞬变源；③硬 X 射线和紫外波段巡天；④对 X 射线双星、活动星系核、超新星遗迹和恒星冕进行光谱观测；⑤研究 X 射线源的周期和非周期性变化。

2）俄罗斯的 Spectrum-X-Gamma

预计 2013 年（具有很大的不确定性）发射运行的俄罗斯空间高能天文卫星 Spectrum-X-Gamma（图 6-45）将携带俄罗斯、英国和德国的多个科学仪器，其主科学仪器是德国研制的 eROSITA，有效面积达到 2500 厘米^2，将在 0.2～10 keV 能区进行全天巡天，其主要科学目标为：①系统地探测附近星系中所有被遮挡的吸积黑洞和超过 170 000 个遥远的活动星系核；②探测上

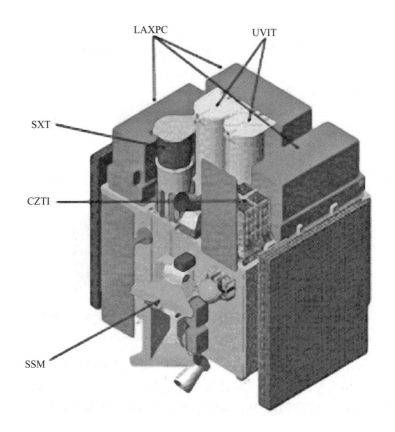

图 6-44　印度预计于 2013 年发射的 ASTROSAT 高能天文卫星示意图

资料来源：http：//meghnad. iucaa. ernet. in/～astrosat/

千个星系团和星系群中的热星系际介质以及星系团之间的纤维状热气体，从而研究宇宙的结构演化；③研究银河系内 X 射线源的族群，比如前主序星、超新星遗迹和 X 射线双星。其他科学仪器包括英国研制的"龙虾眼"软 X 射线全天成像监视器（Lobster）和俄罗斯研制的硬 X 射线全天成像监视器（ART）。

　　3）日本的 NeXT

　　日本继续其在国际空间天文领域大胆创新、领先使用最先进的空间天文仪器的传统，预计将在 2014 年发射 NeXT 高能天文卫星（日本的第 26 个科学卫星）（图 6-46）。该卫星将具有如下强大的观测能力：①采用硬 X 射线聚焦在 $10\sim80$ keV 能区具有最好的成像和高光谱分辨能力；②采用微量能器第一次在 $0.3\sim12$ keV 能区具有极高（几个电子伏）能谱分辨能力的软 X 射线

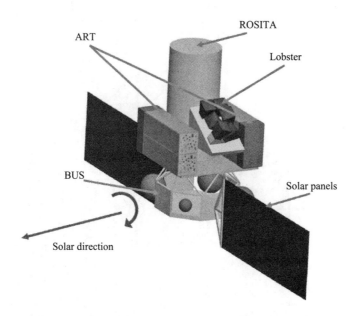

图 6-45   俄罗斯 Spectrum-X-Gamma 空间高能天文卫星示意图

资料来源：http：//hea. iki. rssi. ru/SRG/en/index. php

观测；③采用康普顿望远镜在整个 0. 3～600 keV 能区最高的灵敏度。因此，预计 NeXT 将在空间高能天文领域做出大批重要的发现，对于理解宇宙的极端物理现象尤其是强引力场和强磁场中的物理过程做出重要贡献。

图 6-46   日本的空间高能天文卫星 NeXT 示意图

资料来源：http：//astro-h. isas. jaxa. jp/index. html. en

表 6-5　国际近期将要发射运行的高能天文卫星简表

高能天文卫星	科学仪器	能区/keV	有效面积/厘米²	主要特点
印度 ASTROSAT 预计 2013 年发射	LAXPC	3～80	6000	宽能区、准直型、X 和硬 X 射线能区最大有效面积
	UVIT	紫外/可见光	40 厘米口径	
	SXT	0.3～8	200	聚焦型
	CZTI	10～150	1000	10 度宽视场，编码板成像
	SSM	2～10		3 个一维编码成像转动扫描巡天监视仪，每个 10°×90° 视场
俄罗斯 Spectrum-X-Gamma 预计 2013 年发射（但是据称发射时间有很大的不确定性）	eROSITA	0.2～10	2500	7 镜阵列全天巡天，将完成 2～10 keV 最深灵敏度全天巡天
	Lobster	0.1～3.5		第一个聚焦型宽视场 X 射线监视仪，22°×160°视场，灵敏度超过所有以前的全天监视仪
	ART-X	3～30	2000	10°×10° 宽视场，编码板成像
	ARP-HX	20～120	2000	10°×10° 宽视场，编码板成像
日本 NeXT 预计 2014 发射	HXT	5～80	1000	聚焦型硬 X 射线望远镜，12 米焦距，30 keV 有效面积 300 厘米²
	SXT	1～10	～600	聚焦型软 X 射线望远镜，6 米焦距
	SXS	0.3～12	～210	第一个微量热器 X 射线成像谱仪，达到最高能量分辨率 7 eV
	SGD	10～600		第一个窄视场康普顿望远镜，灵敏度比朱雀的 HXD 提高 10 倍

3. 规划之中的美-欧-日大型空间高能天文台——国际 X 射线天文台 IXO，以及 IXO 的替代项目

步入 21 世纪以来，国际上已经开始规划未来中长期空间天文的发展。国际上已经提出来了大批的新空间高能天文卫星计划。可以预计，国外一年一个空间高能天文卫星的趋势还将继续下去，在此就不介绍这些众多的

未来项目。与此同时，美-欧-日联合规划了下一代的大型空间高能天文台：国际 X 射线天文台 IXO（International X-ray Observatory）（图 4-47）。该天文台计划是由美国主导的 Constellation-X 天文台和欧洲主导的 XEUS 天文台合并而成，将取代目前正在运行的美国的钱德拉 X 射线天文台和欧洲的 XMM-Newton X 射线天文台，原计划于 2020 年以后发射运行，设计工作寿命至少 10 年。中国科学家代表是向欧洲空间局提交 XEUS 天文台项目正式建议书的项目组成员，但是由于某种原因，中国目前没有参与 IXO 项目，但是仍然和 IXO 项目保持联系。图 6-48 是对 IXO 项目的总体描述。

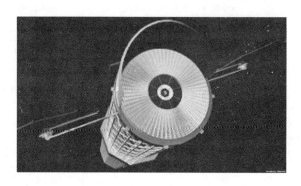

图 6-47　美-欧-日联合国际 X 射线天文台 IXO 示意图
资料来源：http：//ixo.gsfc.nasa.gov/

　　IXO 是约 3 米口径和 12 米焦距的 X 射线望远镜光学系统，加上配备完整的 6 个焦平面探测器系统，将具有前所未有的综合科学能力。其有效面积和能量分辨率分别由图 6-49 和 6-50 所示，将远远超越以前所有的空间高能天文卫星。

　　IXO 将研究的科学问题涉及从恒星到类星体、从星系和黑洞到暗能量和系外行星等一系列很广泛的主题。IXO 将捕获宇宙边缘处黑洞周围发出的信号，并研究他们和宇宙原初星系的关系以及共同演化。IXO 的首要科学主题将是极端条件下的物质，比如处于黑洞极强引力场中的物质或者处于中子星核心区的物质。其他科学主题包括宇宙的起源和组成，宇宙中各种元素的形成和如何通过恒星、宇宙爆发和粒子加速传播和扩散出去，等等，一系列重要的物理和天文问题。

　　尽管 IXO 是一个十分激动人心的巨大的科学项目，但是 IXO 将使用一

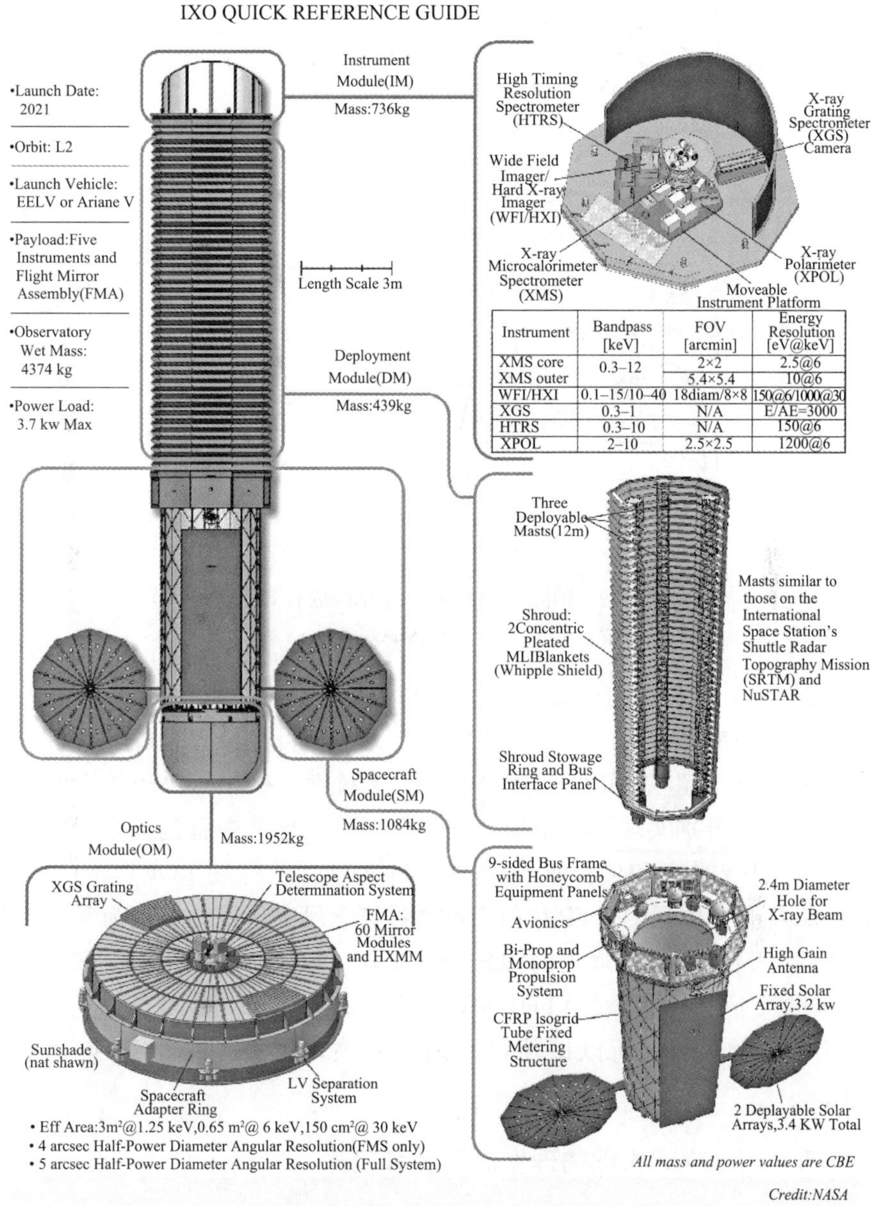

IXO QUICK REFERENCE GUIDE

- Launch Date: 2021
- Orbit: L2
- Launch Vehicle: EELV or Ariane V
- Payload:Five Instruments and Flight Mirror Assembly(FMA)
- Observatory Wet Mass: 4374 kg
- Power Load: 3.7 kw Max

Length Scale 3m

Instrument Module(IM)
Mass:736kg

Deployment Module(DM)
Mass:439kg

High Timing Resolution Spectrometer (HTRS)

Wide Field Imager/ Hard X-ray Imager (WFI/HXI)

X-ray Microcalorimeter Spectrometer (XMS)

X-ray Grating Spectrometer (XGS) Camera

X-ray Polarimeter (XPOL)

Moveable Instrument Platform

Instrument	Bandpass [keV]	FOV [arcmin]	Energy Resolution [eV@keV]
XMS core	0.3–12	2×2	2.5@6
XMS outer		5.4×5.4	10@6
WFI/HXI	0.1–15/10–40	18diam/8×8	150@6/1000@30
XGS	0.3–1	N/A	E/AE=3000
HTRS	0.3–10	N/A	150@6
XPOL	2–10	2.5×2.5	1200@6

Three Deployable Masts(12m)

Shroud: 2Concentric Pleated MLIBlankets (Whipple Shield)

Masts similar to those on the International Space Station's Shuttle Radar Topography Mission (SRTM) and NuSTAR

Shroud Stowage Ring and Bus Interface Panel

Spacecraft Module(SM)
Mass:1084kg

Optics Module(OM)
Mass:1952kg

9-sided Bus Frame with Honeycomb Equipment Panels

Avionics

Bi-Prop and Monoprop Propulsion System

CFRP Isogrid Tube Fixed Metering Structure

2.4m Diameter Hole for X-ray Beam

High Gain Antenna

Fixed Solar Array,3.2 kw

2 Deployable Solar Arrays,3.4 KW Total

XGS Grating Array

Telescope Aspect Determination System

FMA: 60 Mirror Modules and HXMM

Sunshade (nat shawn)

Spacecraft Adapter Ring

LV Separation System

- Eff Area:3m²@1.25 keV,0.65 m²@ 6 keV,150 cm²@ 30 keV
- 4 arcsec Half-Power Diameter Angular Resolution(FMS only)
- 5 arcsec Half-Power Diameter Angular Resolution (Full System)

All mass and power values are CBE

Credit:NASA

图 6-48 国际 X 射线天文台 IXO 总体描述

资料来源：http://ixo.gsfc.nasa.gov/

系列新的 X 射线光学、X 射线探测器、伸展臂和卫星技术，其造价不会低

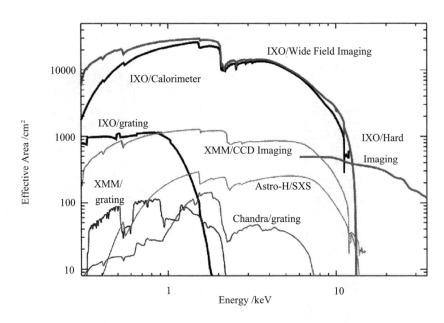

图 6-49　国际 X 射线天文台 IXO 的有效面积

资料来源：http://ixo.gsfc.nasa.gov/

于 50 亿欧元，项目目前已经被 NASA 和 ESA 分别取消。因此，世界各国科学家也在不断地提出一些新的空间高能天文项目，希望通过多个小规模的、具有（甚至超越）IXO 部分科学能力、科学目标相对比较集中的空间高能天文卫星分别实现 IXO 的宏伟的科学目标，这其中就包括中国科学家提出的 X 射线时变和偏振探测卫星项目 XTP，欧洲的 LOFT 项目和 A-THENA 项目。中国的 XTP 目前已经通过概念研究阶段，被选为背景型号并开始了围绕关键技术攻关的预先研究工作。LOFT 目前处于概念研究阶段尚未进入下一个阶段。ATHENA 项目在 2012 年没有被 ESA 选为 2022年左右发射的项目，所以即使最终通过立项，也只能在 2020 年后发射运行。

（四）国际空间太阳物理发展现状和趋势

表 6-6 和表 6-7 分别列出了目前尚在轨运行的太阳探测卫星及未来的太阳探测卫星计划。

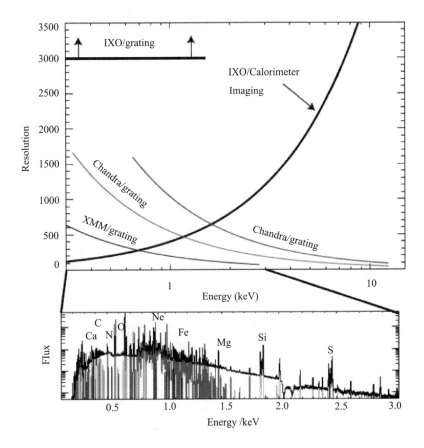

图 6-50　国际 X 射线天文台 IXO 的能量分辨率及其光谱分辩能力

资料来源：http：//ixo. gsfc. nasa. gov/

表 6-6　目前尚在轨运行的太阳探测卫星

序号	卫星名称	发射时间	主要任务	国家
1	SOHO	1995-12	多普勒光度计和磁图，UV 望远镜和光谱仪，日冕观测，粒子测量	欧美
2	RHESSI	2002-2	太阳高能谱成像观测（3keV～15MeV）	美国
3	SORCE	2003-1	太阳变化及辐射度监视器，太阳光谱辐射度测量，太阳 EUV 谱仪	美国
4	HINODE	2006-9	太阳光学望远镜，X 射线、EUV 成像观测	日本
5	STEREO	2006-10	EUV、白光日冕成像观测，高能粒子、太阳风、磁场测量，射电爆发观测	美国
6	PROBA-2	2009-11	宽波段紫外谱仪，EUV 成像观测	欧洲
7	SDO	2010-2	太阳 EUV 多波段成像观测，矢量磁场观测	美国
8	PICARD	2010-6	太阳辐射度、太阳形状观测	法国

表 6-7　一些未来太阳探测卫星计划

序号	卫星名称	发射时间	主要任务	国家
1	IRIS	2012-12	高速率 UV 像谱观测，0.3″空间分辨率	美国
2	FOXSI	2012	火箭探测，＜100keV 聚焦成像，空间分辨率 5″	美国
3	ADITYA-1	2013	白光日冕仪	印度
4	GRIPS	2013	气球探测，20keV～10MeV 成像	美国
5	PROBA-3	2015	新技术验证卫星，内日冕仪	欧洲
6	Solar Orbiter	2017	太阳风分析仪，高能粒子、磁场测量，光学、EUV、X 射线成像观测	欧洲
7	Solar Probe+	2018	近日观测，8.5 太阳半径探测外部日冕	美国
8	Solar-C	2018	0.1″～0.2″光学观测，X 射线、紫外谱成像观测	日本
9	Interhelioprobe	2018	近日观测，太阳（光学、X 射线、紫外成像等）和日球（粒子、波）观测	俄罗斯
10	SEE?	2022	高能像谱、日冕仪观测	美国
11	SPARK?	2022	磁场、光学、X 射线、γ 射线、远红外观测	欧洲
12	Solar-D	2025	太阳极轨观测	日本

表 6-7 列出这些计划中的项目，它们有些已经获得了立项，正在实施当中，有些还在推进阶段。这里，我们简要介绍两个卫星计划。

即太阳轨道探测器（Solar Orbiter）：它将进入距太阳近地点为 45 个太阳半径的太阳椭圆轨道，实现近距离对太阳高纬度地区到极区的观测，将以史无前例的高精度从可见光到 X 射线的极宽的波段范围对太阳大气进行成像观测，以及开展局地探测。其科学目标是研究太阳风的动力学特性，利用日震学研究极区磁场和日冕的结构。探测器计划于 2017 年发射，经过 3.4 年的飞行进入最近点为 45 个太阳半径的太阳椭圆轨道。

Solar-C：是日本在成功实施 HINODE 卫星基础上，预期在 2018 年发射的下一颗太阳探测卫星计划。它的主要科学目标是理解太阳大气中三维磁场结构、MHD 波以及磁重联在太阳大气加热中的作用等。它包含 3 个主要载荷：口径达 1.5 米的太阳紫外、可见光和红外望远镜（SUVIT，主要用来测量光球和色球磁场），高输出极紫外光谱望远镜（EUVS）以及 X 射线像谱望远镜（XIT）。

从这些未来的太阳探测计划中，结合过去和正在运行的太阳探测空间计划，我们可以总结出太阳空间探测的特点及未来的发展趋势：①从数量上看，太阳空间探测处在空前繁荣的态势，并显示出良好的发展前景；②太阳全日面紫外成像观测，以 SDO 为代表，已经达到很高的水平，短期内很难再有突破，但局部高分辨成像在 TRACE 基础上仍有发展空间；③太阳紫外光谱成像在多个卫星（如 SOHO、HINIDE 和 SDO）上进行了观测，IRIS 和 Solar-C 也将开展这类观测，基于光谱成像的研究将成为太阳物理研究的热点；④SOHO 和 STEREO 卫星携带有观测 CME 的日冕仪，但 SOHO 很快将结束寿命，而 STEREO 也将很快完成历史使命，如果 ADITYA 不能按计划在 2013 年发射，则太阳活动 24 周峰年将缺少空间日冕仪观测，对 CME 的研究十分不利；⑤本来 CORONAS-P 可以在太阳活动 24 周峰年期间太阳高能辐射观测方面发挥重要的作用，由于其非正常结束寿命（2009 年底停止工作），这一任务是否能由 RHESSI 卫星担当还是疑问，因为 RHESSI 卫星毕竟已经严重超过服役期，太阳活动 24 周峰年将缺少对太阳耀斑高能辐射的探测；⑥近日探测是 2017 年前后的重点，其好处是可以提高空间分辨率，满足人们在太阳近处探测的好奇心；⑦利用新的探测手段，近距离观测、三维立体观测甚至在太阳极轨上观测都将变成现实。

（五）航天器和空间技术

在以空间天文为主的空间科学以及其他各种需求的带动下，国外航天器和空间技术发展迅速。发射运载能力已经能够把几十吨的航天器发射到几百千米的近地轨道，把吨级航天器发射到拉格朗日 1 点和 2 点，把百千克级的航天器发射到火星、水星等行星轨道上。已经发展了可靠稳定的能满足各种常规需求的大、中、小和微小型卫星系列平台。与商业以及业务卫星不同，由于空间天文卫星的非重复性以及追求最先进的性能，现代空间天文卫星往往没有常规意义上的"平台"的概念，基本上都采取整星一体化设计，使用各种空间技术围绕有效载荷（科学仪器）集成为一个空间天文卫星。目前空间天文卫星上面使用的先进的空间技术包括指向精度好于 0.1 角秒、几十秒内大角度卫星转向并稳定在好于角秒的指向精度、超过 10 米的推杆以及可展开光学系统、卫星相对距离达到厘米的编队飞行、温度接近绝对零度的制冷系统等。使用这些先进空间技术的大部分空间天文卫星的正常运行寿命往往超过 10 年。

三、国内发展现状

（一）基本情况概述

毫无疑问，中国已经成为了世界上的航天和空间技术大国。但是中国的空间科学则处于刚刚起步的阶段，不仅全面和远远落后于美国、欧洲、俄罗斯、日本，而且也落后于新兴的空间技术国家，甚至和印度、巴西、韩国、加拿大都有很大差距。尤其是在空间科学的带头学科和主战场空间天文领域，中国至今还没有发射过一颗空间天文卫星，基本上处于空白。

尽管如此，我国在空间天文学方面基本上形成了以空间高能天文为主并兼顾可见光、紫外和射电等波段的多波段空间天文探测，以及空间反物质、空间宇宙线、空间暗物质和激光天文动力学等研究方向的格局，基本上包括了国际空间天文的主要研究方向，如黑洞等致密天体物理、超新星遗迹、γ射线暴、星系、星系团、宇宙学以及暗物质的探索等重要的天体物理前沿。我国天文界具有使用国外各波段空间天文卫星观测数据的经验，部分学术带头人曾经是国外主要空间天文项目的骨干成员，回国后带动了国内空间天文研究的快速发展。因此，我国空间天文界已经具备了在空间天文各领域开展系统研究的能力。

我国太阳物理学研究在太阳表面磁场，包括太阳活动区矢量磁场演化和太阳弱磁场研究、太阳活动区大气的光谱诊断、基于非局域热动平衡理论计算的半经验大气模型、耀斑动力学过程、太阳活动中的高能辐射、太阳大气中的微观等离子体机制、太阳风理论和模型、太阳磁场的理论外推、太阳活动区磁流体理论与数值模拟、太阳活动区中长期演化等方向发表了一系列有影响的原创性研究成果，在国际太阳物理界具有相当的显示度。其中大部分研究工作都与空间探测有关。今后在太阳磁场的起源、耀斑和日冕物质抛射等爆发过程的激发、磁场重联、粒子加速机制和各波段的辐射机制等重要前沿课题的研究仍具有一定的优势。

空间天文研究的一个重要特色是全球数据共享和长期利用。我国学者从20世纪90年代开始就长期使用几乎所有国际空间天文卫星的数据，做出了很多重要的成果，在个别研究方向上已经进入了国际前沿。另外，在使用这些数据的同时，积累了数据获取、整理、管理、分析和使用的经验，这对于优化我国未来空间天文卫星的设计和运行具有重要意义。但是由于我国尚未实施过独立的空间天文和太阳卫星项目，尚不能形成有效的力量在某一个领域在国际上起主导作用。需要鼓励和引导我国的天文学家把研究方向与我国未来的空间天文和太阳卫星计划结合起来，同时逐步扩大相关的研究队伍规模。

（二）空间天文和空间太阳物理探测技术发展现状

国内空间天文探测技术的发展主要是在高能天文探测领域。中国的高能天文观测起步于 20 世纪 70 年代，和大的科学装置的发展紧密相连。中国科学院紫金山天文台和高能物理研究所都曾用高空气球载 X 射线望远镜对天体的高能辐射进行过观测研究。2001 年，上述两个单位在"神舟二号"上搭载了超软 X 射线、X 射线和 γ 射线探测器，成功地观测到近 30 个宇宙 γ 射线暴和近百例太阳耀斑的 X 射线和 γ 射线爆发。这是我国空间天文观测跨出的重要一步。

尽管如此，中国至今仍然维持空间天文卫星"零"的落后状态，国家"十一五空间科学规划"中的空间天文计划还没有得到实施。但是未来几年我国的空间天文有可能取得突破，主要体现在围绕"黑洞探针"计划，目前已经有三个空间天文项目处于研制或者立项的最后阶段。2005 年 8 月，经过长期预研的空间硬 X 射线调制望远镜 HXMT 项目被遴选为国家"十一五"空间科学卫星项目。空间硬 X 射线调制望远镜 HXMT 项目被遴选为国家"十一五"空间科学卫星项目。HXMT 包括软 X 射线望远镜、中能 X 射线望远镜和高能 X 射线望远镜。HXMT 将完成宽波段 X 射线成像巡天，计划于 2014～2015 年左右发射升空，预期寿命 4 年。中欧合作 γ 射线暴偏振测量仪器 POLAR，计划将搭载"天宫二号"于 2014 年发射运行，将是国际上首个专用测量 γ 射线暴 γ 射线偏振的科学仪器。中法合作空间高能天文观测的大型装置为 SVOM，已经被正式批准立项，计划 2016 年上天，其主要科学目标是研究 γ 射线暴的多波段辐射性质。这三个具有国际竞争力的空间高能天文项目的投入运行将使彻底改变我国天文学家长期依赖国外空间天文数据的历史和现状，使我国在高能天体物理领域部分课题的研究能迅速赶上国际先进水平，实现历史性的转折。

此外，已经启动了一批未来空间天文项目的关键技术攻关或者概念研究，为中国空间天文的持续发展奠定了良好的基础。其中最主要的项目是"天体号脉"计划的大型 X 射线天文台"X 射线时变和偏振"探测项目和"天体肖像"计划的大型空间亚毫米波 VLBI 项目，已经启动了卫星背景型号研究。其中 XTP 项目得到了欧洲几个空间天文强国科学家的响应和支持，有望发展成为中国主导的大型国际合作空间科学项目。

在空间太阳物理探测方面，20 世纪 70 年代中后期，我国就自主地提出旨在观测太阳的"天文卫星 1 号"计划；90 年代初开始，就提出并不断预研"空间太阳望远镜"（SST）计划，其科学目标主要是研究太阳磁场，将获得前所未有的 0.1～0.15 角秒高空间分辨率，而且还要获得高精度磁场结构，从而实现对太阳磁元精确观测，将取得太阳物理研究的重大突破，并为空间天气预报提供重要的物理依据和预报方法；怀柔的太阳矢量磁场望远镜的成功运行表明，我国在太阳矢量磁场的地面观测方面具有较强的优势。2001 年初，"神舟二号"飞船成功搭载了旨在观测太阳 X 射线和 γ 射线的"空间天文分系统"；2006 年初，中法合作太阳爆发探测小卫星（SMESE）获得国防科工委支持，在 2008 年完成了方案阶段研究。

在上述探测项目中，涉及的主要技术包括：空间 X 射线探测技术、空间 γ 射线探测技术、空间光学望远镜技术、空间紫外探测技术等。其中空间 X 射线探测技术和空间 γ 射线探测技术具有空间探测成功的经历，有相对的优势。我国在空间天文探测方面其他优势还体现在：①我国掌握先进的航天技术，能够为空间天文提供适当的平台，这是世界上只有少数国家才具有的能力；②在 HXMT 和 SST 两个项目上，经过多年的预研，在项目的科学思想和技术实现方面具有独到的创新之处，是我国空间天文探测全面落后的情况下不多的亮点，为我国进一步的空间天文和太阳物理探测积累了经验，奠定了坚实的基础。

（三）近期拟发射运行的空间天文项目

1. 硬 X 射线调制望远镜

硬 X 射线调制望远镜项目作为中国空间科学的重要科学计划之一"黑洞探针"的核心项目被列入了中国"十一五"空间科学规划，计划 2010 年左右发射运行。由于种种原因，该项目在 2011 年 3 月才正式立项，目前正处于初样研制阶段，预期 2014～2015 年发射。

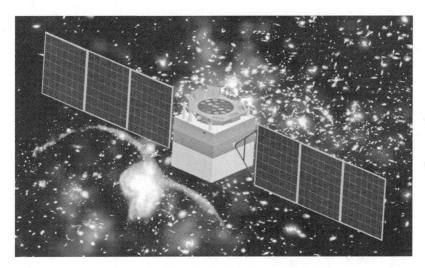

图 6-51　中国硬 X 射线调制望远镜卫星示意图

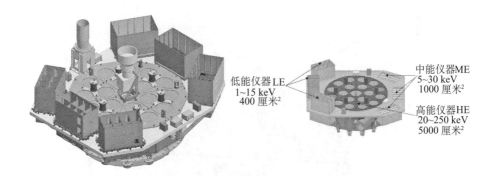

低能仪器 LE
1~15 keV
400 厘米²

中能仪器 ME
5~30 keV
1000 厘米²

高能仪器 HE
20~250 keV
5000 厘米²

图 6-52　中国硬 X 射线调制望远镜卫星科学仪器配置示意图

　　左下角三个墨绿色机箱为低能 X 射线望远镜 LE，中间为高能 X 射线望远镜 HE，右上角三个灰色机箱为中能 X 射线望远镜 ME。安置在上安装板上的还有两个星敏感器等。途中的颜色只用于区分不同的部件，并不代表仪器真实表面颜色

　　如图 6-51 和图 6-52 所示，目前确定的 HXMT 卫星平台将携带三个科学仪器，包括低能（LE）、中能（ME）和高能（HE）仪器，覆盖从 1 keV 到 250 keV 整个宽能区。所有仪器都使用准直器限制其视场，达到降低本底和大天区扫描巡天成像的能力。HXMT 的核心科学目标是：①实现宽波段 X 射线（1~250 keV）巡天，探测大批被尘埃遮挡的超大质量黑洞，研究宇宙硬 X 射线活动星系核的统计性质；②通过大有效面积的宽波段定点观测的时

变和能谱分析，研究致密天体和黑洞强引力场中动力学和高能辐射过程；③对银河系高温弥漫气体的分布和性质进行深入研究。

2. 中法合作高能天文卫星"空间变源监视器"

中法合作高能天文卫星 SVOM 项目是由原入选中国空间实验室空间天文分系统的空间天文实验和法国的微小卫星实验的两个项目概念合并而成。如图 6-53 所示，卫星上放置 4 个科学仪器：法国提供两个科学仪器，由法国研制 γ 射线暴成像和触发的仪器硬 X 射线相机以及通过国际合作或者采购提供用于 γ 射线暴余辉快速观测的软 X 射线望远镜；中国提供两个科学仪器，分别由中国科学院高能物理研究所研制用于 γ 射线暴能谱测量和触发的 γ 射线监视器以及由中国科学院西安光学精密机械研究所研制用于 γ 射线暴余辉快速观测的 45 厘米光学望远镜。

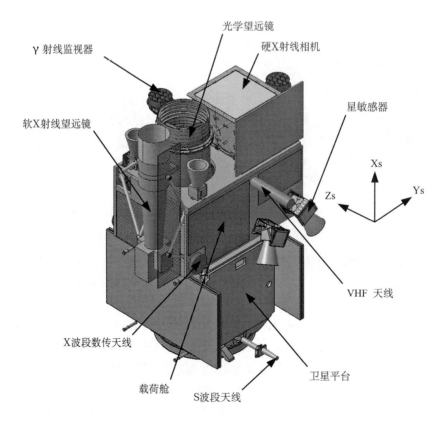

图 6-53　中法合作多波段高能天文卫星 SVOM 示意图

和正在运行的美国的多波段γ射线暴高能天文卫星"雨燕"相比，硬X射线望远镜的触发能量阈值更低，因此具有捕捉到更高红移（产生时间更早和距离我们更远）的γ射线暴的能力。目前"雨燕"已经创下了探测到最高红移的γ射线暴的世界纪录（红移为8.2，产生于宇宙年龄不足现在年龄5％的时候），而SVOM有可能打破这个记录。SVOM的γ射线监视器对γ射线暴具有更好的能谱测量能力，因此能够更好地利用γ射线暴作为最遥远宇宙的探针研究宇宙的演化以及暗能量问题。更加强大的光学望远镜对于γ射线暴余辉的测量将对于研究各种类型γ射线暴的本质并发现新类型的γ射线暴具有重要意义。因此，SVOM作为"黑洞探针"计划的重要项目之一将能够对于研究极端天体物理过程和宇宙的演化做出重要贡献。根据中法两国空间机构的协议，SVOM预计于2017年左右发射并运行。

3. "天宫二号"γ射线暴偏振测量仪器

作为中国"十一五"空间科学规划的"黑洞探针"计划的另外一个空间天文项目，γ射线暴偏振测量仪器POLAR是在原SVOM项目和法国的项目合并形成上述中法合作的空间天文卫星SVOM之后提出并经过论证入选中国空间实验室的后续项目之一，计划将搭载"天宫二号"于2014年发射运行。如图6-54所示，POLAR是由多个塑料闪烁体棒簇组成的一个科学仪器，利用康普顿散射原理测量入射γ射线的偏振。目前，国际上还没有专用的空间γ射线偏振测量仪器，而γ射线暴的偏振被认为是γ射线暴的最后一个观测量。因此，POLAR实验将开辟一个空间天文的新窗口，预期将对于理解γ射线暴的中心发动机机制和极端相对论喷流的性质作出重要贡献。

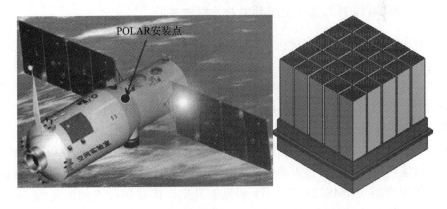

图 6-54　计划放置于中国空间站的γ射线暴偏振探测实验 POLAR

图 6-55　世界紫外天文台示意图

4. 世界空间紫外天文台

世界空间紫外天文台（WSO-UV）（图 6-55）是由俄罗斯、中国及欧洲共同参与研制的工作在 103～320 纳米波段的综合性大型空间天文台。主镜1.7 米，配有高分辨率高灵敏度照相机、高分辨率阶梯光栅摄谱仪以及中国承担研制的长缝摄谱仪（LSS），其在紫外波段的观测能力是哈勃空间望远镜的 5～10 倍。预计 2016 年底发射，设计寿命 5 年。WSO-UV 将填补未来 5～10 年大型天文观测设备在紫外波段的空缺，为揭示宇宙再电离历史、结构形成以及探测系外行星大气等一系列天文学重大前沿问题提供强大的观测手段。

5. 暗物质探测卫星和空间站暗物质探测实验

在中国未来的空间高能天文计划中，暗物质探测是一个重要组成部分。近期计划通过一个暗物质探测小卫星实验重点寻找电子（和正电子）能谱的高能"超"并精细测量"超"的结构，因此该实验有可能测量到暗物质湮灭的信号。在中国科学院空间科学先导专项的支持下，目前该卫星已经正式立项并进入方案阶段研究，预期 2016 年发射升空。中长期计划在中国的空间站上面开展进一步的空间暗物质探测实验，重点探测暗物质湮灭的 γ 射线谱线，将有可能测量到暗物质湮灭的确凿无疑的信号。此外，中国参与研制的高精度粒子探测器（AMS02）于 2011 年发射升空，将在国际空间站运行 3 年，其强大的带电粒子谱仪的测量能力也有可能探测到暗物质湮灭的电子和正电子信号和 γ 射线信号。

（四）建议"十三五"发射运行的 X 射线时变和偏振卫星

中国科学院已经开展了"十一五"之后中长期空间科学规划的战略研究。在空间天文方面提出了"天体号脉""天体肖像""暗物质探测""太阳显微"和"太阳全景"几个科学计划。其中"天体号脉"计划的核心科学思想是通过对天体的光变进行精确的测量，从而了解天体的参数和内部结构等重要天体物理信息。由于在空间做天体的光变的精确测量相对容易进行，因此"天体号脉"将紧接着"黑洞探针"计划实施。"天体号脉"的重要项目之一是 X 射线时变和偏振探测卫星项目 XTP，其项目概念如图 6-56 所示。X 射线时变和偏振探测卫星 XTP 是一台大探测面积（2～3 米²）、宽波段（1～100 keV）的 X 射线天文望远镜，其主要科学目标是研究 X 射线天体的多波段快速光变，同时还将首次给出上百个源的高灵敏度 X 射线偏振探测信息。XTP 关键概念思路和创新点是使用比 IXO 焦距短很多的多个聚焦型 X 射线望远镜组成阵列得到大的有效面积，并不追求角分辨率，大大降低技术风险和造价。

XTP 比正在运行的代表性的 X 射线时变研究卫星 RXTE 探测面积大 5 倍左右，能量分辨率高 1 个数量级左右，也具有欧洲正在论证的 LOFT 卫星所不具备的弱源探测能力。此外，XTP 还具有高的 X 射线偏振探测能力，可以同时研究这些源的偏振特性，将可以在此目标上做出突破性的贡献。

2009 年 9 月，XTP 卫星项目得到中国科学院空间科学预先研究项目的支持，2011 年 7 月，XTP 被中国科学院空间科学先导专项遴选为卫星背景型号，并已于 2012 年 9 月正式启动背景型号研究工作。

（五）航天器和空间技术

我国的空间发射和运载能力处于国际先进行列，目前能够把几吨重的航天器发射到几百千米的近地轨道高度，预计近期的近地卫星发射能力将能够提高 10～15 吨左右，基本上能够满足各种空间天文卫星的需要。在空间技术方面，由于中国的空间科学相对比较落后，目前还是以发展各种通用的商业和业务卫星平台为主，尚未形成围绕有效载荷进行可靠的整星一体化设计的能力，也没有建造过对天指向的空间天文卫星。和国际先进的空间天文卫星相比，我国卫星平台在指向精度和稳定度、快速机动能力、极低温制冷、卫星空间尺度和体积、编队飞行技术、运行寿命等方面都存在巨大的差距，甚至很多方面的技术指标相差了一到两个数量级，远远不能满足大部分先进的

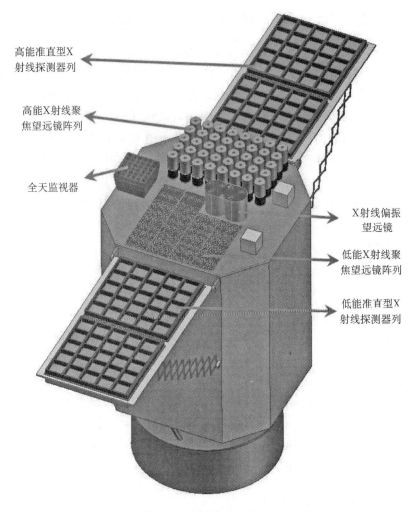

高能准直型X
射线探测器列

高能X射线聚
焦望远镜阵列

全天监视器

X射线偏振
望远镜

低能X射线聚
焦望远镜阵列

低能准直型X
射线探测器列

图 6-56　X射线时变和偏振望远镜 XTP 的卫星示意图

空间天文卫星的科学目标的需求，这也是我国空间天文发展的一个主要障碍。国外空间技术的发展基本上是靠需求（主要是科学的需求）牵引，但是我国的空间技术的发展的基本思路仍然是局限于技术推动，也就是说能做到什么程度就是什么程度，需求必须服从于技术能力。因此，为了在空间技术方面赶超国际先进水平，我国迫切需要通过先进的空间天文卫星项目牵引空间技术的发展。

四、优先发展领域和重点研究方向

我国空间天文将在成功实施国家"十一五"空间天文和太阳物理规划，取得空间天文和太阳物理卫星观测零的突破基础上，走可持续发展的道路。其基本思路是：瞄准前沿科学问题，加强优势领域，适当扩大规模；以高能天体物理观测和太阳物理观测为重点，兼顾空间光学、射电、引力波以及旨在搜索宇宙暗物质的高能粒子探测；在天文卫星的发射数量、主导和实质性参与国际空间天文卫星计划以及形成完整的空间天文和太阳物理研究体系方面，均有大幅度提升。同时，通过空间天文和太阳物理探测计划的实施，将牵引和带动若干航天和空间关键技术的发展，将满足国家重大战略需求与发展空间天文结合起来。经过约 10 年的快速发展，在 2020 年左右使我国进入空间天文大国的行列。因此，确定下面两个优先领域共 6 个重点方向（计划）。

1. 优先领域 1——围绕"大尺度的物理规律和深层次的物质结构"开展宇宙和天体的起源及其演化的研究

其科学目标是全面理解宇宙的起源以及天体的形成和演化，检验物理学基本规律并试图发现新的物理规律，为人类认识宇宙及其规律做出历史性的重要贡献。将以空间高能天文作为突破点并逐渐发展成为优势领域，从"黑洞探针"的主题出发，通过"天体号脉"计划，揭示各种天体的内部结构及其和周围物质的相互作用过程；通过"天体肖像"计划，拍摄到各种天体及活动的照片；通过"暗物质探测"计划确定暗物质的性质。因此该优先领域包括以下 4 个重点方向（计划）。

（1）"黑洞探针"计划：通过观测宇宙中的各种黑洞等致密天体以及 γ 射线暴，研究宇宙天体的高能过程和黑洞物理，以黑洞等极端天体作为恒星和星系演化的探针，理解宇宙极端物理过程和规律。"黑洞探针"计划主要包括三个项目：HXMT 项目、SVOM 项目和 POLAR 项目。

（2）"天体号脉"计划：对天体的各种波段的电磁波和非电磁波辐射进行高测光精度和高定时精度的探测，理解各种天体的内部结构和各种剧烈活动过程。目前的主要项目是 X 射线时变和偏振探测卫星（XTP）。

（3）"天体肖像"计划：获得系外的恒星、行星、白矮星、中子星、黑洞等天体的直接照片，对理解宇宙的构成等科学问题起关键作用。目前的主要项目是空间亚毫米波 VLBI 阵列。

（4）"暗物质探测计划"：利用空间平台，探测各种理论模型预言的暗物质湮灭的产物。主要项目包括"暗物质粒子探测卫星"和在我国空间站上实施的暗物质粒子探测计划。

（5）"宇宙灯塔"计划：拟使用中国的空间站作为天文观测和物理实验平台，不但要使用宇宙中自然灯塔服务于人类，也要探测宇宙中各种携带宇宙奥秘的灯塔的信号，同时也是中国科学家放置于太空的一个瞩目的灯塔，向中国和全世界的科学家不断发送它所探测到的携带宇宙奥秘和基础物理规律的大量信号。在目前论证的空间天文实验和项目中，除了以暗能量和暗物质为主要研究对象的大型设施之外，还有若干具有独创和先进的科学思想，有望把我国的天体物理研究带上一个新的高峰的项目。

2010～2020年，将以空间高能天文作为突破点，围绕"黑洞探针"的主题，初步建立基于近地轨道卫星的空间天文卫星观测体系和地面科学运行支持体系，具体目标如下：

（1）在黑洞巡天、黑洞物理、γ射线暴、极端条件天体物理等研究领域取得突破性研究成果。

（2）开始实施"天体号脉"计划和基于卫星平台的"暗物质探测"项目。

（3）启动"天体肖像"计划和"宇宙灯塔"计划，开始空间亚毫米波VLBI项目和基于载人航天平台的"暗物质探测"计划项目的科学目标和关键技术预研。

（4）同时通过积极的国际合作参加国际前沿空间天文项目，在探测波段和科学目标方面得到拓展，重点关注宇宙的起源和演化、暗能量和暗物质、系外行星、引力波探测等重要天体物理和天文学前沿问题。参加国际合作将一直是中国空间天文领域的主要活动。

2. 优先领域2——围绕"大尺度的物理规律和深层次的物质结构"深入理解作为恒星和对人类家园起决定性影响的太阳

其科学目标是通过多波段太阳观测认识太阳活动基本规律，为理解宇宙类似现象和预报空间天气服务。拟通过下列重点方向（计划）来实现该优先领域的科学目标。

（1）"太阳显微"计划：对太阳进行近距离、多视角的多波段高分辨率观测，研究太阳内部结构与演化、磁场起源、日冕结构与动力学等基本物理过程。

（2）"太阳全景"计划：在关注太阳局部高分辨观测的同时，注重太阳整体行为的研究，多波段联合诊断太阳变化规律，建立小尺度运动与大尺度变化的联系，探求太阳变化的机制。

2010～2020 年，将初步实施"太阳显微"计划和"太阳全景"计划，并为后续任务进行准备和奠定基础，具体目标如下。

（1）通过实施"深空太阳天文台"（DSO）计划，观测太阳磁场及太阳活动；

（2）推进"先进天基太阳天文台"（ASO-S）中小型卫星计划，下一个太阳活动峰年主干设备；

（3）新概念的提出及新技术的使用：

①空间甚低频观测阵（SRALF）：从太阳附近到地球磁层空间附近的太阳风的连续观测；

②高灵敏度太阳高能辐射探测（HOSHER）：太阳突发性能量释放、传输及动力学演化；

③超高角分辨率 X 射线太阳望远镜（SHARP-X）：太阳 X 射线辐射进行高空间、能谱和时变分辨率以及宽波段观测研究；

④太阳磁场立体观测（SPIES）：首次实现太阳磁场的直接推演观测。

五、未来的发展建议

2015～2025 年，我国主导天文卫星的数量（2010～2020 年发射）应不少于 6 项，包括一颗大型、两颗中型和至少三颗小型空间天文卫星，在我国空间站开展空间天文观测和新技术实验，同时鼓励中国科学家积极参加符合我国空间天文和太阳物理发展战略的国际空间天文项目。

空间天文卫星类型的划分一般是以科学目标所涉及的范围和投入一个项目的经费总额来衡量的。根据中国现阶段的基础和可能性，"大型空间天文卫星"涵盖多个重大科学目标，经费在 10 亿～20 亿人民币；"中型空间天文卫星"涵盖几个重大科学目标，经费在 5 亿～10 亿人民币；"小型空间天文卫星"围绕一个重大科学目标并涉及几个重大科学问题，经费在 5 亿人民币以下。

（一）发射一颗大型空间天文卫星

大型空间天文卫星的综合科学能力非常突出，在发射运行之后相当长的时间段内将推动天文学一个乃至几个领域的发展，历史地位十分显著。是否发射和运行大型天文卫星，也是反映一个国家在空间天文方面规模的一个重要指标，对国家的航天等高技术发展至关重要。迈上这一台阶，将使我国空间天文探测在国际上的地位发生质的变化。大型空间天文卫星的发射，要与形成优势领域结合起来。X射线时变和偏振探测卫星XTP是一个可能的后续项目。

（二）发射两颗中型天文卫星

"十一五"期间实施的HXMT项目和中法合作的SVOM项目都属于中型天文卫星的范畴。但是SVOM卫星属于国际合作项目，其科学仪器中法各占一半，即使HXMT和SVOM按计划在2014～2017年发射上天，在2015～2025的10年间，在先进的科学目标引导下，再发射一颗中型天文卫星应该符合科学的发展趋势。为了取得更大的科学成果，这颗中型卫星科学目标的选择应瞄准重要科学问题，并积极争取国际合作，以期在科学目标和技术方面获得最大的收益。通过发射运行这几颗中型空间天文卫星，加强优势领域，并适当拓展新领域。

（三）发射或参与不少于三颗天文小卫星

"十一五"期间实施纯天文卫星国际合作计划中的中法合作SMESE和中俄合作WSO-UV，从中方参与的规模上看，都属于小卫星支持的经费范畴。但是这两个项目的前景尚不清楚。"暗物质探测小卫星"的经费规模大约属于小卫星支持的经费范畴。小卫星由于其研制周期短、经费少、科学目标集中等特点，往往体现出灵活性。可以考虑优先支持。通过发射不少于三颗小型空间天文卫星，在保持优势领域的同时，积极拓展新领域。

（四）中国空间站空间天文实验

计划于2020年左右运行的中国空间站将开展一系列的空间天文和太阳物理观测和实验，将主要包括三个方面：①在空间站天文观测平台上面放置专用的仪器，开展针对黑洞、暗物质、暗能量、宇宙起源、天体起源和生命起源的"一黑、两暗、三起源"的天文学和天体物理前沿观测研究；②利用空间站能够多次往返的机会以及空间站优良的实验平台发展新的天文探测方法、探测原理和探测技术；③利用多功能光学平台开展巡天等天文观测。上述POLAR实验是中国空间站前期的空间实验室上面的天文实验，空间站阶段目前已经启动了暗物质实验的概念性研究和部分关键技术攻关，并开始了对其他和后续空间天文实验项目的深入论证研究。

（五）积极吸收和参加国际空间天文项目合作

广泛的国际合作是国际空间天文发展的趋势。目前几乎所有的空间天文和太阳物理项目都有不同程度的国际合作。由于我国空间天文和太阳物理的现状和国际水平相比还存在较大的差距，因此国际合作必须成为实现我国空间天文和太阳物理战略目标的战略途径。不但所有中国自主提出的项目需要积极吸收国际空间天文和太阳物理先进国家的参加，以期降低中国承担的费用并提升项目的科学成果和影响力，同时鼓励和支持中国科学家参加国际上的空间天文和太阳物理项目，加快提升我国空间天文和太阳物理的发展速度和水平。

（六）积极推动对航天和空间关键技术有重要需求牵引的高度原创性空间天文项目

1. 编队飞行试验

由于单一卫星平台不能完全满足未来空间天文对大几何尺寸天文仪器的需求，由两颗或者更多卫星组成编队飞行是未来空间天文的发展方向之一。同时编队飞行技术也是我国未来航天和空间技术的重要战略需求之一。以编队飞行的空间天文项目为试点，带动编队飞行技术的发展，在满足国家战略需求的同时，也发展空间天文本身。

2. 潜在多学科和国家安全重大应用技术试验

有些潜在的重大空间技术（如红外侦察、对地观测、空间保密通信、精确距离测定等），可以在空间天文卫星项目中进行实验。由于天文卫星对技术的要求往往很高，天文卫星上成功的技术可以直接应用到其他学科和国家安全方面的需求。既满足了国家战略需求，又发展了空间天文本身。

3. 大平台技术试验空间天文项目

未来空间天文的发展需要更宽波段、更高灵敏度和更高角分辨率和同时多目标指向的大型空间天文台，目前已有的成熟卫星平台和现有运载能力都难以满足这种综合需求，需要发展空间大平台，包括独立运行的空间天文卫星和国家规划中的空间站。同时，空间大平台技术也是我国未来航天和空间技术的重要战略需求之一。因此，通过需要空间大平台的空间天文项目，带动空间大平台技术以及充分利用大平台能力的各种相关高技术的发展，将对于科学研究和满足国家战略需求做出重要贡献。

4. 快速姿态调整技术试验

由于很多重要天体物理过程和重要天文现象发生是随机或瞬时的，需要具有快速姿态调整能力的卫星平台技术满足科学目标的需求。同时，具有快速姿态调整能力的卫星平台技术也是我国未来航天和空间技术的重要战略需求之一。通过需要快速姿态调整能力的空间天文项目，带动具有快速姿态调整能力的卫星平台技术的发展，既满足了国家战略需求，又发展了空间天文本身。

六、政策建议

我们提出以下政策建议：①加强前期关键技术研究；②加强研究队伍建设；③改进管理和协调机制；④建立空间天文国家实验室；⑤理顺空间科学（天文）项目的经费支持渠道。

（一）坚持科学发展观："创新"和"做大"平衡发展

实验和观测有两种类型：①把已有实验和设备做得更大，获得更多的知识，这当然是很有价值的，而且实验的风险也比较小；②做全新的实验，获得新的观测和测量，得到新的知识，这更加重要，但是项目的风险比较大，并不总是能够成功。这两种类型对于人类认识自然规律都起了十分重要的作用，需要平衡发展。从科学发展历史看，前者的作用是循序渐进的，后者起的作用则往往是开拓性的和突破性的。

我国科学研究的水平和规模和发达国家相比都有明显的差距，决策体系的水平和经验也都需要进一步提高，对项目失败的承受能力也比较弱。但是经济和社会的高速和健康发展又为我国的科学研究提出了很高的要求和提供了快速增长的资源。在这种情况下，需要平衡对两种类型的项目的支持，通过"做大"在持续取得科学研究成果的同时积累经验和培养队伍，通过"创新"取得科学突破，发展新技术，引领前沿。

（二）加强前期关键技术研究

空间天文的发展离不开先进的空间天文探测技术，这些探测技术主要包括能在空间环境从事各种波长的电磁波的搜集和探测技术。由于长期以来我国没有机制系统支持关键空间天文探测技术的研发，我国在空间天文探测方面和国际的差距是巨大和明显的。一方面在望远镜和探测器技术还不成熟的情况下，为了追求先进的科学目标必然导致风险大的立项，并且立项以后的关键技术攻关周期又很长（当然研制周期过长又使得最后的项目失去先进性而错失科学机遇）；另一方面为了降低风险和缩短关键技术攻关周期又只能选择保守的技术方案而被迫放弃最先进的科学目标。这种两难困境，是我国空间天文探测远远落后国际先进水平的主要原因之一。因此，需要加强在各个波段的新型空间天文探测器、新型探测方法和探测原理的研究和前期关键技术攻关，全面提升空间天文成像、定时、时变、光谱等观测能力。鼓励提出并优先支持基于中国科学家提出和发展的新方法、新原理和新技术的空间天文项目。把技术创新性和科学竞争性作为遴选空间天文项目的主要原则。

除了空间天文探测技术，卫星编队飞行技术、空间卫星的快速姿态调整技术、空间大平台技术、天文数据的快速处理与分析技术等都需要前瞻性地开展研究。

此外，有些空间天文上先提出的关键技术，可以直接应用到其他学科和国家安全的重大空间应用方面，如太赫兹技术、远红外成像技术、无拖拽和弱光锁像技术、高精度光学成像技术等。

上述技术同时也是我国未来航天和空间技术的重要需求，通过对这些技术的研究和开发，一方面可以保证我国未来空间天文和太阳物理研究的顺利实施，同时也将极大地提升我国的空间技术水平。

2009 年 10 月，中国科学院空间科技创新基地启动了"空间科学预先研究项目"，其目标是通过部署空间科学预先研究项目集群，对至 2025 年拟开展的空间科学卫星计划和必需的关键技术进行先期预研，推动我国空间科学的发展。

这些预先研究项目是依据"分批部署、滚动支持、重点支持项目与面上项目相结合"的原则来部署的，在 2009 年启动了第一批预研项目。第一批启动的项目主要针对我国"十二五""十三五"期间即将推动立项的空间科学卫星项目和急需的关键技术开展先期预研。在空间天文领域除重点支持"天体号脉"方向的 X 射线时变和偏振探测卫星 XTP 项目的关键技术研究之外，还将支持以下面上项目的研究：①"天体号脉"方向的"多波段空间变源监视小天文卫星"概念研究；②"天体肖像"方向的"空间毫米波 VLBI 阵"和"红外天文卫星"概念研究，以及"空间超导隧道结探测器"关键技术研究；③"暗物质探测"方向的"暗物质粒子探测卫星平台总体设计"；④"太阳全景"方向的"太阳磁场的立体观测"概念研究和"大尺寸宽带太阳高能辐射成像谱仪"关键技术研究；⑤"太阳显微"方向的"超高角分辨率 X 射线望远镜"关键技术研究。

除中国科学院外，我国其他部门，如主管民用航天的中国国家航天局（国防科工局）、科技部、国家自然科学基金委员会和教育部等部门也应该对包括空间天文在内的空间科学的项目关键技术和概念研究给予大力支持，共同促进中国空间科学的良性和快速发展。

（三）发展亚轨道空间科学（天文）实验和验证能力

国外的空间天文发展的经验和教训都表明，仅仅通过实验室研发和环模实验并不能全部和彻底解决所有的关键技术以及最大限度地降低卫星和其他空间平台的科学仪器失败的风险，而基于高空气球和探空火箭等亚轨道空间科学天文实验和验证能力是一个关键。在空间亚轨道进行低成本的技术验证的同时，有些实验还能够取得重大的科学发现，凝练和提升正式的空间天文项目的科学思想，最终形成最佳空间天文项目。比如，南极气球 BOOMER-ANG 宇宙微波背景辐射观测实验提供了宇宙平坦性的最强烈证据，支持了利用超新星发现宇宙暗能量的结果，为后续的空间宇宙微波背景观测实验打下了良好的基础；中国科学家参加并做出了重大贡献的南极气球 ATIC 宇宙线观测实验，发现了可能是暗物质湮灭信号的迹象，推动了各种暗物质探测实验，也促进了日本放置于空间空间站的 CALET 项目和中国的暗物质探测卫星等重要项目的立项。

我国于 20 世纪 70 年代末开始发展高空科学气球，在 80～90 年代形成了具有国际竞争力的高空科学气球能力，对我国空间天文技术尤其是高能天体物理实验技术的发展做出了不可替代的贡献。但是由于种种原因，该能力目前没有继续为空间天文的发展服务，如果不能及时得到扭转，将成为我国未来空间天文发展的一个制约因素。因此，建议提供专项经费支持高空科学气球系统作为我国未来空间天文发展的一个亚轨道实验平台，在可见光、红外、硬 X 和 γ 射线等波段进行天文仪器的实验和先导天文观测。由于内陆平流层气球一次飞行的总时间比较短，一般难以取得具有科学发现能力的观测数据，而且对于仪器在空间环境运行的检验也不够彻底，因此建议同时积极发展在南极开展长时间气球的技术，尽早建立南极气球飞行基地。探空火箭尽管有效观测时间较短，但是能够到达 100～300 千米的高度，基本上突破了地球大气对于所有电磁波波段的限制，能够在紫外和软 X 射线波段进行天文仪器的实验和先导天文观测。

（四）建立合理的空间科学（天文）经费预算

在总经费的约束下，合理的经费预算是一个领域的平衡和长期可持续发展的关键。目前我国对于大型科研设施的经费支持普遍存在重中间、轻两头的问题，也就是重视设施的建设，但是忽略支撑体系、前期的研发、后期的运行和科学研究。其实这个问题国外也是存在的，但是其决策过程中科学家的咨询意见会对这些问题进行一定的修正。比如，2008 年美国 NASA 行政部门提出的天体物理领域的预算结构如表 6-8，是典型的"重中间、轻两头"的预算。但是经过科学家建议修改后的预算结构如表 6-9，整个预算比较平衡，对于支撑体系和技术研发等项目立项前的投入大大增加，项目的立项放到了较晚的阶段，降低了项目本身的建造和运行的费用，对于数据分析和理论以及实验室天体物理的研究有了较大的增加，值得我国有关部门参考。

表 6-8　美国 NASA 行政部门提出的 2008 年天体物理领域的经费预算

预算内容	经费/百万美元	阶段（说明）
基本研发	39	立项前（和具体空间项目不挂钩的自由探索）
定向研发	75	立项后（项目需要的关键技术攻关）
工程研制和发射	1017	工程实施过程（由于没有亚轨道试验，技术验证只能在发射运行之后才能完成）
运行	343	发射后（支持地面应用系统的运行，包括运控中心和科学数据中心）
数据分析	71	发射后（支持用户的科学研究）
理论和实验室天体物理	16	运行后（和具体空间项目不挂钩的自由探索）

表 6-9　咨询科学家以后美国 NASA 确定的 2008 年天体物理领域的经费预算

预算内容	经费/百万美元	阶段（说明）
基本研发/亚轨道试验	200	立项前（和具体空间项目不挂钩的自由探索，目的是原理研究）
轨道试验	150	立项前（和具体空间项目不挂钩的自由探索，目的是在项目立项前完成技术验证）
工程研发	150	立项前（项目需要的关键技术攻关，这一阶段成功之后项目立项）
工程研制和发射	650	立项后（工程实施过程）
运行	200	发射后（支持地面应用系统的运行，包括运控中心和科学数据中心）
数据分析	120	发射后（支持用户的科学研究）
理论和实验室天体物理	35	运行后（和具体空间项目不挂钩的自由探索）

（五）加强研究队伍建设

无论是国内还是国外，实施大型科学计划最关键的制约因素就是研究队伍，它既是科学计划成败的核心，也是世界各国在组织研究计划时要考虑的首要问题。我国在空间天文和太阳物理领域里的研究队伍规模偏小，而且还分散在众多的研究方向上，不能形成在一定领域里在国际上起主导作用的研究力量。一般来讲，国际上一座大型空间天文台将同时支撑上千名科学家的研究工作，而中、小型空间天文卫星也能支持上百名科学家的研究。但是我国天文界目前从事空间天文和太阳物理研究的人员总数不到 600 名，其中还包括大约 300 名的研究生，如何鼓励和引导我国的天文学家逐步把研究方向集中到围绕我国未来的空间天文计划上来，同时强化对后续梯队人才的培养，建设一支高水平的与我们未来的研究计划相适应的研究队伍，是我国空间天文和太阳物理领域未来发展的主要需求。

解决这种困境的主要措施是：①在青少年中加强天文学的科普教育，从小培养孩子们的科学兴趣，为大学天文系或者物理系天文学科提供人才后备军；②加大对各大学天文系或者物理系天文学科在经费和师资方面的投入，引进先进的教育培养模式，强化科研训练，提高毕业生的综合素质；③各天文台和天体物理研究中心要高度重视研究生的培养和学术训练，将研究生的培养直接纳入科技创新体系。

（六）改进管理和协调机制

我国在空间天文和太阳物理领域中研究资源主要分布在中国科学院的几大天文台、高能物理研究所、空间科学中心，以及南京大学、北京大学、中国科学技术大学、清华大学以及北京师范大学等高校，且涉及几乎天文学的所有研究领域，只要有核心项目，通过适当组织，完全可以形成一支在国际上某一领域有重要影响的研究队伍。

因此，我们建议成立一个全国性的独立于具体单位的空间天文发展协调机构，对我国的空间天文和太阳物理研究的资源和学科发展进行统筹规划，统一协调和竞争，将有助于我国的空间天文和太阳物理研究计划的健康发展。

（七）建立空间天文国家实验室

国际上空间天文发达国家都建有高水平的空间天文专业实验室，如美国的戈达德空间飞行中心（GSFC）和喷气推进实验室（JPL）等都对于领导、实施和运行先进的大型空间天文项目起了不可替代的作用。我国目前急需成立空间天文国家实验室，该实验室将整合我国从事空间天文科学研究和仪器研制的主要力量，成为我国空间天文的综合研究中心和平台，引领我国空间天文的长期发展和高水平人才培养，在国际上具有较高的学术地位和显示度，是展示中国的科技水平、综合国力以及太空和平利用的一个重要窗口，并在深空探测、脉冲星导航、空间天气预报以及牵引空间高技术发展等方面满足国家重大战略需求。

该实验室的科学研究将主要围绕探索《国家中长期科学和技术发展规划纲要（2006—2020年）》的八大前沿问题之一"物质深层次结构和宇宙大尺度物理学规律"，具体落实国家"十二五"和中长期空间科学规划中的"黑洞探针""天体号脉""天体肖像""暗物质探测""太阳全景"和"太阳显微"等科学计划，研究的重大科学问题包括"一黑、两暗、三起源"。

根据目前我国空间天文的发展现状，该实验室在"十二五"期间科研经费约10亿，将承担"嫦娥"工程的部分科学仪器、中法合作的SVOM卫星、HXMT卫星、计划搭载我国空间实验室的POLAR等项目，以及所有空间天文卫星共用的空间天文地面应用系统。同时将承担已经得到预研经费支持和列入预研计划的一批未来空间天文项目和我国空间站的空间天文分系统等。"十三五"期间在运行在轨的空间天文观测仪器并取得重大科学成果的同时，预期将承担更多、更大和更加先进的空间天文卫星和仪器的研制，研究经费将大幅增加。

因此，我们建议在"十二五"期间成立"空间天文国家重点实验室"，计划经过"十二五"期间的建设，该实验室的整体水平和规模将得到很大的提升，可以和国际上主要从事空间天文研究的实验室开展有效的合作和有力的竞争，争取在"十三五"期间升级成为国家实验室。

（八）理顺空间科学（天文）项目的经费支持渠道

以空间天文为主要领域的空间科学是自然科学的重要领域，近50年空间科学的发展展现给人们的新知识、新景象和对人类科技、经济和社会发展的促进作用，表明空间科学是人类社会发展和文明进步的重要推动力。我国的空间科学发展水平与世界先进水平相比，仍有较大的差距，甚至空间天文领域仍然没有实现空间天文卫星"零"的突破，其主要原因之一就是我国对空间科学的发展和规划缺乏清晰的管理。我国于1993年成立了国家航天局，是我国民用航天的政府主管部门，但一直以来它的职能定位于国防科技工业管理部门，长期存在着对空间科学发展重视不够、管理职能不明确的状况，这也影响到了空间科学的稳定、持续发展，进而影响到对相关技术、国家经济和国防安全的有效牵引和促进，应引起国家的高度重视。

空间科学任务具备系统性、集成性、复杂性和创新性都很强的特点，一项空间科学任务从预研到任务完成往往需要数年甚至数十年的时间，所需经费体量大，因此空间科学研究更需要稳定的经费支持和渠道。但是目前存在的状况是，一方面对空间科学计划缺少常规稳定的经费支持，另一方面与空间科学计划相匹配的支持经费迟迟不能到位，重大的研究计划无法按期开展，这将造成最佳探测时机的错失，并导致无法实现预定的科学目标，如此造成即便科学家提出了先进的科学计划也无法按时实施的窘迫境地，不仅严重挫伤了科学家和研究人员的积极性和工作热情，更重要的是会进一步拉大我国与世界先进水平的差距，进而影响到相关技术领域的发展以至国家的创新发展战略，其负面影响是多方面的，应该给予高度重视。但值得指出的是，中国的科学家是积极而努力的，科学家们正在开展未来中国空间科学拟开展科学问题的研究与分析，选择中国空间科学发展的切入点，其目的就是希望以较少的投入，获得较大的科学成果，为人类文明发展进步做出中国人的贡献。

与此同时，目前我国仍存在空间科学计划财政支持渠道不畅通的情况：主管民用航天的国家航天局对口财政部的国防司，但国防司不管空间科学的财政经费；主要开展空间科学研究的中国科学院对口财政部教科文司，但教科文司的范围又不包括空间科学、航天，因此导致我国空间科学卫星缺少财政投入渠道，严重影响了我国空间科学的发展以及将来发展的可持续性。

相比之下，国际主要空间科学国家对空间科学的发展都非常重视，都已经建立了功能明确的空间研究政府主管机构，对其发展进行统筹、规划、监督和管理。美国 NASA 是美国民用航天的主管部门，其总部所属四个项目部中的两个——科学项目部和探索系统项目部，都是定位于空间科学发展的主管部门，对空间科学计划和项目从规划至任务实施完成进行规范的管理。目前美国已经多次实现了空间探索的第一次，获得了数目众多的空间新发现，政府主管部门职能清晰、管理到位功不可没。欧洲空间局是欧洲从事空间活动的管理机构，它的任务是"规划欧洲的空间活动，发展欧洲的空间能力，确保欧洲的公民从空间投资中受益"。欧洲空间局积极倡导发展空间科学，先后制定了"地平线 2000""地平线 2000 升级版""曙光计划"和"宇宙憧憬2015～2025"等多部空间科学计划，通过计划的实施取得了很多有影响力的科学成果。日本在 2003 年也进行了机构重组，将原三大航天机构合并重组成

"宇宙航空研究开发机构"（JAXA），为日本的空间研究发展提供了统一的组织框架和管理理念，并明确空间科学是其重要的发展内容。与此同时，美国 NASA 的发展经验表明，民用航天与军用航天分开是非常好的发展模式，不但可以有效地发展民用空间科学、空间技术和空间应用，不断将新的知识、理论和引领、带动的空间技术应用到军事目标与应用上，军事航天也可以不断对民用科学与技术提出新的需求，牵引民用航天的发展，军用航天与民用航天互相促进、共同发展。而苏联采用的是军用、民用航天一体的发展模式，事实证明，从 20 世纪 70 年代即已逐渐落后于美国，虽然其中不乏解体危机的因素，但军民不分的航天发展模式也是造成其发展落后的主要因素之一。

因此，建议我国成立类似美国 NASA 的职责明确的全面负责空间科学发展、规划和管理的政府主管机构，明确发展模式，理顺发展思路，科学规划、稳步实施，焕发出我国空间科学事业的勃勃生机，使我国承担起大国的责任，在新的世纪为人类文明的发展和进步做出中国人应有的贡献。

七、结语

空间天文观测研究是空间科学的带头学科，也是人类认识宇宙的最重要窗口和最重要前沿领域之一。30 多年来，国际空间天文观测和研究取得了大批重要科学成果并且继续蓬勃发展。由于目前约 20 颗空间天文卫星的运行，人类已经具有了全波段、全天候、全天球的全面观测研究宇宙的能力，各种参数的测量精度和对宇宙的探测深度不断得到提高。最近的突出成果涵盖了系外行星和外太空生命的搜寻、恒星的演化、黑洞和中子星等致密天体的极端性质和剧烈活动、星系的形成和演化、宇宙早期天体的形成和物理过程、宇宙大尺度结构的性质和宇宙本身的起源以及演化。

最近几年以及在可以预见的将来，国际上仍然会有一系列的先进的空间天文卫星发射运行，大量高新尖端空间探测和卫星平台技术的发展和应用使得这些卫星的科学能力更加优越，而且建造和发射空间天文卫星的国家呈现多元化的趋势，美国一家独大的局面将有所改变，欧洲空间局、日本、俄罗斯和印度的重要性越来越突出。

中国的空间天文卫星仍然处于零的突破的前夜。可喜的是，国家对于空间天文研究日益重视，投入不断增加，已经有几个具有重要科学发现能力的空间天文项目具有了良好的科学和技术基础，有望在今后几年陆续发射运行，还有更多的候选项目在进行概念研究和关键技术攻关。但是正像任何科学研究的前沿和制高点一样，这些项目同时也面临着激烈和严峻的国际挤压、竞争和挑战。如何能够抓住机遇，在竞争中生存并取得成功是中国科学家、管理者和决策者需要共同面对的问题。

参考文献

[1] 苏定强，周必方，俞新木．中国2.16米望远镜的主光路系统．中国科学（A辑），1989，11

[2] 南极冰穹A的天文选址和天文观测．中国科学院知识创新工程重要方向项目可行性研究报告．2007-03-26

[3] 国家自然科学基金委员会数学物理科学部．天文学科、数学学科发展研究报告．北京：科学出版社，2008

[4] 中国科学技术协会，中国天文学会．2007—2008天文学学科发展报告（射电天文）．北京：中国科学技术出版社，2008

[5] 韩金林．中国射电天文发展的机遇和挑战．科学（上海），2011，63：1

[6] 杨戟．中国射电天文的研究与发展．中国科学院院刊，2011，26（5）：511-515

[7] 朱仁杰，张秀忠，韦文仁等．我国新一代VLBI数字基带转换器研制进展．天文学进展，2011，29（2）：207-217

[8] 中国科学技术协会，中国天文学会．2007—2008天文学学科发展报告．北京：中国科学技术出版社，2008

[9] 中国科学院空间领域战略研究组．太空之路——2050年空间科技领域发展路线图．北京：2009，中国科学技术出版社，2009

[10] 中国科学院空间科学项目中长期发展规划研究课题组．中国空间科学项目中长期发展规划（2010～2025）．2008-10

[11] 吴季，张双南，王赤．中国空间科学中长期发展规划设想．国际太空，2009，（12）

[12] 张双南．世界空间高能天文发展展望．国际太空，2009，（12）

[13] 卢方军．透视宇宙的眼睛——硬X射线调制望远镜．国际太空，2009，（12）

[14] 张双南．高能天体物理学的研究与发展．中国科学院院刊，2011，（6）

[15] Spyromilio J，Gilmozzi R，Tamai R．Paranal：the VLT and VLTI in operation．Proc of SPIE，2004，5489

[16] Simons D A，Jensen J B，d'Orgeville C，et al．Past，present，and future instrumentation at Gemini observatory．Proc of SPIE，2006，6269

[17] Ando H，et al．Subaru telescope-status report．Proc of SPIE，2003，4837

[18] Wizinowich P，Akeson R，Colavita M，et al．Recent progress at the Keck interferometer．Proc of SPIE，2006，6268

[19] Hill J M, Green R F, Slagle J H, et al. The large Binocular telescope. Proc of SPIE, 2008, 7012

[20] Booth J A, Adams M T, Barker E S, et al. The Hobby-Eberly telescope: performance upgrades, status, and plans. Proc of SPIE, 2004, 5489

[21] Meiring J G, Buckley D A H. Southern African large telescope (SALT) project: progress and status after four years. Proc of SPIE, 2004, 5489

[22] Alvarez P, Rodriguez Espinosa J M, Castro Lopez-Tarruella F J, et al. The GTC project: under commissioning. Proc of SPIE, 2008, 7012

[23] Nelson J, Sanders G H. The status of the thirty meter telescope project. Proc of SPIE, 2008, 7012

[24] Johns M. Progress on the GMT. Proc of SPIE, 2008, 7012

[25] Gilmozzi R, Spyromilio J. The 42m European ELT: status. Proc of SPIE, 2008, 7012

[26] Wang S G, Su D Q, Chu Y Q, et al. Special configuration of a very large schmidt telescope for extensive astronomical spectroscopic observation. Applied Optics, 1996, 35 (25)

[27] Cui X Q. Preparing first light of LAMOST. Proc of SPIE, 2008, 7012

[28] Su D Q, Cui X Q. Active optics in LAMOST. Chin J Astron Astrophys, 2004, 4 (1), 1-9

[29] Su D Q, Wang Y N, Cui X Q. Configuration for Chinese future giant telescope. Proc of SPIE, 2004, 5489

[30] Haynes M P, et al. 2005 "Report of the Radio, Millimeter and Submillimeter Planning Group for the National Science Foundation Division of Astronomy 2005 Senior Review"

[31] Zapol W M, et al. Future Science Opportunities in Antarctica and the Southern Ocean. Washington D C: The National Academies Press, 2011

[32] Burton M G. Astronomy in Antarctica. The Astronomy and Astrophysics Review, 2010, (18) 4: 417-469

[33] Xu Y, Reid M J, Zheng XW, et al. The distance to the Perseus spiral arm in the Milky Way. Science, 2006, 311: 54

[34] Shen Z Q, Lo K Y, Liang M C, et al. A size of ~1AU for the radio source Sgr A * at the centre of the Milky Way. Nature, 2005, 438: 62

[35] Gao Y, Solomon P M. The star formation rate and dense molecular gas in galaxies. The Astrophysical Journal, 2004, 606 (1): 271-290

[36] Han J, Manchester R, Lyne A G, et al. Pulsar rotation measures and the large-scale structure of the galactic magnetic field. The Astrophysical Journal, 2006, 642 (2): 868-881

[37] Liu T, Wu Y, Zhang Q, et al. Infall and outflow detections in a massive core JCMT

18354-0649S. The Astrophysical Journal, 2011, 728 (2): 91-97

[38] Tian W W, Leahy D A. The distances of supernova remnants Kes 69 and G21. 5-0. 9 from HI and 13CO spectra. Monthly Notices of the Royal Astronomical Society, 2008, 391 (1): L54-L58

[39] Ye S, Wan T, Qian Z. progress on Chinese VLBI network project. In: Radio Interferometry: Theory, Techniques, and Applications. Proceedings of the 131st IAU Colloquium, Socorro, NM, Oct. 8-12, 1990 (A92-56376 24-89). San Francisco, CA, Astronomical Society of the Pacific, 1991. 386-389

[40] Yang J, Shan W, Shi S, et al. The superconducting spectroscopic array receiver (SSAR) for Millimeter-wave Radio Astronomy In: Hong W, Yang G Q eds. 2008 Global Symposium on Millimeter Waves. 2008. 177-179

[41] Nan R. Five hundred meter aperture spherical radio telescope (FAST) Science in China Series G, 2006, 49 (2): 129-148